Günter Wahl

FRANZIS
EXPERIMENTE

W0462650

Handbuch Tesla Experimente

Mit 217 Abbildungen

Bibliografische Information der Deutschen Bibliothek
Die Deutsche Bibliothek verzeichnet diese Publikation in der Deutschen Nationalbibliografie; detaillierte Daten sind im Internet über **http://dnb.ddb.de** abrufbar.

Hinweis
Alle Angaben in diesem Buch wurden vom Autor mit größter Sorgfalt erarbeitet bzw. zusammengestellt und unter Einschaltung wirksamer Kontrollmaßnahmen reproduziert. Trotzdem sind Fehler nicht ganz auszuschließen. Der Verlag und der Autor sehen sich deshalb gezwungen, darauf hinzuweisen, dass sie weder eine Garantie noch die juristische Verantwortung oder irgendeine Haftung für Folgen, die auf fehlerhafte Angaben zurückgehen, übernehmen können. Für die Mitteilung etwaiger Fehler sind Verlag und Autor jederzeit dankbar. Internetadressen oder Versionsnummern stellen den bei Redaktionsschluss verfügbaren Informationsstand dar. Verlag und Autor übernehmen keinerlei Verantwortung oder Haftung für Veränderungen, die sich aus nicht von ihnen zu vertretenden Umständen ergeben. Evtl. beigefügte oder zum Download angebotene Dateien und Informationen dienen ausschließlich der nicht gewerblichen Nutzung. Eine gewerbliche Nutzung ist nur mit Zustimmung des Lizenzinhabers möglich.

© 2009 Franzis Verlag GmbH, 85586 Poing

Alle Rechte vorbehalten, auch die der fotomechanischen Wiedergabe und der Speicherung in elektronischen Medien. Das Erstellen und Verbreiten von Kopien auf Papier, auf Datenträgern oder im Internet, insbesondere als PDF, ist nur mit ausdrücklicher Genehmigung des Verlags gestattet und wird widrigenfalls strafrechtlich verfolgt.

Die meisten Produktbezeichnungen von Hard- und Software sowie Firmennamen und Firmenlogos, die in diesem Werk genannt werden, sind in der Regel gleichzeitig auch eingetragene Warenzeichen und sollten als solche betrachtet werden. Der Verlag folgt bei den Produktbezeichnungen im Wesentlichen den Schreibweisen der Hersteller.

Satz: Fotosatz Pfeifer, 82166 Gräfelfing
art & design: www.ideehoch2.de
Druck: Bercker, 47623 Kevelaer
Printed in Germany

ISBN 978-3-7723-**4885-3**

Band 1

Blitz und Donner
selbst erzeugt

Vorwort

Trotz aller wissenschaftlichen Nüchternheit der heutigen Zeit, übt ein hautnah erlebtes Gewitter immer wieder eine gewaltige Faszination aus. Blitz und Donner haben seit Jahrtausenden ihren mystischen Einfluß auf den Menschen nicht verloren. Daß Götter Blitze schleudern können, lebt offensichtlich bis heute im Bewußtsein der Menschen fort.
So ist die Angst vor einem Gewitter tief im Unterbewußtsein des Menschen verborgen und mit wissenschaftlichen Erläuterungen kaum überwindbar. Ein in unmittelbarer Nähe erlebter Blitzeinschlag löst aber nicht nur Angstgefühle aus, er ist auch ein faszinierendes Schauspiel überirdischer Schönheit. In unserer an großen Ereignissen so armen Zeit ist die menschliche Sehnsucht nach überirdischen Schauspielen besonders ausgeprägt.
Von den grauenerregenden Atombombenblitzen abgesehen, konnten bisher keine künstlichen Blitze von vergleichbarer Schönheit, wie sie die Natur hervorbringt, vom Menschen erzeugt werden. Selbst die künstlichen Blitze, die in Hochspannungslabors mit riesigen Generatoren erzeugt werden, sind nur ein schwacher Abklatsch des natürlichen Vorbilds.
Aufgrund des großen technischen Aufwands und der erforderlichen Sicherheitsmaßnahmen sind dem Elektronik-Amateur derartige Versuche ohnehin unzugänglich. Die einzig ungefährlichen Blitze, die er sich bisher ins Wohnzimmer holen konnte, waren die sogenannten Tesla-Blitzentladungen. Dabei handelt es sich um extrem hohe Spannungen mit häufig wechselnder Polarität. Durch den sehr hochfrequenten Polaritätswechsel sind diese Hochspannungen für den Menschen relativ ungefährlich. Zur Nachbildung natürlicher Blitzentladungen sind Tesla-Generatoren jedoch nicht geeignet.
Wir werden uns in diesem Buch mit künstlichen Blitzentladungen beschäftigen, die vom optischen und akustischen Eindruck mit natürlichen Blitzentladungen vergleichbar sind. Der selbsterzeugte künstliche Blitz soll dabei seine majestätische Schönheit entfalten, ohne eine große Gefahr für Leben und Gesundheit des Experimentators darzustellen.
Trotzdem sollten sich an Teil II des Buches wegen der hohen Spannungen nur erfahrene Hobby-Elektroniker heranwagen.

Günter Wahl

In jedem hochentwickelten Wesen, dem Menschen, bekundet sich der geheimnisvolle, unergründliche, unwiderstehliche Wunsch zu wirken, und die Wunder, die er wahrnimmt, selbst nachzuschaffen. Begeistert von dieser Aufgabe forscht, entdeckt und erfindet er, plant und baut er und bedeckt den Stern, auf dem er geboren wurde, mit Denkmälern der Schönheit, der Größe und Verehrung. Er steigt in die Gewölbe der Erde hinab, um ihre verborgenen Schätze zu heben und ihre unendlichen, gefesselten Energiemengen für seine Zwecke freizumachen. Er dringt in die dunklen Tiefen des Meeres und in die lichten Gefilde des Himmels. Er stößt zu den verborgensten Schlupfwinkeln der molekularen Struktur vor, und vor seinen Blicken tun sich unendlich weite Welten auf. Er unterwirft sich den ungezähmten, zerstörenden Funken des Prometheus und macht ihn sich dienstbar, ebernso die titanischen Kräfte von Wasser, Wind und Flut. Er zähmt die Blitze und den Donner Jupiters und löscht Zeit und Raum aus. Selbst aus der mächtigen Sonne macht er seinen gehorsamen Sklaven. So groß ist seine Kraft und seine Macht, daß die Himmel widerhallen und die ganze Erde bei dem Klang seiner Stimme erzittert.

NIKOLA TESLA

Inhalt

Wichtige Hinweise

- Die in diesem Buch beschriebenen Geräte und Experimente sind potentiell gefährlich. Sie können Sach- und Personenschäden bis hin zum Tod verursachen. Die Gefährdung ist nicht auf die unmittelbare Umgebung des Aufbaus beschränkt, sondern betrifft auch Personen und Sachen in größerer Entfernung.
- Die sichere Durchführung der beschriebenen Experimente erfordert neben großer Umsicht auch besondere Sachkenntnis und Fähigkeiten, die dieses Buch nicht vollständig vermitteln kann.
- Sicherheitshinweise und ähnliche Aussagen geben lediglich die Erfahrung des Autors wieder und sind keinesfalls als Sicherheitsgarantien zu verstehen.
- Der Autor weist darauf hin, daß der Aufbau und/oder die Inbetriebnahme bestimmter Geräte und Experimente möglicherweise gegen gesetzliche Bestimmungen oder technische Normen verstößt.
- Die in diesem Buch enthaltenen Angaben wurden nach bestem Wissen des Autors gemacht. Eine Garantie für die Richtigkeit kann jedoch nicht gegeben werden. Eine Haftung für Folgen, die sich aus falschen Angaben ergeben, ist ausgeschlossen.
- Der Autor und der Verlag übernehmen keinerlei Haftung für Schäden oder Folgeschäden, die aus dem Nachbau der in diesem Buch beschriebenen Geräte und Experimente, oder allgemein aus der Verwertung des Inhalts entstehen.

Teil I
Blitzerzeugung für Einsteiger

1 Einführung in die physikalischen Grundlagen der experimentellen Blitzerzeugung

Die Bewegung von Ladungsträgern in elektrischen und magnetischen Feldern unterliegt bestimmten physikalischen Gesetzmäßigkeiten.

Bei der nun folgenden Betrachtung soll die Bewegung von Elektronen im Magnetfeld zum Ausgangspunkt unserer Überlegungen gemacht werden.

Wird, wie in *Abb. 1* gezeigt, ein Draht durch das Magnetfeld eines Hufeisenmagnetes hindurchbewegt, werden die im Draht vorhandenen freien Elektronen von Punkt A zu Punkt B bewegt. Jedes leitfähige Material verfügt über viele freie Elektronen. Diese Elektronen sind nicht an die Atomkerne gebunden und können innerhalb des Leiters in beliebige Richtung bewegt werden. Wenn der Leiter bewegt wird, werden die freien Elektronen mit der gleichen Geschwindigkeit bewegt, wie der Leiter selbst. Es gilt die Rechte-Hand-Regel: Hält man die Innenfläche der rechten Hand so gegen den Nordpol des Magneten, daß der abgespreizte Daumen in die Bewegungsrichtung des Leiters zeigt, dann geben die Fingerspitzen die Richtung des Stroms im Leiter an. In Abb. 1 rechts unten ist diese Gesetzmäßigkeit dargestellt.

Wenn sich ein Elektron bewegt, erzeugt es ein eigenes Magnetfeld um sich herum, entsprechend *Abb. 2*. Es gilt hierbei wieder eine Rechte-Hand-Regel, d. h. der Daumen zeigt in die Bewegungsrichtung des Elektrons, während die gekrümmten Finger die Richtung des magnetischen Feldes angeben, welches das Elektron umgibt.

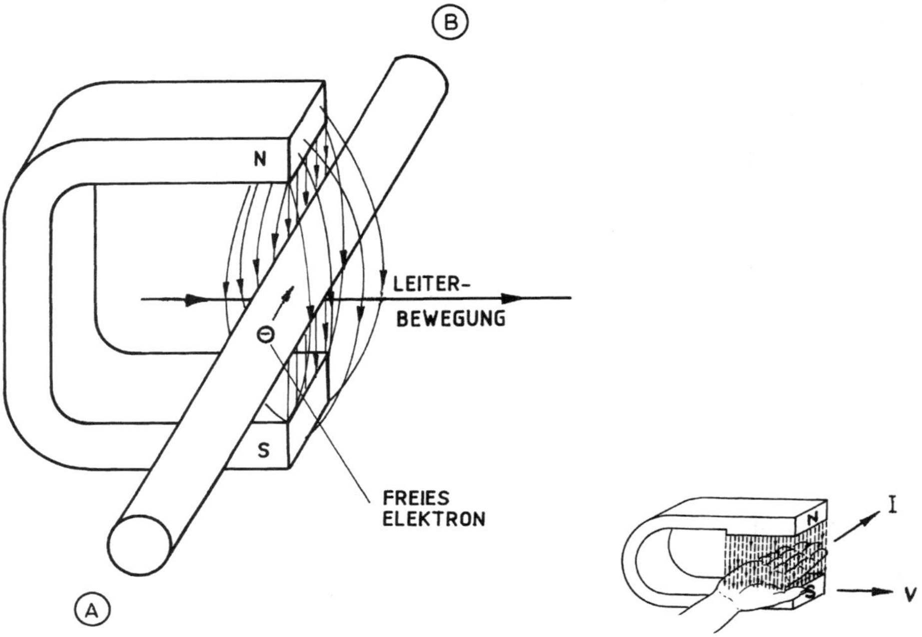

Abb.1: Bewegung von Leiter und Elektron im Magnetfeld. Rechts unten: Rechte-Hand-Regel

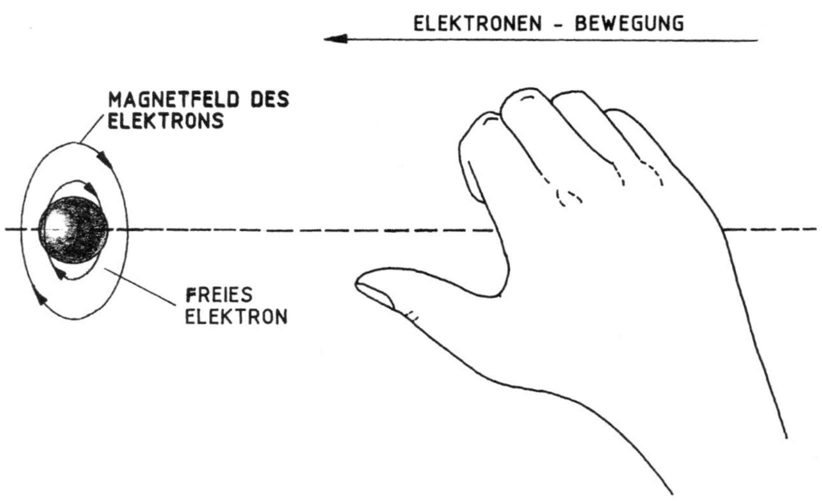

Abb. 2: Ein bewegtes Elektron wird von einem Magnetfeld umschlossen

In *Abb. 3* werden die magnetischen Kraftlinien des Elektrons gezeigt, während das Elektron in das Magnetfeld zwischen den beiden Polen eintritt. Auf der linken Seite des Elektrons zeigt das Magnetfeld des Elektrons in die gleiche Richtung wie das Magnetfeld der Polschuhe. Auf der rechten Seite des Elektrons ist das Magnetfeld des Elektrons dem Magnetfeld der Polschuhe entgegengerichtet. Dort wo die Feldlinienverdichtung stattfindet, wird das Elektron abgestoßen.

Abb. 4 soll dies nochmals verdeutlichen. Von Punkt A werden die Elektronen abgestoßen und zu Punkt B befördert. Auf diese Weise entsteht ein Potentialunterschied bzw. eine elektrische Spannung zwischen diesen beiden Punkten. Diese Art der Spannungserzeugung nennt man elektromagnetische Induktionsspannungserzeugung. Die erzeugte Spannung wird als Induktionsspannung bezeichnet. Die weltweit erzeugte elektrische Energie wird hauptsächlich auf diese Weise produziert.

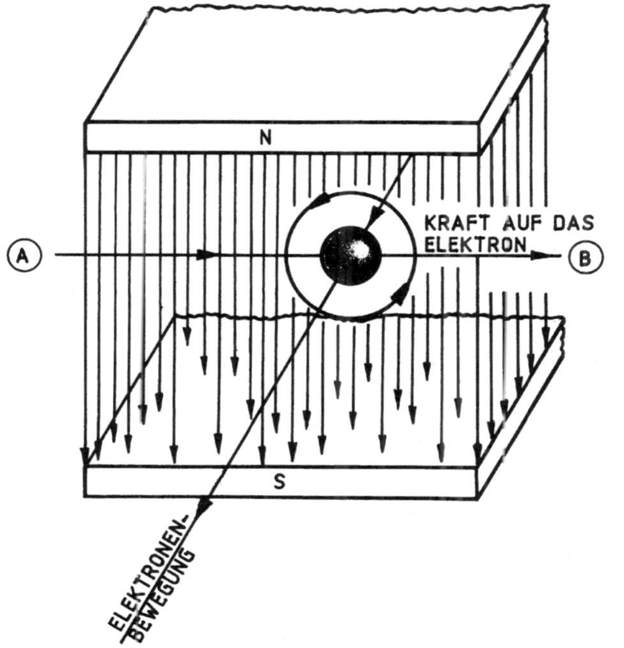

Abb. 3: Überlagerung der beiden Magnetfelder

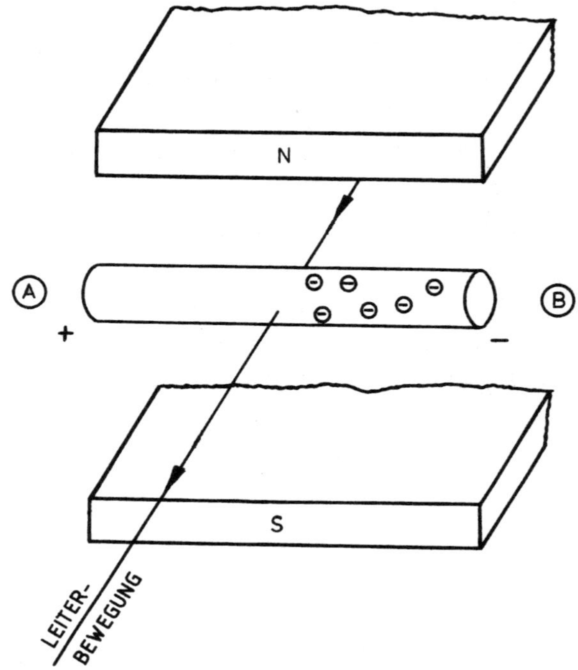

Abb. 4: Elektronenverdichtung in einem bewegten Leiter

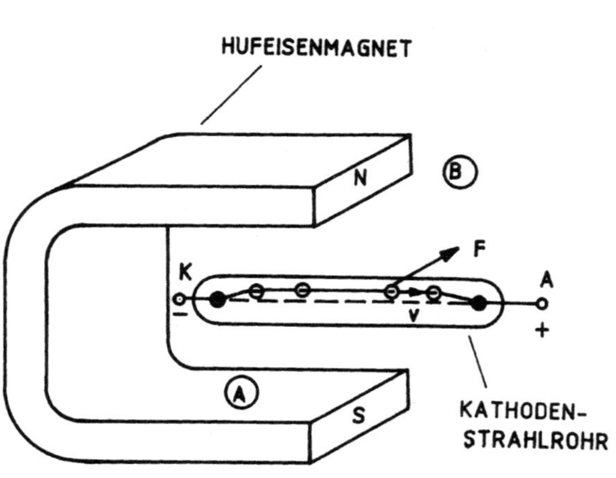

Abb. 5: Ablenkung bewegter Elektronen in einem Kathodenstrahlrohr. K = Kathode, A = Anode, v = Geschwindigkeit der Elektronen, F = Kraft auf die bewegten Elektronen

Nachdem wir uns mit der Bewegung von Elektronen in Leitern unter Einfluß eines Magnetfeldes beschäftigt haben, wollen wir uns das Ganze nochmals durch den Kopf gehen lassen, unter der Voraussetzung, daß wir es statt mit einem metallischen Leiter mit einem Kathodenstrahl *(Abb. 5)* oder mit einer ionisierten Luftstrecke *(Abb. 6 und 7)* zu tun haben.

Hier spielt sich prinzipiell das gleiche ab. Die von der Kathode zur Anode bewegten Elektronen werden im Magnetfeld von Punkt A zu Punkt B abgelenkt.

Beim Lichtbogen (Abb. 6 und 7) spricht man in diesem Zusammenhang vom magnetischen "Blasen" eines Lichtbogens. Beim Öffnen von Schaltern in Leitungen mit hohen Spannungen entstehen Lichtbögen. Durch ein senkrecht zum Bogen wirkendes starkes Magnetfeld kann man eine Kraft

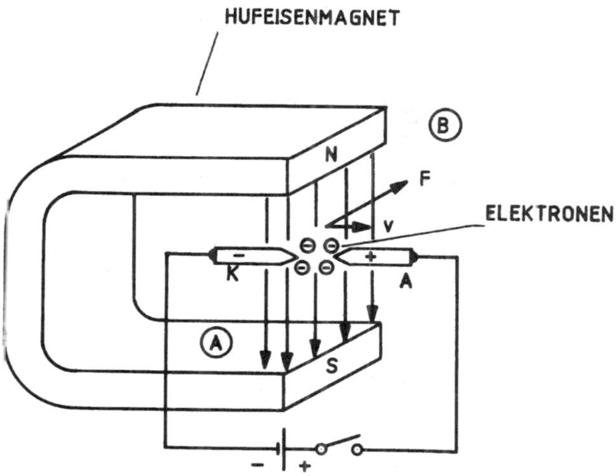

Abb. 6: Ablenkung der Elektronen in einem Lichtbogen.
K = Kathode,
A = Anode,
v = Geschwindigkeit der Elektronen,
F = Kraft auf die bewegten Elektronen

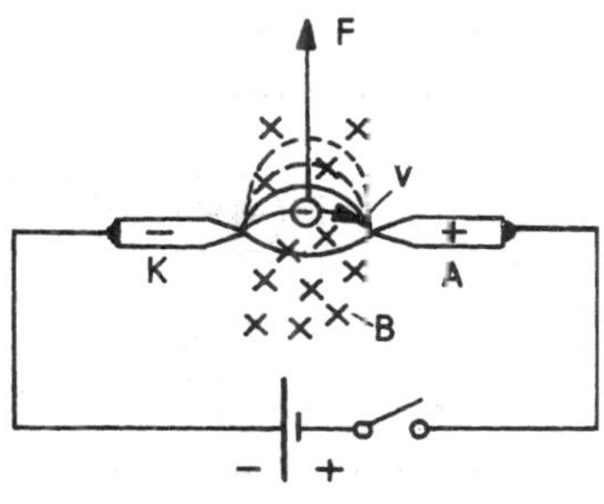

Abb. 7: „Blasen“ eines Lichtbogens.
K = Kathode, A = Anode, v = Geschwindigkeit der Elektronen, F = Kraft auf die Elektronen, B = Magnetfeld senkrecht nach unten zur Zeichenebene

auf die bewegten Elektronen erzeugen, welche die Bogenstrecke so verlängert, daß die verfügbare Spannung zur Aufrechterhaltung des Lichtbogens nicht mehr ausreicht und der Lichtbogen erlischt.

Der ablenkende Einfluß eines Magnetfeldes auf bewegte Elektronen soll anhand zweier weiterer Beispiele dokumentiert werden.

In *Abb. 8* ist der Halleffekt dargestellt. Beim Halleffekt übt das Magnetfeld ebenfalls eine ablenkende Kraft auf die bewegten Elektronen aus. Am oberen Teil des Hallplättchens bildet sich deshalb eine höhere Elektronendichte als am unteren Teil. Dadurch entsteht eine Spannung, die als Hallspannung bezeichnet wird.

Das letzte Beispiel in *Abb. 9* zeigt einen magnetohydrodynamischen Generator (MHD-Generator).

Durch die hohen Temperaturen in der Brennkammer werden die Verbrennungsgase ionisiert. Bewegt sich der Gasstrom mit seinen positiven und negativen Ladungsträgern senkrecht durch ein Magnetfeld, dann werden die Ladungsträger im Magnetfeld entgegengesetzt abgelenkt. An den Elektroden entsteht somit eine Spannung. Aus dem zunächst neutralen Gasstrom entsteht somit elektrischer Strom. Der Wirkungsgrad derartiger MHD-Generatoren ist für die praktische Anwendung heute noch zu gering.

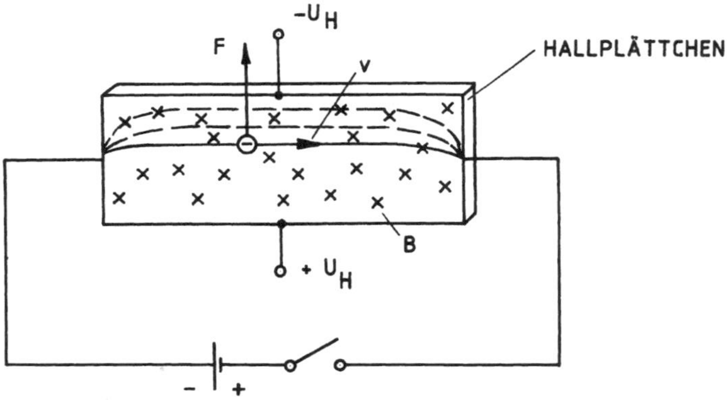

Abb. 8: Ablenkung der Elektronen im Hallplättchen.
v = Geschwindigkeit der Elektronen, F = Kraft auf die Elektronen, B = Magnetfeld senkrecht nach unten zur Zeichenebene, U_H = Hallspannung

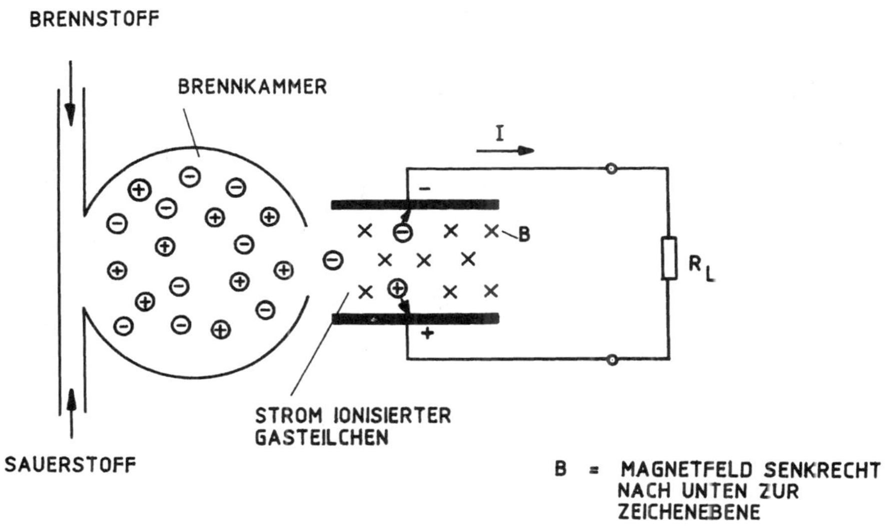

Abb. 9: Magnetohydrodynamischer Generator (MHD-Generator)

Die aufgeführten Beispiele führen zu folgender physikalischen Schlußfolgerung: Bewegt sich ein Elektron der Ladung e mit der Geschwindigkeit v senkrecht zu den Feldlinien eines Magnetfeldes mit der Flußdichte B, so erfährt es die Lorentzkraft vom Betrag

$$F = B \cdot e \cdot v$$

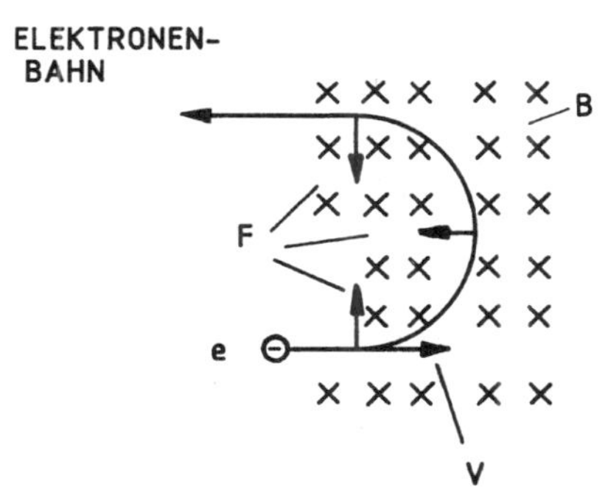

Abb. 10: Kreisförmige Bewegung des Elektrons im Magnetfeld (Magnetfeld senkrecht nach unten zur Zeichenebene).
B = Magnetfeld, e = Elektron, v = Geschwindigkeit des Elektrons, F = Kraft auf das bewegte Elektron

Die Lorentzkraft F steht sowohl zu v als auch zu B senkrecht und verrichtet am Elektron keine Arbeit, sondern lenkt es nur senkrecht zu seiner ursprünglichen Richtung ab.

Die Lorentzkraft F ist Null, wenn das Elektron ruht oder sich parallel zu den Feldlinien bewegt. Fliegt also ein Elektron mit der Ladung e, mit der Geschwindigkeit v in ein homogenes Magnetfeld, so daß die Bewegungsrichtung des Elektrons senkrecht zu den magnetischen Feldlinien ist, so bewegt sich das Elektron auf einem Kreisbogen. In *Abb. 10* ist dieses Verhalten dargestellt. Zur Demonstration der kreisförmigen Ablenkung bewegter Elektronen im Magnetfeld eignet sich das sogenannte Fadenstrahlrohr. Für den Versuch mit dem Fadenstrahlrohr ist ein weitgehend homogenes Magnetfeld erforderlich.

Dieses Feld wird durch ein sogenanntes Helmholtzspulenpaar erzeugt, wie es in *Abb. 11* gezeigt wird. Das Helmholtzspulenpaar besteht aus zwei großen Ringspulen, deren Radius gleich ihrem gegenseitigen Abstand ist. Entsprechend *Abb. 12* wird das Fadenstrahlrohr mittig zwischen die beiden Spulen gebracht, so daß sich die Elektronen in einem homogenen Magnetfeld bewegen. Im Fadenstrahlrohr werden mittels einer erhitzten Kathode Elektronen ausgesandt, die nach Austritt aus der Lochanode ohne das vorhandene Magnetfeld schnurgerade weiterfliegen würden. In *Abb. 13* und

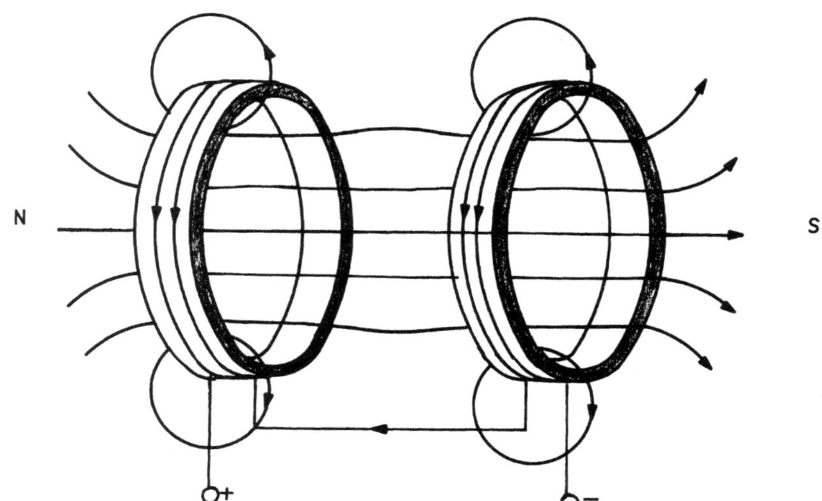

Abb. 11: Helmholtz-Spulenpaar zur Erzeugung eines homogenen Magnetfeldes

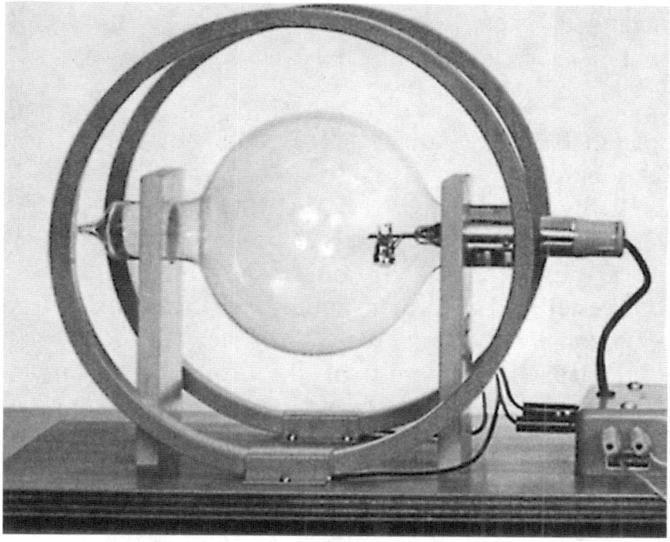

Abb. 12: Fadenstrahlrohr im homogenen Magnetfeld

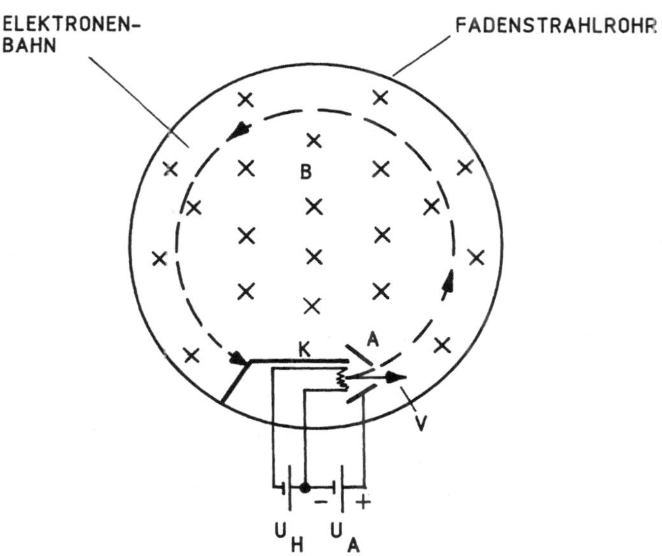

Abb. 13: Kreisförmiger Verlauf des Elektronenstrahls im homogenen Magnetfeld (Magnetfeld senkrecht nach unten zur Zeichenebene).
B = Magnetfeld, v = Geschwindigkeit der Elektronen, K = Kathode, A = Anode, U_H = Heizspannung, U_A = Anodenspannung

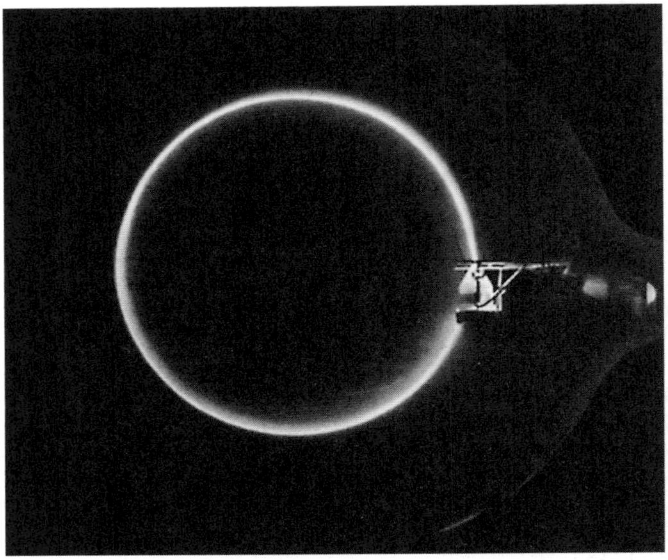

Abb. 14: Kreisförmige Elektronenbahn im Fadenstrahlrohr

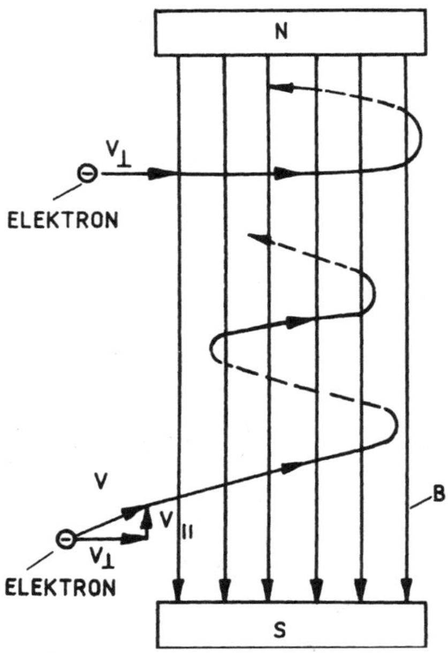

Abb. 15: Bewegung des Elektrons in Abhängigkeit vom Einflugwinkel. Oben: Kreisförmige Bewegung. Unten: Spiralförmige Bewegung

Abb. 14 wird gezeigt, wie der Elektronenstrahl unter dem Einfluß des Magnetfeldes einen kreisförmigen Verlauf nimmt. Der Strahl verläuft senkrecht zu den Feldlinien. Das bläuliche Leuchten entsteht durch Stoßionisation von Gasmolekülen. Auf ihrer Flugbahn treffen Elektronen auf einen Rest von Gasmolekülen und regen diese zum Leuchten an.

Auf die Elektronen wirkt die Lorentzkraft $F = B \cdot e \cdot v$. Die Elektronen werden senkrecht zu ihrer ursprünglichen Bewegungsrichtung auf eine kreisförmige Bahn gezwungen.

Die ablenkende Lorentzkraft auf die Elektronen verrichtet an den Elektronen keine Arbeit, sondern lenkt sie nur in ihrer Flugrichtung ab. Die Geschwindigkeit der Elektronen bleibt unbeeinflußt. Die Lorentzkraft wirkt somit als Zentripetalkraft, das heißt

$$F = F_z; \text{ bzw. } B \cdot e \cdot v = \frac{m \cdot v^2}{r};$$

Wenn Elektronen im Kathodenstrahlrohr in Abb. 13 die Spannung U_A zwischen Kathode und Anode durchlaufen, kommt es durch das elektrische Feld zu einer Energiezunahme. Die kinetische Energie des bewegten Elektrons nimmt dann mit dem Quadrat der Geschwindigkeit nach der Formel

$U_{kin} = \frac{1}{2} m \cdot v^2$ zu.

Die Energie wird den beschleunigten Elektronen durch das elektrische Feld zwischen Kathode und Anode nach folgender Beziehung zugeführt:

$$W = Q \cdot U = e \cdot U;$$

Wenn zugeführte Energie gleich aufgenommene Energie ist, und die Elektronen auf ihrem Flug durch Stöße mit Luftmolekülen keine Energie verlieren, gilt:

$$\frac{1}{2} m \cdot v^2 = e \cdot U$$

Durch Kombinieren beider Gleichungen können die beiden unbekannten Größen v und m ermittelt werden. Die Spannung U ist bekannt, sie kann zwischen der Kathode K und Anode A mit einem Spannungsmesser gemessen werden. Die Größe des magnetischen Feldes, die Induktion B, kann mit einer Hallsonde ermittelt werden. Der Radius r der Elektronenkreisbahn kann parallaxenfrei mittels eines Spiegels ausgemessen werden. Bei den Elektronen-Ablenkungs-Versuchen tritt die Elementarladung e des

Elektrons und seine Masse m nicht einzeln, sondern nur als Quotient $\frac{e}{m}$ auf. Man sagt dazu spezifische Ladung.

$$\frac{e}{m} = \frac{2U}{B^2 \cdot r^2} = 1{,}76 \cdot 10^{11} \frac{As}{V} /kg$$

Eine Anzahl Elektronen der Masse 1 kg stellt somit eine Ladung von

$$1{,}76 \cdot 10^{11} \frac{As}{V} \text{ bzw. } 1{,}76 \cdot 10^{11} \text{ C dar.}$$

Wird die Elementarladung des Elektrons $e = 1.602 \cdot 10^{-19}$ C in obige Formel eingesetzt, erhält man die Masse m des Elektrons $m = 9.109 \cdot 10^{-31}$ kg.

Mit dem bekannten Wert von e/m kann aus Gleichung $\frac{1}{2}\, m\, v^2 = e \cdot U$ die Geschwindigkeit v der Elektronen nach Durchlaufen der Beschleunigungsspannung $v = \sqrt{\frac{e}{m} \cdot U}$ berechnet werden.

Fliegen also Elektronen mit der Geschwindigkeit v in ein homogenes Magnetfeld, so daß die Flugrichtung der Elektronen senkrecht zur Richtung des Magnetfeldes ist, so bewegen sich die Elektronen entsprechend Abb. 10 auf einem Kreisbogen in der Zeichenebene. Bewegen sich die Elektronen parallel zu den magnetischen Feldlinien, so tritt keine Kraft auf die Elektronen auf. Bewegen sich die Elektronen entsprechend Abb. 15 unten in einem Winkel zwischen diesen beiden Grenzfällen, so vollführen sie eine Bewegung längs einer Schraubenlinie.

Der Radius r der Kreisbahn einer im homogenen Magnetfeld bewegten Ladung im Vakuum läßt sich berechnen.

Die Kraft $F = Q \cdot v_\perp \cdot B$ wirkt in radialer Richtung zum Mittelpunkt der Kreisbahn (Zentripetalkraft). Entgegengesetzt wirkt die Zentrifugalkraft

$$\frac{m \cdot v^2_\perp}{r},$$

die mit zunehmendem Krümmungsradius abnimmt. Die stabile Bahn ist die, bei der beide Kräfte gleich groß sind.

$$Q\, v_\perp\, B = \frac{m \cdot v^2_\perp}{r};$$

Der Krümmungsradius ergibt sich wie folgt:

$$r = \frac{m \cdot v_\perp}{Q \cdot B};$$

Die Umlaufzeit berechnet sich aus:

$$v_\perp = \frac{2\,\pi\,r}{T}; \quad v_\perp = \frac{r \cdot Q \cdot B}{m};$$

$$T = \frac{2\,\pi\,r}{v_\perp};$$

$$T = \frac{2\,\pi \cdot \not{r} \cdot m}{\not{r}\,Q \cdot B};$$

$$T = \frac{2\,\pi\,m}{Q \cdot B};$$

Für Elektronen mit einer Ruhemasse von $m_o = 9.11 \cdot 10^{-35}$ Ws^3/cm^2 und einer Ladung von $Q = 1.6\ 10^{-19}$ As ergibt sich bei einem Magnetfeld der Stärke $B = 0.1$ Vs/m^2 eine Umlaufzeit von $T \approx 3.6 \cdot 10^{-10}$ s.

Diese Betrachtungen gelten nur für Elektronenbewegungen im Vakuum und sind nur für den auch theoretisch interessierten Amateur gedacht. Wer ausschließlich am experimentellen Inhalt des Buches Interesse hat, braucht sich damit nicht näher auseinanderzusetzen. Wer tiefer in diese Materie einsteigen will, sei an die vielen Physikbücher, wie z. B. vom Hermann Schroedel Verlag, verwiesen.

Ein weiterer interessanter Versuch zum Thema bewegte Elektronen bzw. Ionen im Magnetfeld wird in *Abb. 16* gezeigt. In eine Glasschale mit einer Kupfervitriollösung werden zwei flache Zylinder aus Metall eingesetzt. Der Strom fließt radial von einem Zylinder zum anderen. Wird die Glasschale in ein Magnetfeld getaucht, so läuft die Flüssigkeit kreisförmig um. Der schwimmende Kork mit dem Fähnchen macht die Bewegung gut sichtbar. Die wandernden Ionen ziehen durch die innere Reibung die Flüssigkeit im Kreis herum.

Nach diesen grundlegenden Betrachtungen wollen wir uns nun der Erzeugung bewegter Elektronen im freien Luftraum zuwenden.

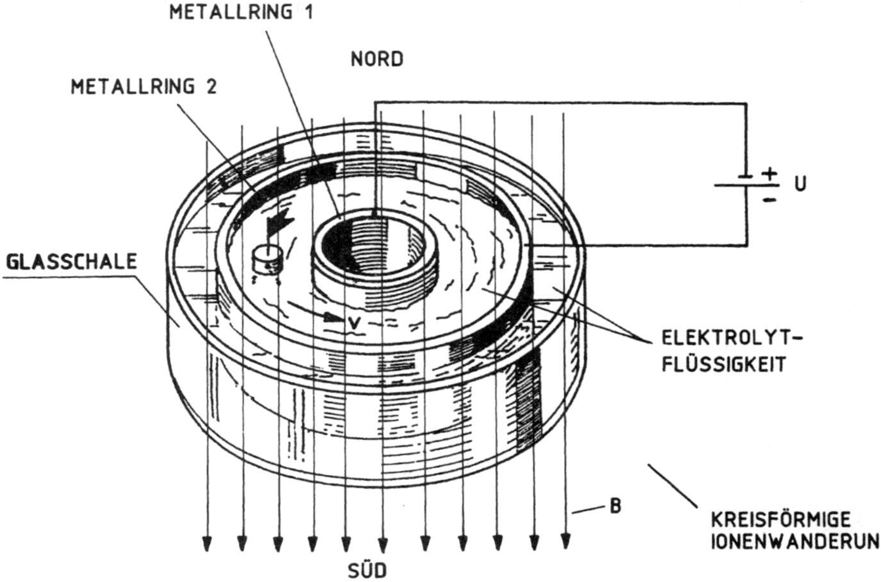

Abb. 16: Kreisförmiger Umlauf der Elektrolyt-Flüssigkeit durch Ionenwanderung

2 Grundschaltung zur experimentellen Blitzerzeugung

An jeder Funkenentladung, gleich ob sie natürlicher oder künstlicher Herkunft ist, sind bewegte Elektronen beteiligt. Energiereiche Funkenentladungen, wie z. B. der Blitz, sind lichtbogenartige Gasentladungen mit hohen Temperaturen. Die Stromführung in Luft bzw. Gasen ist nur möglich, wenn sich zwischen zwei Elektroden Stromträger bzw. Elektronen und Ionen befinden. Die zur Einleitung der Funken- bzw. Plasmaentladungen notwendigen Elektronen treten aus der Kathode aus. Der Elektronenaustritt kann auf verschiedene Weise zustande kommen, z. B. durch Fotoemission, Feldemission, Sekundäremission. Die angeblich stärkste Elektronenemission tritt bei Erwärmung der Kathode auf. Für unsere Blitzexperimente werden wir die zur Einleitung einer energiereichen Plasmaentladung erforderlichen Elektronen durch Feldemission erzeugen. Die Kathode emittiert zur Einleitung eines energiereichen Lichtbogens die Elektronen nicht wegen ihrer hohen Temperatur, sondern wegen der hohen Feldstärke an ihrer Oberfläche. Die von der Kathode emittierten Elektronen werden zur Anode hin beschleunigt. Sie treffen dabei auf Gasatome und schlagen aus diesen weitere Elektronen heraus. Es kommt zu einer Stoßionisation der Gasatome. Steht eine ausreichende Energiemenge zur Verfügung, führt dies zur Erzeugung immer weiterer Ionen und Elektronen bzw. eines Lichtbogens. Man spricht dann von der Bildung eines Plasmas hoher Temperatur, das sowohl Elektronen als auch Gasionen enthält.

Im Teil 1 des Buches wird zur Auslösung einer blitzartigen Lichtbogen- bzw. Plasmaentladung die in *Abb. 17* angegebene Grundschaltung verwendet. Der mit dieser Schaltung erzeugte Lichtbogen dient quasi als Initialzündung für Blitzversuche größeren Umfangs.

Die Funktion der Grundschaltung ist schnell erklärt. Bei Betätigung des Schalters S entlädt sich der Kondensator C 2 über die Primärwicklung N 1 eines Hochspannungstrafos. Der in der Sekundärwicklung N 2 induzierte Hochspannungsimpuls führt zum Funkenüberschlag zwischen Kathode und Anode. Während der Zeit des Funkenüberschlags ist die Luftstrecke

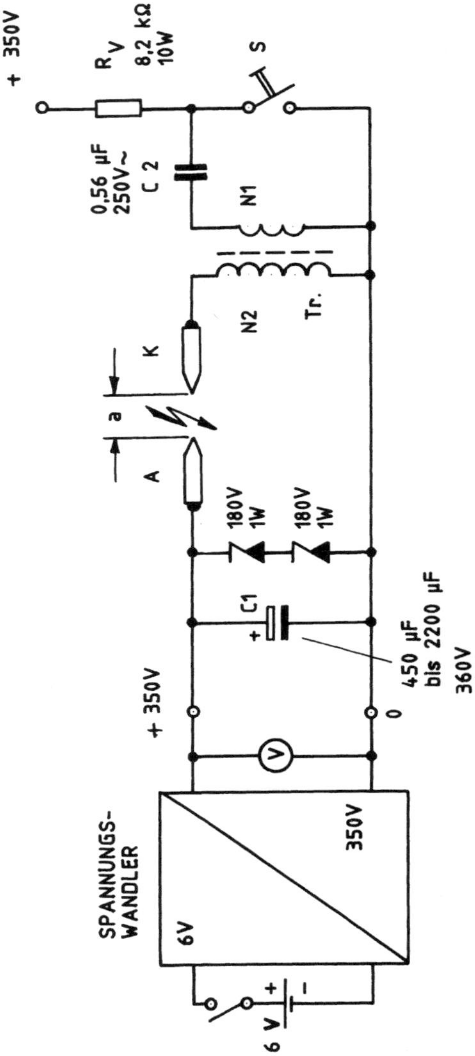

Abb. 17: Grundschaltung zur Erzeugung einer impulsartigen Lichtbogenentladung.
a = 1 - 51mm, S = Mikroswitch 250 V~/10 A, Tr = Zeilentrafokern N 28,
N1: 2.5 Wdg., N2: 50 Wdg. mit hochspannungsfester 0, 75 mm Ø Kupferlitze,
K = Kathode, A = Anode

zwischen Kathode und Anode ionisiert bzw. gut leitfähig. Nun kann sich der Elektrolytkondensator C 1 über die Leitfunkenstrecke entladen. Diese Ladung ist von einem grellweißen Lichtblitz und einem peitschenden Knall begleitet, also allen Begleiterscheinungen, die wir auch vom natürlichen Blitz her kennen. Die Intensität der künstlichen Blitzentladung ist nur eine Frage der zur Verfügung stehenden Energiemenge und der optimalen Dimensionierung der Grundschaltung. Induktivität und Innenwiderstand der Sekundärspule N 2 müssen so gering wie möglich gehalten werden. Unter Berücksichtigung der im Handel erhältlichen Bauelemente kann die Schaltung nur in begrenztem Umfang optimiert werden.

Für die energiespeichernden Elektrolytkondensatoren C 1 verwendet man billige Fotoblitzkondensatoren aus Industrieüberschüssen oder baut sie aus defekten Fotoblitzgeräten aus. Wer bereit ist, ein funktionierendes Fotoblitzgerät für die Blitzversuche zu opfern, spart sich eine Menge Arbeit. Der im Fotoblitzgerät eingebaute Spannungswandler sorgt für die Aufladung des Energiespeicher-Elektrolytkondensators. Die Ladespannung, im Normalfall etwa 350 V, wird mit einem Spannungsmesser überprüft.

Um den Fotoblitzkondensator vor dem Hochspannungsimpuls gegen Durchschlag zu schützen, werden zwei Zenerdioden parallelgeschaltet.

Aus *Abb. 18* ist der Aufbau der Grundschaltung zu ersehen. Es findet ein altes Braun-Fotoblitzgerät Verwendung. Statt des normalerweise im Gerät

Abb. 18: Aufbau der Grundschaltung mit Fotoblitzgerät als Spannungswandler

vorgesehenen Ladekondensators wurde eine Ausführung höheren Energieinhalts gewählt (2200 µF/360 V), um eindrucksvolle Blitzentladungen erzeugen zu können.

Als Hochspannungstrafo findet ein alter Zeilentrafo Verwendung, dessen ursprüngliche Wicklungen entfernt wurden. Je nach erwünschtem Elektrodenabstand muß die Windungszahl N 2 der Sekundärwicklung entsprechend hoch gewählt werden.

Bei einem Elektrodenabstand von 3-5 mm ist eine Sekundärwindungszahl von ca. 50 Windungen ausreichend. Sollen 10-20 mm vom Zündfunken übersprungen werden, sind ca. 200 Windungen erforderlich. Für die Primärwicklung N 1 empfiehlt sich eine Windungszahl von ca. 2,5 Windungen.

Abb. 19 zeigt zwei Trafomuster mit unterschiedlichen Windungszahlen. Mit R_v= 8,2 kΩ/2 W und C 2 = 0,56 µF/250 V ~ sowie der Verwendung eines leistungsfähigen Mikroswitches S (250 V~ /10 Ampere) läßt sich die Schaltung nach Abb. 17 in Betrieb nehmen.

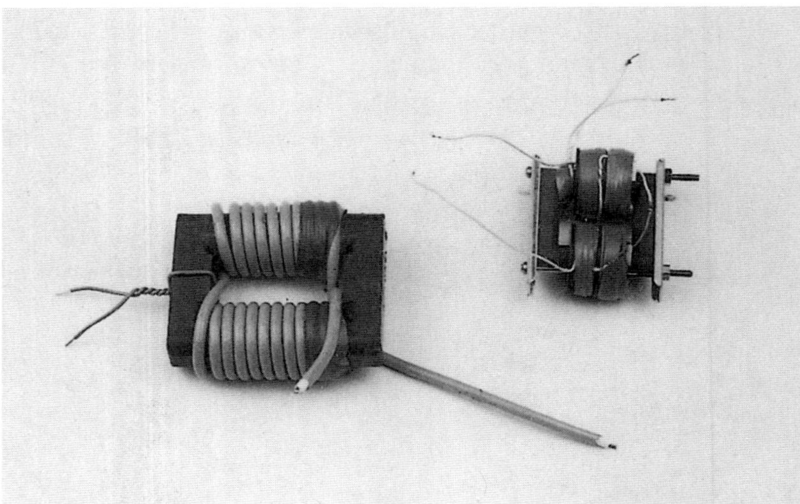

Abb. 19: Hochspannungstrafos. Der links abgebildete Trafo wurde mit 20kV-festem Hochspannungskabel gewickelt (Fa. Bürklin, München, Schillerstr.). Der rechts abgebildete Trafo wurde mit 200 Wdg. Teflondraht, unterteilt in vier Wicklungskammern, bewickelt

Abb. 20 zeigt die gezündete Elektrodenstrecke. Die Zuverlässigkeit und die Lebensdauer sind durch den mechanischen Kontakt jedoch begrenzt. Deshalb ist es besser, statt des Mikroswitches einen Thyristor als Schaltglied vorzusehen. In *Abb. 21* ist die modifizierte Grundschaltung wiedergegeben.

Der Kondensator C 2 wird nun über den Thyristor entladen. Angesteuert wird der Thyristor mittels des Mikroswitches S 1. Damit der Thyristor nach dem Zündvorgang durch eine Restladung am Kondensator C 1 nicht durchgeschaltet bleibt, wird in die Anodenzuführung ein Mikroswitch S 2 eingeführt, der normalerweise geschlossen ist. Für den gegebenenfalls erforderlichen Reset- (Rücksetz) Vorgang muß dieser Mikroswitch kurz betätigt werden. Andernfalls arbeitet der Spannungswandler auf den 10 kΩ/2 W-Widerstand und die Kondensatoren C 1 und C 2 können nicht wieder aufgeladen werden. Bei Betätigung des Mikroswitches S 1 (Feuer) entsteht zwischen den Elektroden ein starker, mit einem heftigen Knall verbundener Lichtblitz. Diese Initial-Blitzentladung soll uns im Verlauf der weiteren Experimente als Auslöser für weit eindrucksvollere, dem Naturblitz ähnlichere Blitzentladungen dienen.

Die weitere Vorgehensweise geht aus der Schaltung aus *Abb. 22* hervor. Bei Betätigung des Mikroswitches S 1 zündet die Elektrodenstrecke K1/A1.

Abb. 20: Gezündete Elektrodenstrecke

Der Strom durch die Ablenkspule im Moment der Entladung erzeugt ein kurzzeitiges Magnetfeld, welches die Elektronen in Richtung des zweiten Elektrodensystems K 2/A 2 ablenkt. Die Richtung des Magnetfeldes kann aus *Abb. 23* bestimmt werden. Die abgelenkten Elektronen ionisieren die Elektrodenstrecke K 2/A 2 und machen diese damit leitfähig. Nun kann sich der Kondensator C 2 lichtbogenartig entladen. Die zeitliche Differenz zwischen den beiden Lichtbogenentladungen ist so gering, daß hinsichtlich des Lichtblitzes und des ihn begleitenden Knalls der Eindruck entsteht, daß es sich um eine einmalige blitzartige Lichtbogenentladung handelt. Der Elektrodenabstand a wird so eingestellt (2-3 mm), daß der Hochspannungsimpuls zu einem Leitfunkenüberschlag führt, dem sich dann die Hauptladung des Kondensators C 1 anschließt. Der Elektrodenabstand b des zweiten Elektrodensystems ist nicht kritisch und kann sich von 5 bis 15 mm bewegen. Der optimale Abstand zwischen beiden Elektrodensystemen c liegt bei gegebener Schaltungsdimensionierung in der Größenordnung von ca. 25 mm. Als Elektroden werden Graphitstifte aus Panasonic-Microzellen entsprechend *Abb. 24* verwendet.

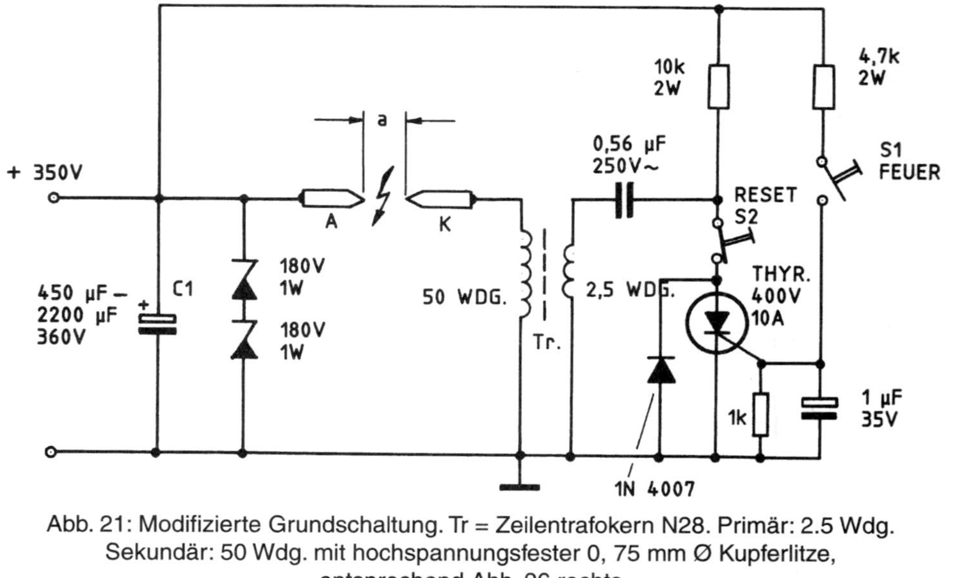

Abb. 21: Modifizierte Grundschaltung. Tr = Zeilentrafokern N28. Primär: 2.5 Wdg. Sekundär: 50 Wdg. mit hochspannungsfester 0, 75 mm Ø Kupferlitze, entsprechend Abb. 26 rechts

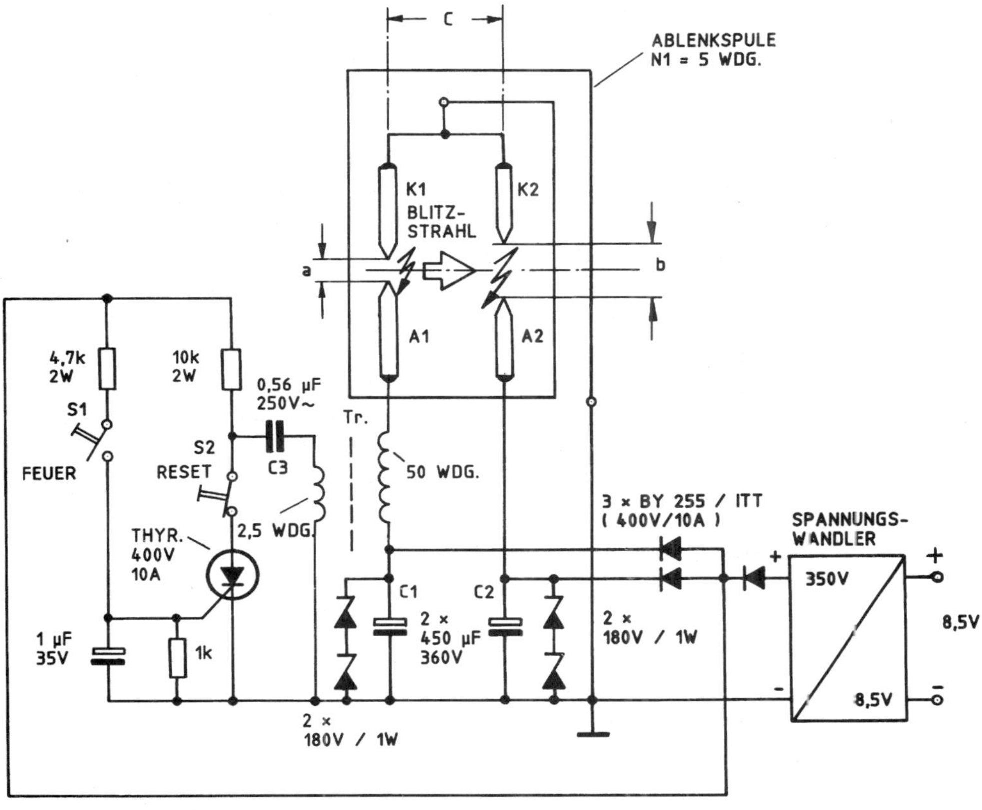

Abb. 22: Zünden eines zweiten Lichtbogens durch Ionisieren der Elektrodenstrecke b.
Tr = Zeilentrafokern N 28 analog Abb. 26

Was mit zwei Elektrodensystemen möglich ist, müßte eigentlich beliebig als Kettenreaktion fortsetzbar sein, so daß eine kaskadenartige Anordnung von Elektroden zu einem beeindruckenden Blitzereignis führen müßte.

Der Verfasser hat sich die Mühe gemacht, aus „Spaß an der Freude“ eine Art „Blitzschwert“ zu bauen, das besonders bei Dunkelheit den Eindruck eines natürlichen Blitzes vermittelt und dabei ziemlich ungefährlich ist.

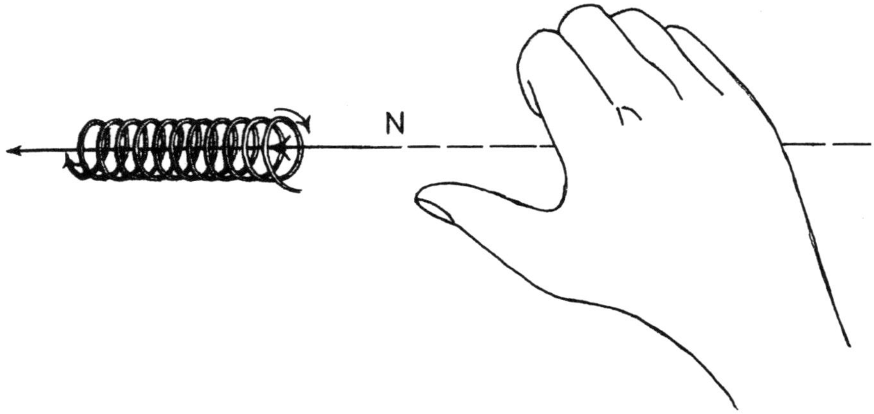

Abb. 23: Die gekrümmten Finger geben die Stromrichtung an und der abgespreizte Daumen die Richtung des erzeugten Magnetfeldes

Abb. 24: Als Elektroden werden Graphitstifte aus Stabbatterien verwendet

3 Blitzschwert

Die Schaltung des Blitzschwertes wird in *Abb. 25* gezeigt, während aus Abb. 26 der praktische Aufbau innerhalb eines Aktenkoffers hervorgeht.

Der 8,5 V/350 V-Spannungswandler wurde wieder aus einem alten Braun-Fotoblitzgerät ausgebaut. In der „Straße der Elektronik" in München (Schillerstraße am Hauptbahnhof) konnte ein Industrierestposten Fotoblitzkondensatoren erstanden werden. Die Beschaffung der restlichen Bauelemente stellte sich als relativ problemlos heraus. Der mechanische Aufbau brachte allerdings einige Schwierigkeiten mit sich, die sich vielleicht unter Verwendung eines Fischer-Technik-Plastik-Baukastens hätten umgehen lassen.

Prinzipiell hat sich an der Schaltung in Abb. 25 im Vergleich zur Schaltung in Abb. 22 nicht viel geändert. Die Anzahl der Elektrodensysteme wurde erhöht. Da bereits bei 10 - 15 cm Blitzlänge oft keine weitere Fortpflanzung des Blitzes über die gesamte Schwertlänge zu beobachten war, mußte mittels einer spiralförmigen Spule ein Pinch-Effekt (Pinch = Zusammenschnüren) erzeugt werden, der die Elektronen auf der erwünschten Bahn zusammenhält.

Abb. 27-29 (siehe Farbteil nach Seite 32) zeigen Fotoaufnahmen des Blitzschwertes während der Entladung.

Die Stromversorgung des Blitzschwertes ist in einem Aktenkoffer untergebracht. Zur bequemen Handhabung kann das Blitzschwert entsprechend Abb. 26 in einem Plexiglas-Rohr innerhalb des Koffers untergebracht werden.

In *Abb. 26* sind oben die vielen Fotoblitzkondensatoren 450 µF/360 V zu erkennen, wovon jeweils 2 Stück parallelgeschaltet sind.

Links im Abb. 26 sind 7 Stück NiCd-Akkuzellen zu sehen, welche den Strom für den Spannungswandler bereitstellen. Ein Amperemeter mit 5 A-Vollausschlag zeigt den vom Wandler aufgenommenen Strom an, während mittels eines Spannungsmessers mit 500 V-Vollausschlag der Ladezustand der Fotoblitzkondensatoren beurteilt werden kann. Im unteren Griffteil des

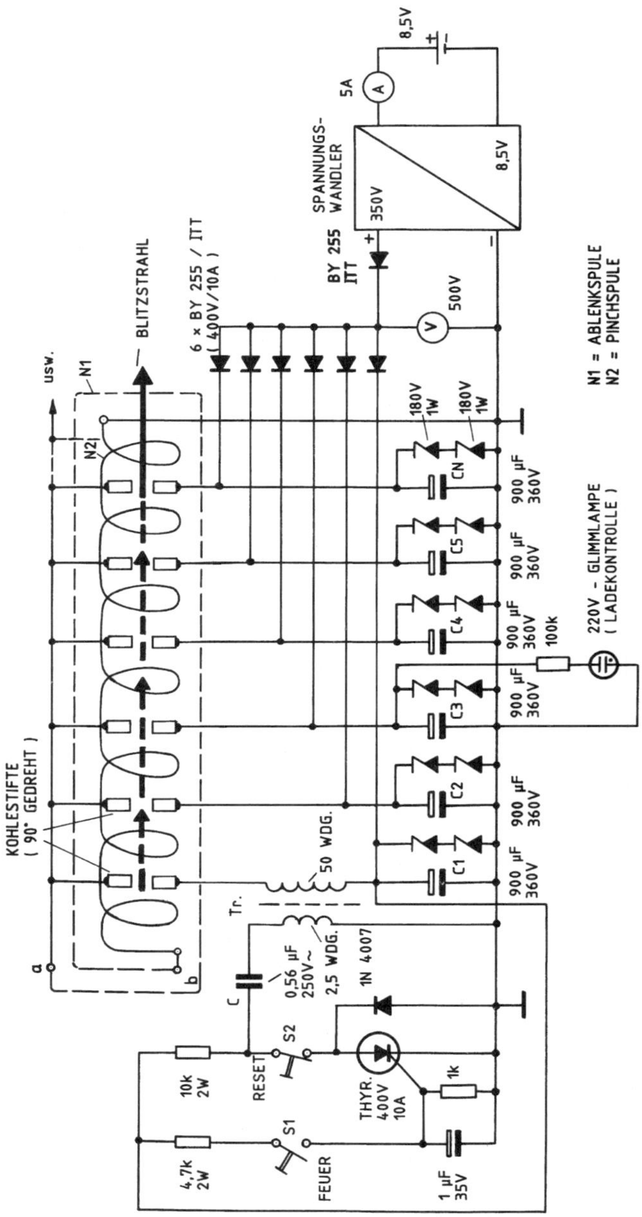

Abb..25: Schaltung des Blitzschwertes.
Tr = Zeilentrafokern N28. Primär: 2,5 Wdg., sekundär: 50 Wdg. mit hochspannungsfester 0,75 mm Ø Kupferlitze, entsprechend Abb. 26. N 1 = Ablenkspule 9 Wdg./0,75 mm Ø Kupferlitze, N 2 = Pinch-Spiralspule, 26 Wdg./0,75 mm Ø Schutzleiterkabel

Blitzschwertes ist noch eine 220 V-Glimmlampe untergebracht, welche bei geschlossenem Koffer auf den Ladezustand der Fotoblitzkondensatoren aufmerksam macht. Mittels eines am Griffteil des Blitzschwertes angebrachten Drucktasters kann der Blitzstrahl ausgelöst werden.

Der Blitzstrahl zuckt als weißer Plasmastrahl von den beiden ersten horizontal angebrachten Initial-Zündelektroden ausgehend über die gesamte Länge des Schwertes. Der Abstand der Initial-Zündelektroden zu den ersten vertikal angebrachten Kohleelektroden beträgt 8 mm. Der Abstand der über die gesamte Schwertlänge verteilten Elektrodenpaare untereinander beträgt jeweils 20 mm.

Der Abstand zwischen den einzelnen Kathoden und Anoden quer zur Längsrichtung des Schwertes beträgt 4 mm. Um den ganzen „Klingen"-Querschnitt des Blitzschwertes ist eine Ablenkspule mit 9 Windungen aufgebracht. Das Magnetfeld dieser Spule lenkt die Elektronen in Längs-

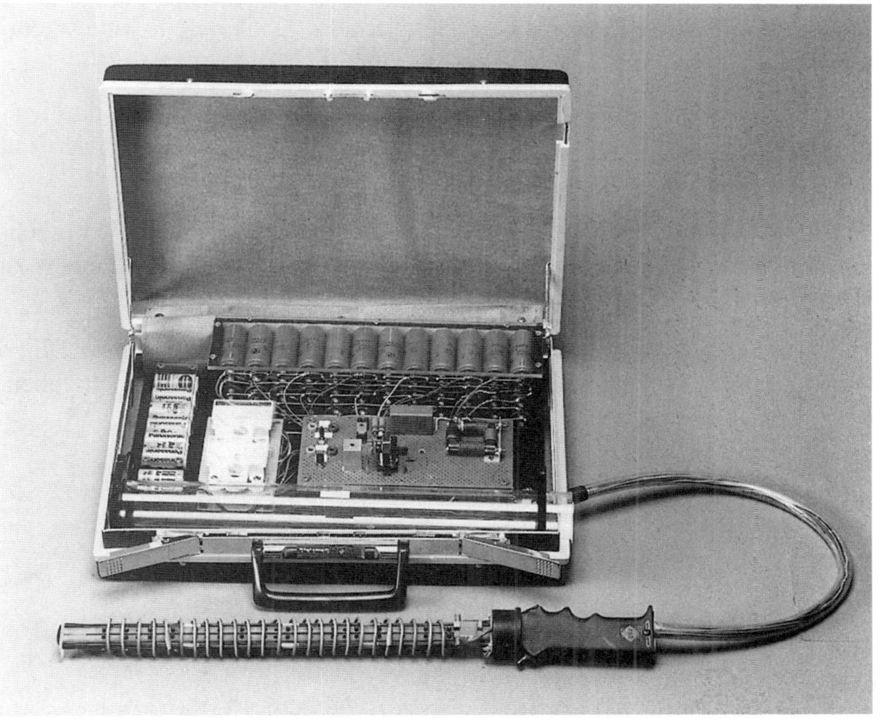

Abb.. 26: Aufbau des Blitzschwertes

richtung des Schwertes und sorgt damit für eine kaskadenartige Zündung der einzelnen Elektrodenpaare. Die blitzartige Entladung ist von einem starken Knall begleitet. Werden für die Fotoblitzkondensatoren noch höhere Kapazitäts- und Spannungswerte vorgesehen, können Blitze mit nahezu beängstigender Wirklichkeitsnähe erzeugt werden. Nach jeder Blitzentladung müssen die Fotoblitzkondensatoren erneut aufgeladen werden. Dazu sind einige Minuten Ladezeit erforderlich. Unter Verwendung eines leistungsfähigen 220 V-Netzteils könnten kurz aufeinander folgende Blitze erzeugt werden. Dazu müßten jedoch auch leistungsfähigere Wechselspannungskondensatoren (MP-Kondensatoren) verwendet werden.

Durch kurz aufeinander folgende Blitze könnte bei Dunkelheit der Eindruck eines stationär vorhandenen Blitzstrahls, wie in der Filmreihe „Krieg der Sterne", vermittelt werden.

Abb 30 zeigt ein Duell mit zwei imaginären Blitz- bzw. Laserschwertern, die der Verfasser zum Vorbild seiner Experimente genommen hat. Das Bild ist dem Goldmann Taschenbuch „Die Rückkehr der Jedi-Ritter" entnommen.

Der Verfasser ist auf Grund seiner Erfahrung mit den bisher durchgeführten Experimenten der Ansicht, daß sich ein derartiges Blitzschwert mit entsprechendem Kosten- und Zeitaufwand durchaus realisieren ließe.

Doch nun zurück zur Praxis und den momentan angegebenen Möglichkeiten mit geringem Aufwand künstliche Blitze von großer Schönheit zu erzeugen.

Im folgenden Abschnitt wollen wir uns der Erzeugung kreisförmiger Blitze zuwenden. Wir wollen sie aus Gründen, auf die wir später noch eingehen, Plasmaoiden-Blitze nennen.

4 Plasmaoiden-Blitz

Die Schaltung des Plasmaoiden-Blitzes wird in *Abb. 31* gezeigt. Prinzipiell handelt es sich um die gleiche Schaltung wie beim Blitzschwert, nur daß der Blitz jetzt einen Kreis beschreibt. Die Ablenkspule ist nach wie vor erforderlich, während auf die spiralförmige Pinch-Spule verzichtet werden kann.

Der eigenartigen Faszination des Plasmaoiden-Blitzes bei Dunkelheit kann sich kaum jemand entziehen.

Zur bequemen Handhabung wurde der Plasmaoiden-Blitzgenerator entsprechend *Abb. 32* wieder in einen Aktenkoffer eingebaut. Im linken Teil des Koffers befindet sich der Kunststoffspulenkörper mit den Kohleelektroden und der Ablenkspule. Im mittleren Teil des Koffers sind die Fotoblitzkondensatoren untergebracht. Auf der Veroboard-Platine ist die Zündschaltung zu sehen. Rechts neben der Zündschaltung befindet sich der 350 V-Spannungswandler, welcher an einem 6 V-Akku angeschlossen ist. Zur Kontrolle der Ladespannung an den Fotoblitzkondensatoren befindet sich ein Vielfachinstrument im Koffer.

Abb. 33 bis *35* (siehe Farbteil nach Seite 32) zeigen den Plasmaoidengenerator im Betrieb. Bei Dunkelheit vermittelt der kurzzeitig aufblitzende „Heiligenschein" einen geheimnisvollen Eindruck. Abb 35 zeigt deutlich, wie die Lichtbögen im Kreis „herumgeblasen" werden.

Die *Abb. 36* bis *40* zeigen vielfältige Möglichkeiten aus Längsblitzen und kreisförmigen Blitzen die verschiedensten geometrischen „Feuerwerksgebilde" zu erzeugen.

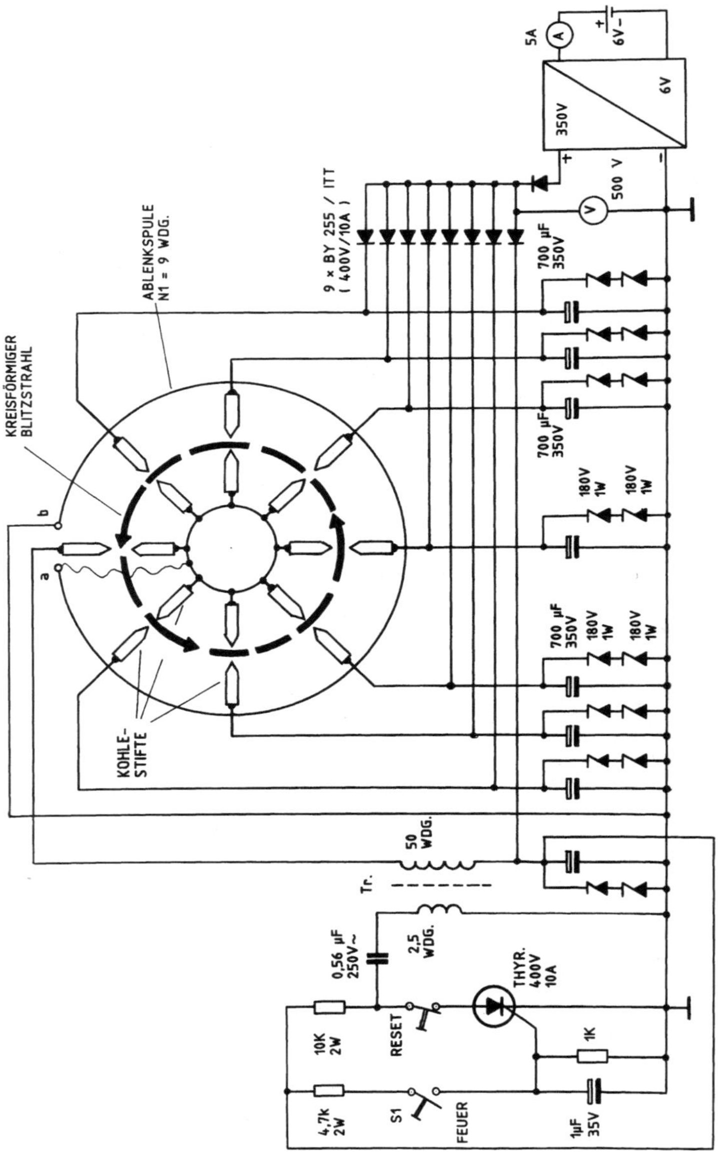

Abb. 31: Schaltung des Plasmaoiden-Blitzgenerators zur Erzeugung kreisförmiger Blitze.
Tr = Zeilentrafokern N 28. Primär: 2,5 Wdg., sekundär: 50 Wdg. mit hochspannungsfester 0,75 mm Ø Kupferlitze entsprechend Abb. 32.
N 1 = Ablenkspule 9 Wdg./0, 75 mm Ø Kupferlitze

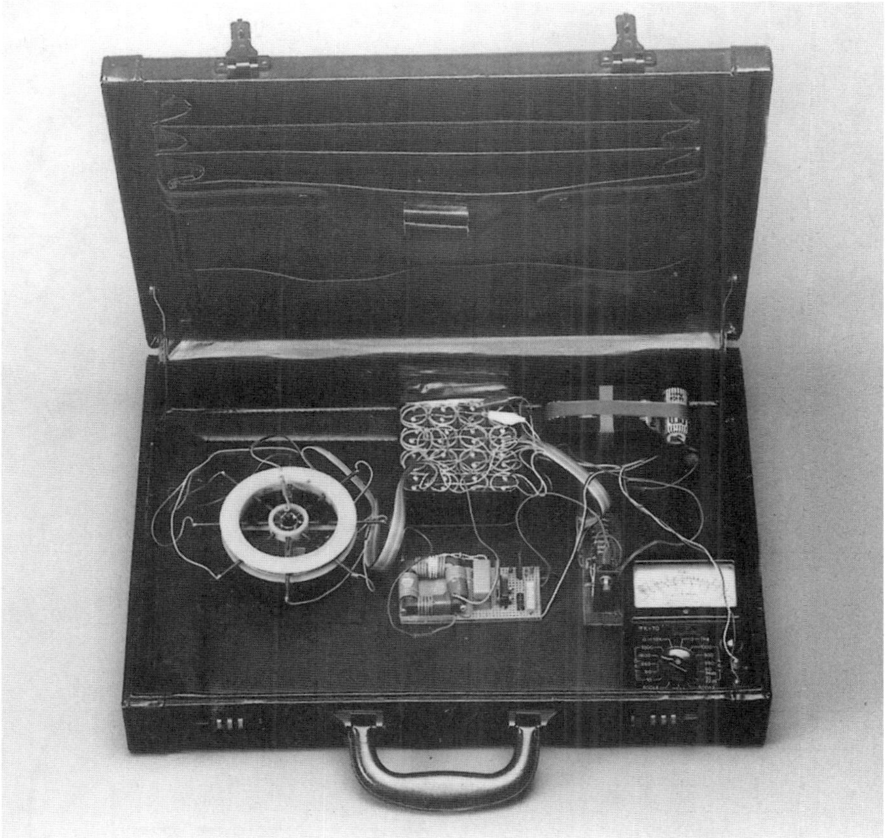

Abb. 32: Aufbau des Plasmaoiden-Blitzgenerators zur Erzeugung kreisförmiger Blitze

Abb. 39:Kugelkäfig

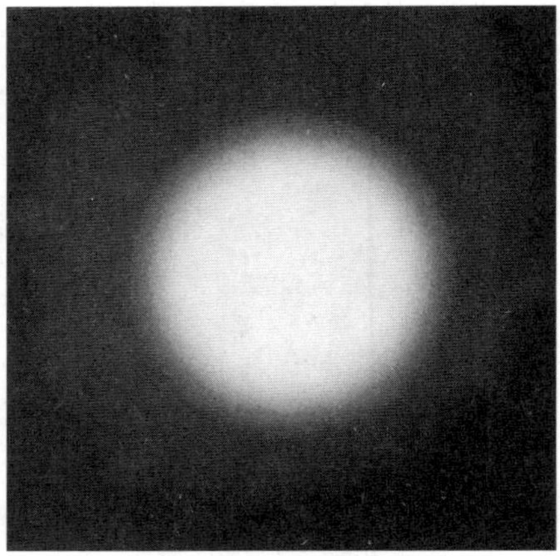

Abb. 40: Kugelblitz

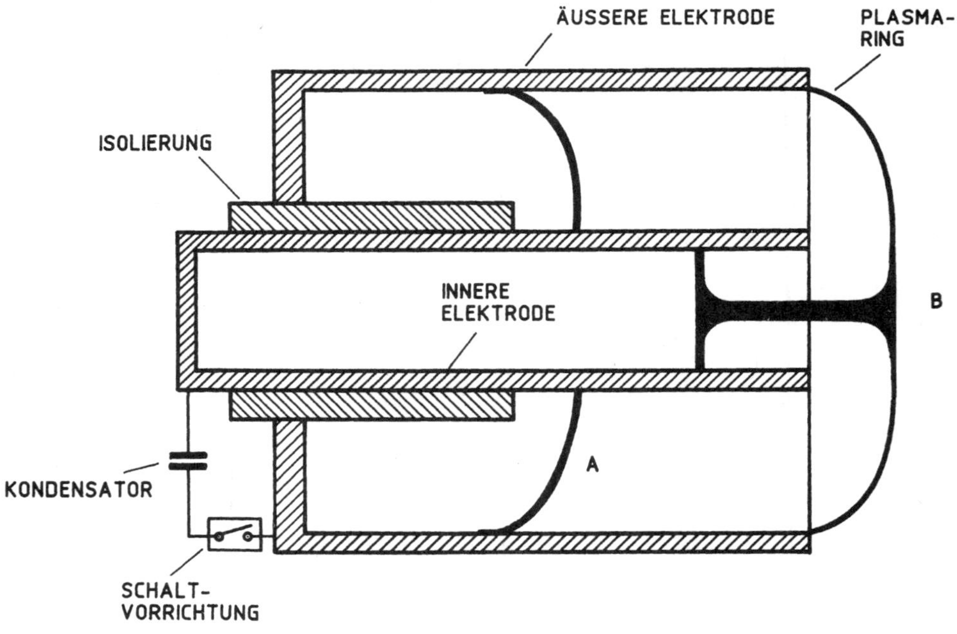

Abb. 41: Aufbau der Plasmaoiden-Kanone

5 Plasmaoiden-Kanone

Denkbar wäre auch eine Art Plasmaoiden-Kanone. Dabei handelt es sich um eine faszinierende Anwendung von Plasmaoiden-Blitzen bzw. Plasmaringen als Projektile einer magnetischen Kanone. Plasmaoide kommen in der Natur auch als Kugelblitze vor. Fusionsforscher in Los Alamos sind mit einer experimentellen Anlage, dem CTX-SPHEROMAX, in der Lage, derartige Plasmaoide zu erzeugen. Kernstück ist eine koaxiale „Marshall-Kanone", entsprechend *Abb. 41*, in der durch eine starke elektrische Entladung ein dünnes Plasmablatt erzeugt wird. Das Plasmablatt wandert zum Ende der „Kanone" und nimmt, wenn es diese verläßt, die Form eines Ringes an, der durch sein eigenes Magnetfeld zusammengehalten wird. Der Ring bleibt für eine Zeitdauer im Sekundenbereich stabil, vorausgesetzt, minimale äußere Begrenzungskräfte wirken. Elektrische Felder eines Kupferkäfigs, wie ihn die Forscher in Los Alamos benutzen, aber auch der Druck der Erdatmosphäre, erfüllen angeblich diese Bedingungen. Solche Plasmaoide sind leicht zu beschleunigen, da ihre Magnetfeldenergie im Verhältnis zu ihrer Masse recht groß ist. Eine Forschergruppe von Lawrence Livermore unter der Leitung von C. W. Hartmann hat kürzlich ein zweiphasiges Beschleunigungskonzept vorgestellt, mit dem sich nach ihren Berechnungen die Plasmaringe auf 9300 Kilometer pro Sekunde beschleunigen lassen. Dies ist mehr als das Tausendfache der Geschwindigkeit, mit der eine Interkontinentalrakete fliegt. Die Plasmaringe sollen in der Atmosphäre lange genug stabil bleiben, um eine Entfernung von einigen hundert Kilometern zurücklegen zu können. Hartmann schreibt: „Wenn der Ring, der einen Durchmesser von knapp einem Zentimeter hat, mit maximaler kinetischer Energie (4,4 Megajoule) ein Ziel treffen würde, so betrüge die deponierte Leistung rund $1{,}2 \cdot 10^{16}$ Watt (Depositionszeit etwa 0,3 Nanosekunden) bei einer Leistungsdichte von $5{,}3 \cdot 10^{15}$ Watt pro Quadratzentimeter."

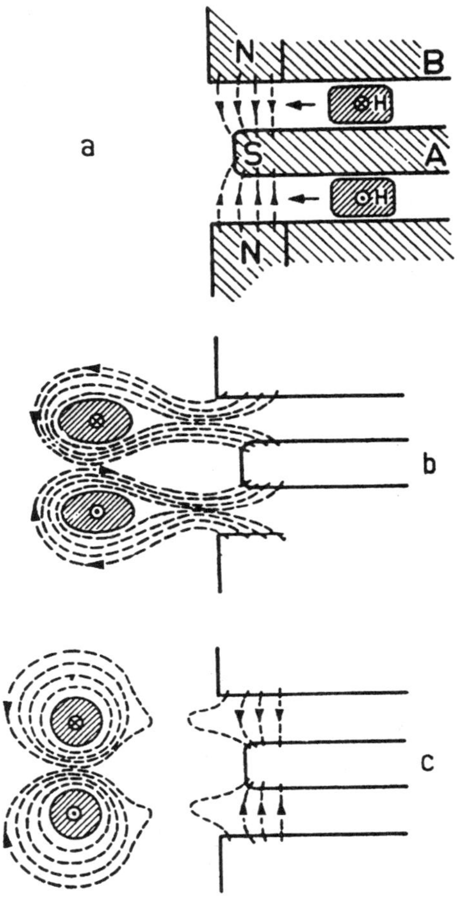

Abb 42a-c: Plasmaoiden-Erzeugung im freien Raum.

In *Abb. 42a* bis *Abb. 42c* wird gezeigt, wie man als Amateur Plasmaoiden in den freien Raum befördern könnte. Abb. 42a zeigt den Schnitt durch eine zylinderförmige Magnetanordnung, bestehend aus einer Trommel (B), welche den Nordpol bildet, und einem Stab in der Mitte (A), der den Südpol darstellt.

In dem koaxialen Hohlraum befindet sich ein periodisch zirkulierender Plasmaring. In *Abb. 42b* wird gezeigt, wie der Plasmaring durch das Magnetfeld aus dem Zylinder herausgeschleudert wird.

Abb. 43 zeigt den Experimentalaufbau einer Plasmaoiden-Kanone mit Pinch-Spule.

Aus Abb. 42c geht hervor, wie sich der Plasmaring ganz von seiner bisherigen Umgebung löst, und ein die Plasmasäule umschließendes ringförmiges Magnetfeld mitnimmt. Wer schon mal mit Lautsprechersystemen gespielt hat, wird auch ohne wissenschaftliche Erläuterung leicht hinter die Funktionsweise dieser Art von Plasmaoiden-Kanone kommen. Er muß sich entsprechend *Abb. 44* nur vorstellen, daß die mit der Membran verbundene Tauchspule im Magnetsystem eines Lautsprechers so von Gleichstrom

Abb.. 43: Experimentalaufbau einer Plasmaoiden-Kanone

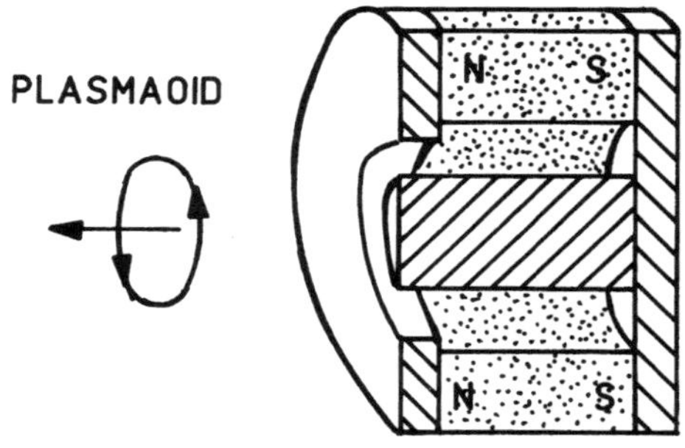

Abb. 44: Lautsprechersystem als Plasmaoiden-Schleuder

durchflossen wird, daß sie nach außen gedrückt wird. Könnte sie sich frei bewegen, würde sie nach außen geschleudert. Doch nun kurz zurück zur Plasmaoiden-Generatorschaltung in Abb. 31. Auch hier könnte durch Verwendung eines kräftigen 220 V-Netzteils und leistungsfähigeren Wechselspannungskondensatoren (MP), eine Art stationärer Blitz erzeugt werden, der durch eine Magnetanordnung wie in Abb. 42 ins Freie geschleudert werden könnte.

Abb. 44 zeigt ein typisches Lautsprechermagnetsystem, in dem der Plasmaring erst mittels einer Elektrodenanordnung, wie in Abb. 31 gezeigt, erzeugt werden müßte.

Die Erzeugung spiralförmiger Blitze ist durch Kombination von Längs- und Kreisblitzen ebenfalls möglich. Vielleicht ist ein Hobby-Forscher gar in der Lage, auf der Basis der bisherigen Versuche einen Kugelblitz entsprechend Abb. 40 künstlich zu erzeugen.

6 Gelenkte Blitze

Fragt man einen Physiker, welche Durchschlagspannung für eine Luftstrecke von 10 cm erforderlich ist, bekommt man Werte von ca. 100 000 V genannt. Bei einem natürlichen kilometerlangen Blitz müßten somit Milliarden von Volt im Spiel sein. Daß es auch anders sein kann, beweist der im folgenden durchgeführte Blitzversuch. Aus *Abb. 45* geht die zugehörige Schaltung und aus Abb. 46 der mechanische Versuchsaufbau hervor.

Obwohl der maximal vorkommende Spannungswert nur 2,5 kV beträgt, reicht dieser Wert zu einem lichtbogenartigen Überschlag auf eine Distanz von 10 cm. Erforderlich ist hierfür eine Ablenkspule mit N 1 = 17 Windungen und eine spiralförmige Pinchspule mit N 2 = 22 Windungen. Durch die fast 10fach höheren Spannungswerte (2,5 kV) im Vergleich zu den vorhergehenden Experimenten, kommt es zu gewaltigen blitzartigen Entladungen mit detonationsartiger Geräuschentwicklung.

Abb. 46 zeigt eine mögliche praktische Anwendung gelenkter Blitze zur Abwehr angreifender Flugobjekte.

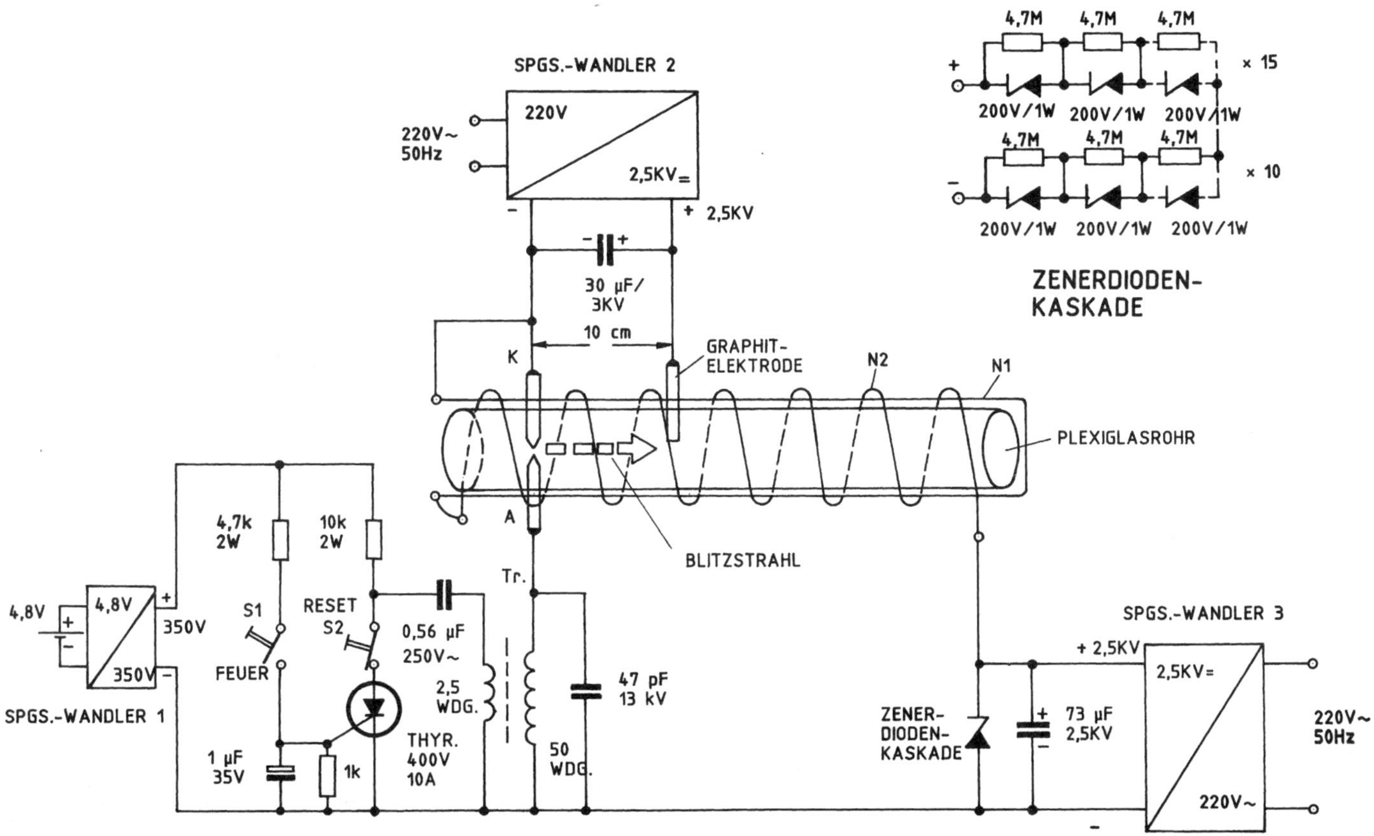

Abb. 45: Blitzerzeugung mit 2,5 kV.
Tr = Zeilentrafokern N 28. Primär: 2,5 Wdg., sekundär: 50 Wdg. mit gut isolierter 0,75 mm Ø Kupferlitze entsprechend Abb. 32.
N 1 = 17 Wdg. mit 1 mm Ø isoliertem Kupferkabel.
N 2 = 22 Wdg. mit 1,5 mm Ø isoliertem Kupferkabel (Schutzleiterkabel)

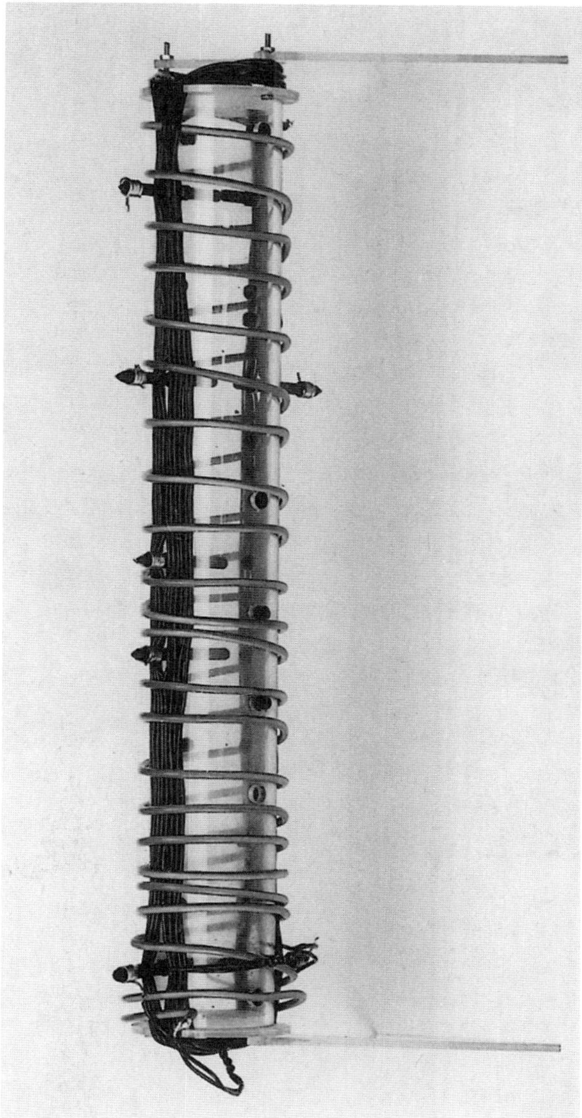

Abb. 46: Versuchsaufbau der Elektrodenanordnung

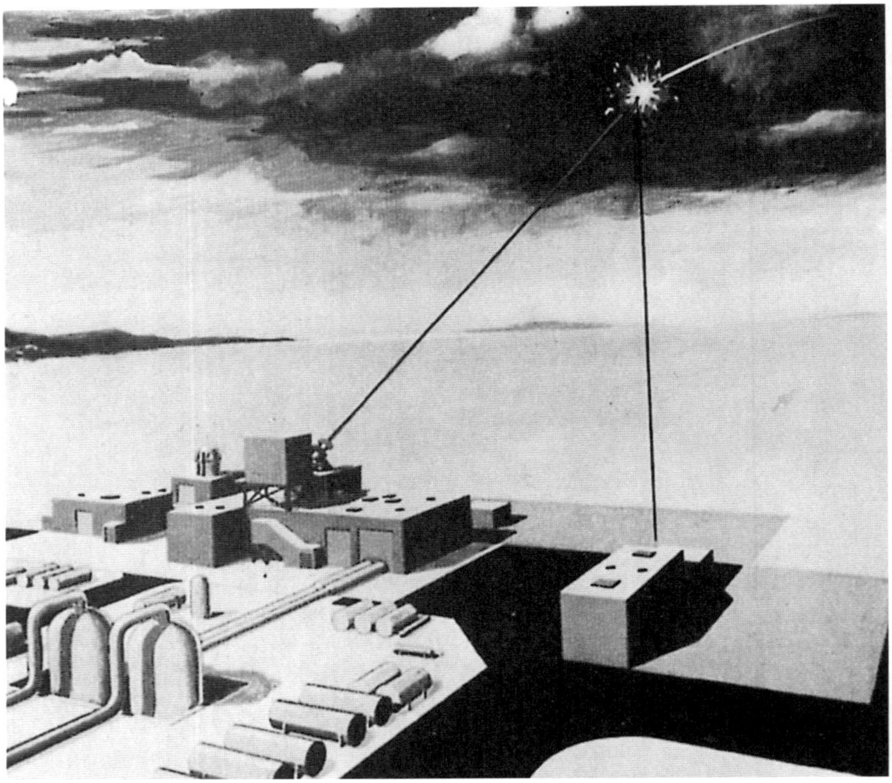

Abb. 47 Gelenkte Blitze zur Flugabwehr

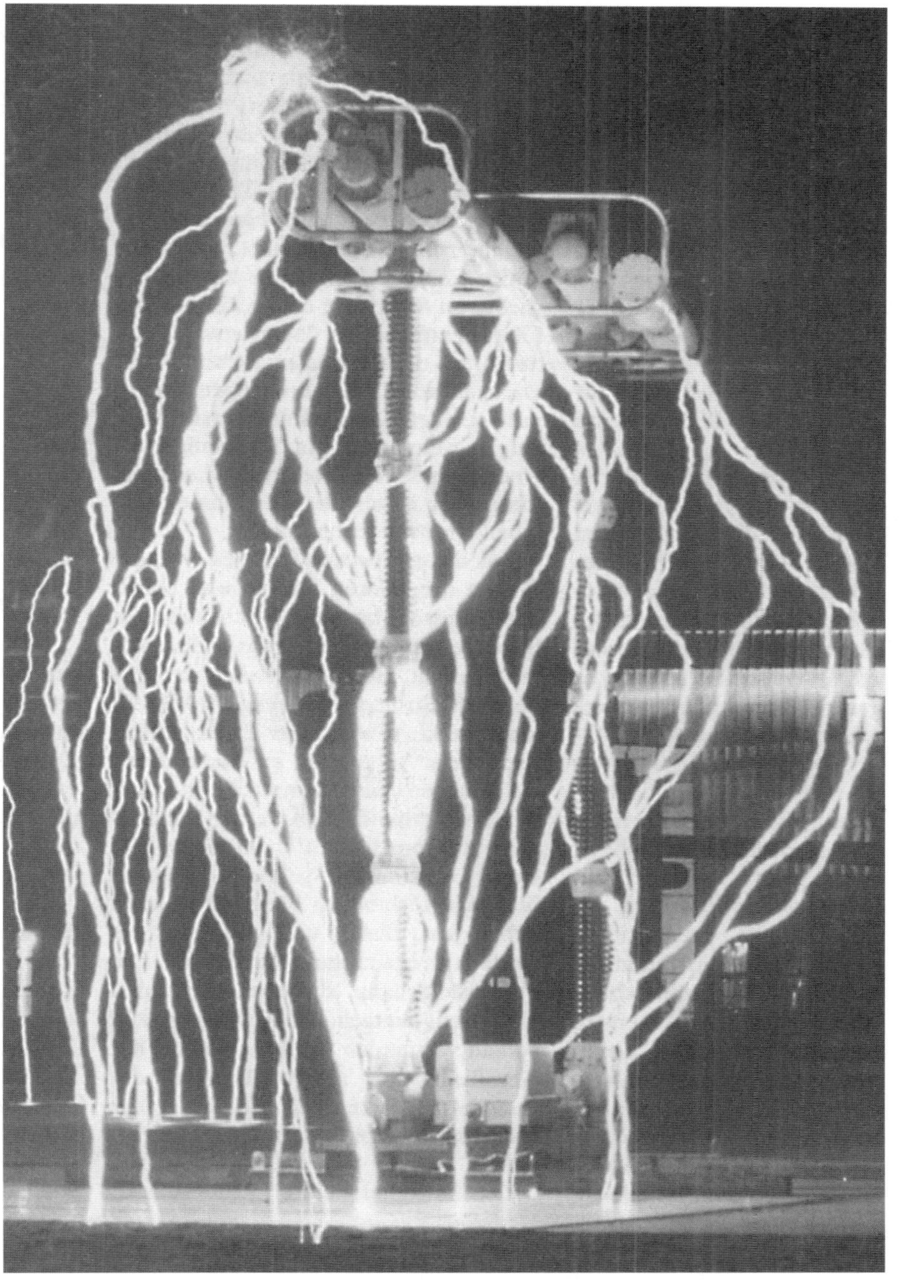

Abb. 48: Hochspannungstest

Abb. 49

Abb. 50

Abb. 51

Abb. 52

Teil II
Blitzerzeugung für Fortgeschrittene

Wie Teil I, Kapitel 6 bereits deutlich macht, eignen sich höhere Arbeitsspannungen wesentlich besser zur Erzeugung eindrucksvoller Blitze. Unangenehme Begleiterscheinung höherer Arbeitsspannungen ist die Gefahr tödlicher Spannungsschläge. Aus diesem Grund sollten sich an die Experimente im Teil II des Buches nur versierte Hobby-Elektroniker heranwagen. Um die Energie für die im folgenden beschriebenen Blitzversuche bereitzustellen, werden sogenannte Energiebanken benötigt.

1 Energiebanken

1.1 Energiebank für 350 Volt

Abb. 1 zeigt eine Energiebank mit einer maximalen Arbeitsspannung von 350 V. Nach der Formel

$$W = \frac{1}{2} C \cdot U^2$$

kann der Energieinhalt der Energiebank berechnet werden. Für 10 schaltfeste Elektrolytkondensatoren zu je 6000 µF beträgt der Energieinhalt etwa 3000 Wattsekunden (Ws).

Abb. 1a zeigt einen der verwendeten Elektrolytkondensatoren. Die Funktion der Schaltung ist schnell erklärt: Mittels eines Regeltrafos kann die gewünschte Lade- bzw. Arbeitsspannung eingestellt werden. Dann wird mit einer Graetzbrücke die Ausgangswechselspannung des Regeltrafos gleichgerichtet. Die 4 parallelgeschalteten 200-Ω-Widerstände ergeben einen Gesamtwiderstand von 50 Ω, der den Ladestrom für die Kondensatoren begrenzt. Die Ladespannung kann mit einem Drehspulinstrument mit entsprechendem Vorwiderstand gemessen werden. Zum Schutz gegen zu hohe Ladespannungen und als Hochfrequenz-Bypass dienen die zwei

Abb. 1: Elektrolyt-Kondensator 6000 µF/350 V

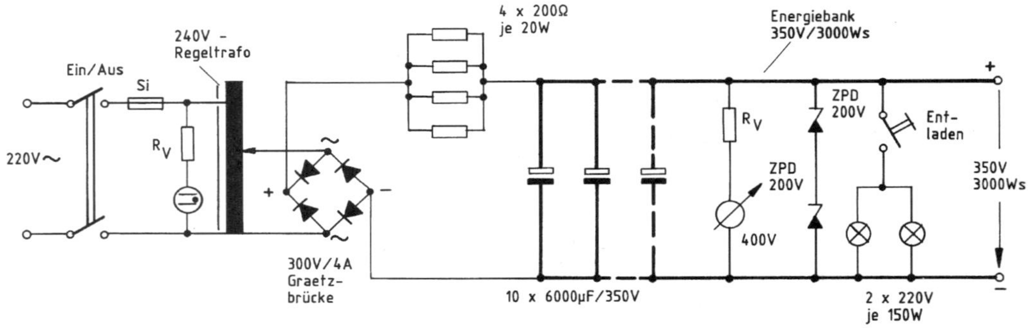

Abb. 1a: 350 V/3000 Ws – Energiebank

200-V-Zenerdioden. Somit kann sich keine höhere Ladeendspannung als 400 V über den Kondensatoren aufbauen. Um die Kondensatoren bei Nichtgebrauch der Energie auch wieder entladen zu können, befinden sich zwei parallelgeschaltete 150-Watt-Glühlampen im Gerät. *Abb. 2* zeigt die Frontseite der Energiebank, während *Abb. 3* das Innenleben offenbart.

1.2 Energiebank für 2500 Volt

Nun wird die Sache doch etwas gefährlich. Spannung und Energieinhalt der in *Abb. 4* gezeigten Energiebank eignet sich bei unsachgemäßer Handhabung als Eintrittskarte ins Jenseits. In diesem Zusammenhang ist es bemerkenswert und erstaunlich, daß derartige Spannungen und Energien

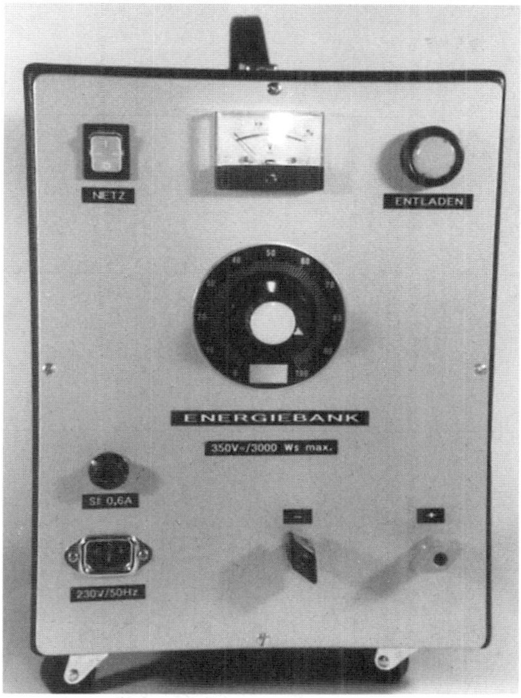

Abb. 2: Frontseite der 350 V/3000 Ws – Energiebank

in medizinischen Defibrillatoren vorzufinden sind. Mit diesen Geräten werden Unfallopfer und Patienten mit Herzstillstand reanimiert. Der Arzt preßt dabei zwei großflächige Elektroden auf den Brustkorb des Patienten und legt dann 2.5-kV-Impulse mit maximal 1000 Ws an.

Prinzipiell hat sich an der Funktionsweise im Vergleich zur 350-V-Energiebank nicht viel geändert. Statt des Regeltrafos wurde ein Trafo aus einem Mikrowellenherd verwendet, der eine Leerlaufspannung von etwa 2000 V_{eff} abgibt. Die 3.3 Volt für die Heizung des Magnetrons werden nicht benötigt. Die 2000-V-Wicklung kann mit 0.3 A belastet werden, so daß etwa 600 W Ausgangsleistung zur Verfügung stehen. Die Gleichrichterbrücke ist mit 1N4007-Standarddioden aufgebaut, von denen jede in Sperrichtung 1000 V aushält. Die parallelgeschalteten Widerstände sollen die anliegende Sperrspannung unabhängig von den Diodenleckströmen in gleiche Spannungsabschnitte aufteilen. Der 8.2-kΩ/10-W-Widerstand begrenzt den Ladestrom in die MP-Kondensatoren. Auch diese Energie-

Abb. 3: Innerer Aufbau der 350 V/3000 Ws – Energiebank

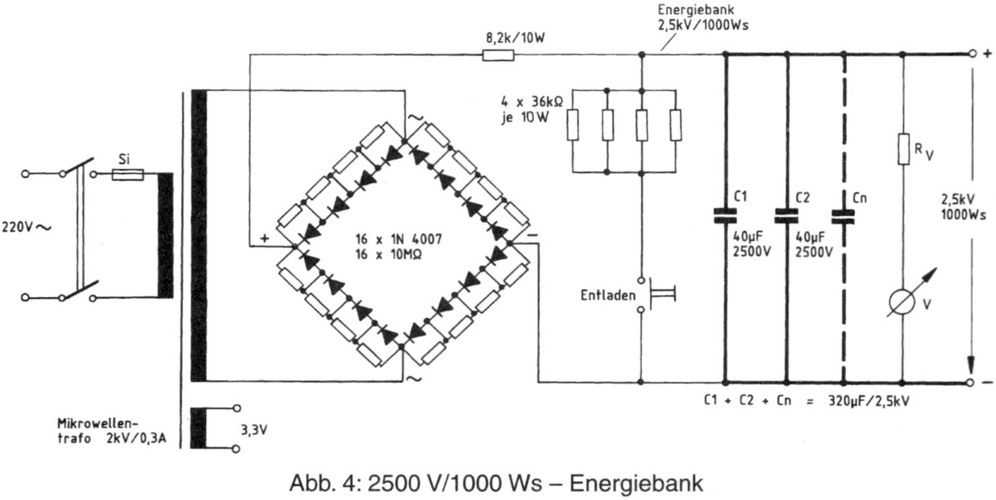

Abb. 4: 2500 V/1000 Ws – Energiebank

bank verfügt über eine Entladevorrichtung. Bei Nichtgebrauch sind die Kondensatoren unbedingt zu entladen, da sie noch nach Tagen tödliche Schläge austeilen können.

Auf die Spannungsanzeige am Einbau-Instrument ist dabei nicht unbedingt Verlaß, da der Vorwiderstand R_v oder das Instrument ja eine Unterbrechung aufweisen kann.

Im übrigen müssen die Lade- und Entladewiderstände sowie die Instrumentenvorwiderstände aus Hochspannungswiderständen bestehen, sonst kann sich unter Umständen ein Überschlag bzw. Lichtbogen ausbilden. Es läßt sich leicht ausrechnen, welche Leistung bei einem Überschlag in einer tausendstel Sekunde frei wird:

$$N = \frac{W}{t} = \frac{1000Ws}{{}^{1}\!/_{1000\mathrm{s}}} = 1\ MW$$

Die kurzzeitig abgegebene Leistung kann also 1 Million Watt betragen.

Abb. 5 zeigt den von der Firma Singer in Aachen bezogenen Mikrowellentrafo, *Abb. 6* die fertig aufgebaute 2500-V-Energiebank und *Abb. 7* den inneren Aufbau.

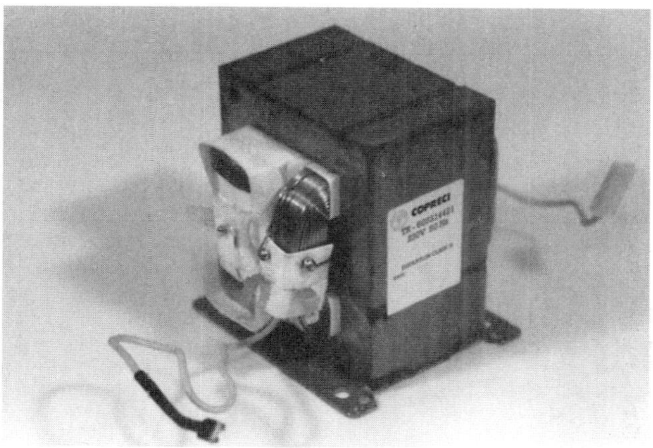

Abb. 5: Mikrowellentrafo der Firma Singer in Aachen

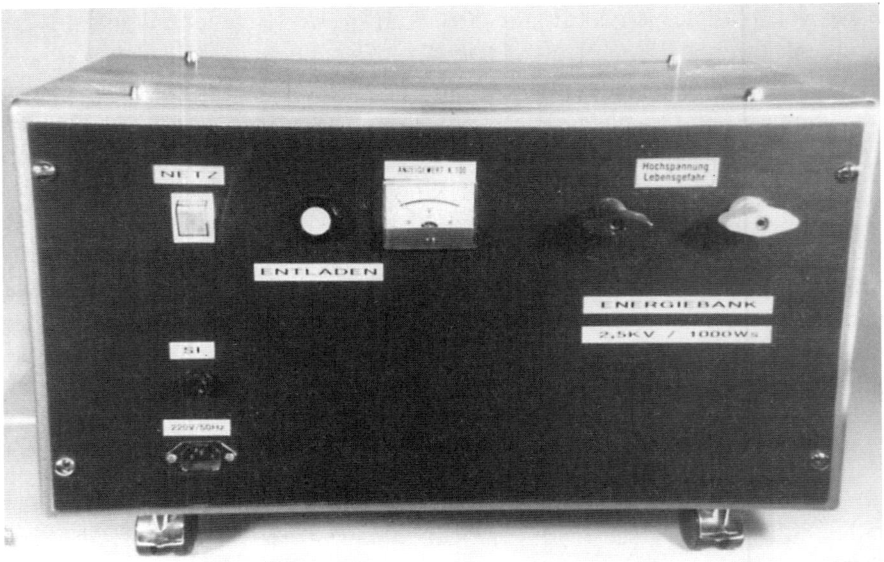

Abb. 6: 2500 V/1000 Ws – Energiebank

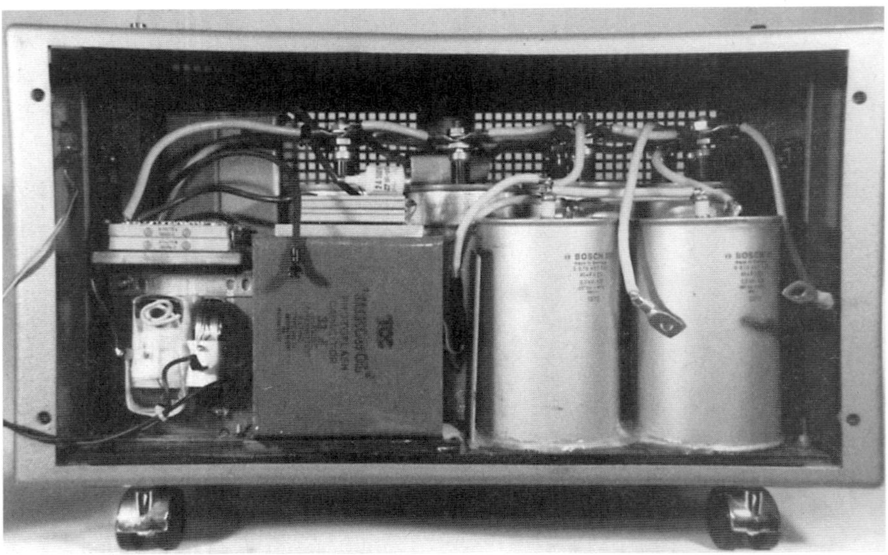

Abb. 7: Innenleben der 2500 V/1000 Ws – Energiebank

1.3 Energiebank für 5000 Volt

Die Schaltung einer Energiebank für noch stärkere Blitze ist in *Abb. 8* angegeben. Durch Hintereinanderschalten von zwei Mikrowellentrafos wird eine Ausgangsspannung von etwa 5000 V erreicht. Beim Anschluß der Primärwicklungen muß auf gleiche Phasenlage geachtet werden, sonst kommt bei der Hintereinanderschaltung der beiden Sekundärwicklungen Null Volt heraus. Die Anzahl der Dioden bzw. Widerstände in der Graetzbrücke wurde aufgrund der höheren Ausgangsspannung aufs Doppelte erhöht. Durch Parallelschalten einer Anzahl MP-Kondensatoren der Fa. Oppermann in Steyerberg steht wieder ein Energiepotential von 1000 Ws zur Verfügung.

Auch hier sollte beachtet werden, daß der Lade-, Entlade- und Instrumentenvorwiderstand aus Hochspannungswiderständen bestehen sollte. Die in allen Schaltungen fett gezeichneten Leitungen (Kfz-Kabel) sollten mindestens einen Drahtdurchmesser von 3 mm Ø aufweisen, da bei den blitzartigen Kondensatorentladungen sehr hohe Ströme fließen. Aus *Abb. 9* ist die fertig aufgebaute Energiebank und aus *Abb. 10* der innere Aufbau zu ersehen.

Beim Betrieb der Energiebanken kann es je nach Einschaltzeitpunkt passieren, daß entweder die eingebaute Sicherung oder die Haushaltssicherung anspricht. Um dies zu vermeiden, kann ein Einschalt-Strombegrenzer von der Firma ELV in Leer vorgeschaltet werden. *Abb. 11* zeigt ein Foto der „Einschaltoptimierung für Großverbraucher". Das Fertiggerät kostet 59,- DM.

Zum gefahrlosen Umgang mit Energiebanken muß auch nach Abschalten und Entladen der Banken sichergestellt werden, daß aufgrund irgendwelcher defekter Widerstände sich nicht doch noch eine Ladung in den Kondensatoren befindet. Zum Beseitigen eventueller Restladungen eignet sich z.B. ein 10-kΩ/10-W-Hochspannungswiderstand, der mittels eines Klebebandes am Ende eines Kunststofflineals entsprechend *Abb. 12* befestigt wird.

Da im Fall einer inneren Unterbrechung des Widerstands eine Entladung vorgetäuscht werden kann, empfiehlt sich als letzte Sicherheit das Kurzschließen der Kondensatoren mittels einer Kurzschlußbrücke, wie sie in *Abb. 13* gezeigt wird. Bei solchen Kurzschlußaktionen, bei denen man sich nicht sicher ist, ob es zu starken Lichtbögen kommt, sollte zum Schutz der

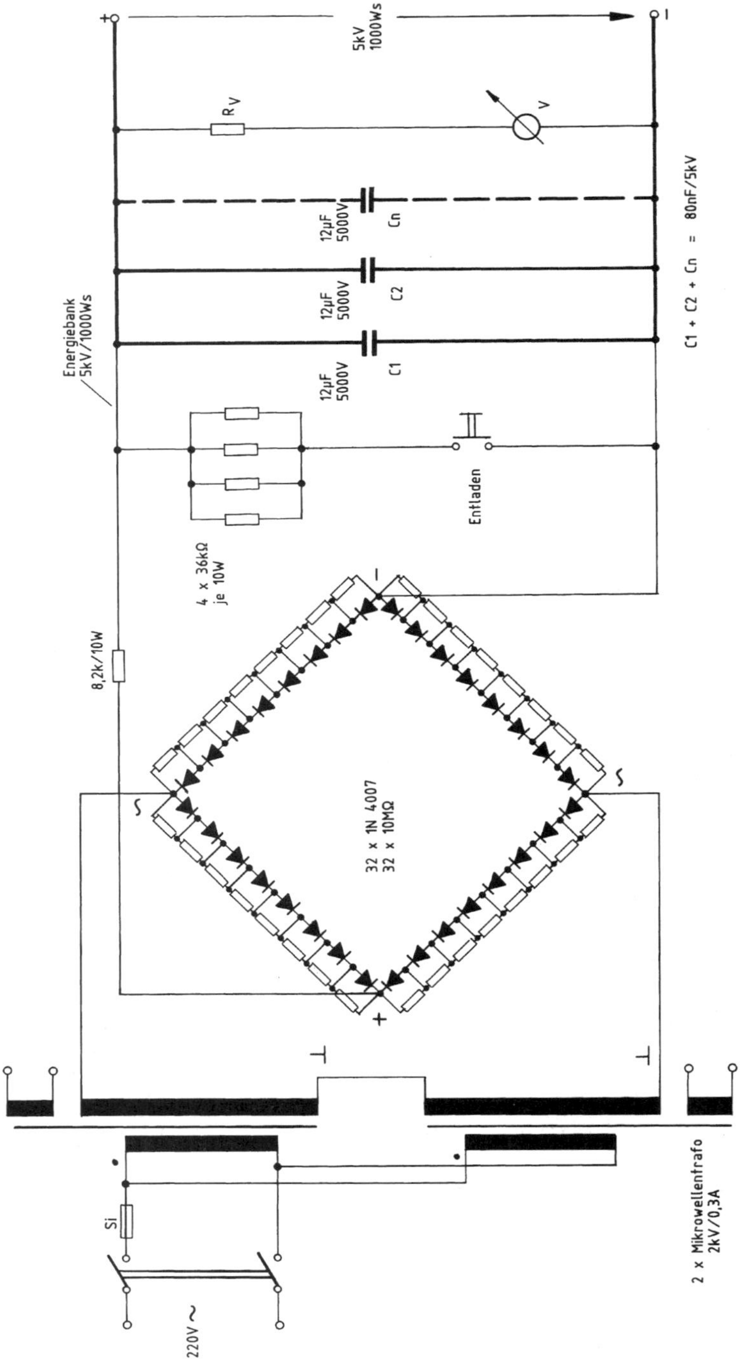

Abb. 8: 5000 V/1000 Ws – Energiebank

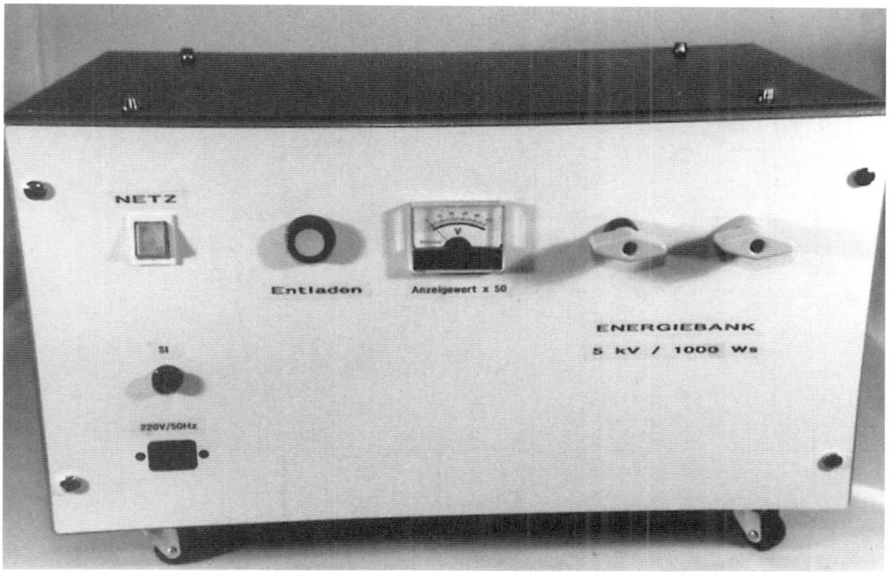

Abb. 9: 5000 V/1000 Ws – Energiebank (Frontseite)

Abb. 10: Innerer Aufbau der 5000 V/ 1000 Ws – Energiebank

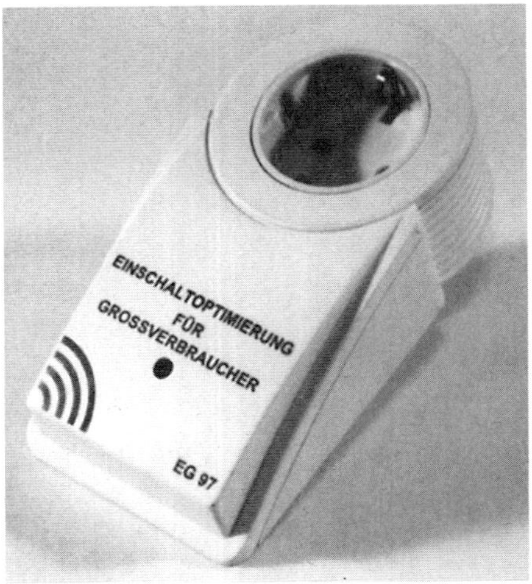

Abb. 11: Einschaltstrombegrenzer der Firma ELV in Leer

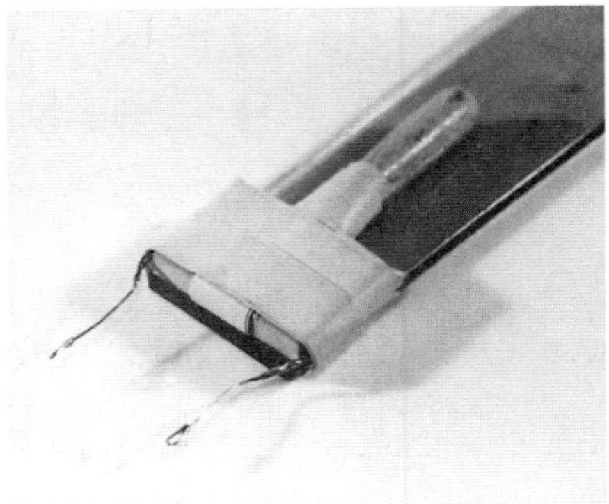

Abb. 12: Hochlast – Entladewiderstand

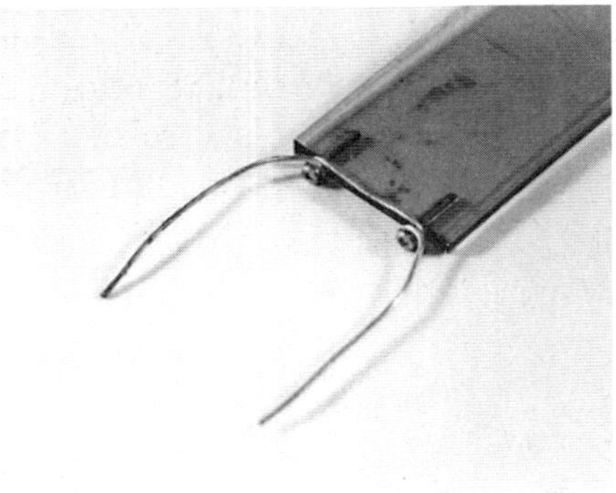

Abb. 13: Kurzschlussbrücke

Abb. 14: Schutzbrille für Blitzversuche

Augen unbedingt eine Schweißschutzbrille getragen werden. Die in *Abb. 14* gezeigte Brille stammt aus dem Werkzeugkatalog von Westfalia in Hagen. Besonders vorteilhaft ist bei dieser Schweißbrille, daß Brillenträger ihre normale Brille nicht ablegen müssen.

Bevor wir nun zur konkreten Blitzerzeugung übergehen, müssen noch die Initialzünder der Blitze, die Hochstrom-Teslageneratoren, besprochen werden.

2 Hochstrom-Teslageneratoren

2.1 Mini-Teslagenerator (Version 1)

Der Grundaufbau des Mini-Teslagenerators (Version 1) ist in *Abb. 15* zu sehen. Das edle in Teflon gepackte Teil stammt von der Firma Singer in Aachen. Der Teslagenerator wirde offenbar aus militärischen Geräten ausgebaut. Der Ohmsche Widerstand der internen Sekundärspule ist so niedrig, daß die Spule dauernd mit 50 A belastet werden darf. Der Teslagenerator eignet sich somit in Serienschaltung zur Zündung von Lasern, Lichtbogenlampen, Plasmaschneidern und natürlich künstlichen Blitzen. Die Sekundärspule im Innern des Gehäuses besteht aus niederohmigem Kupferband. *Abb. 16* gibt eine Vorstellung vom ungewohnten Aufbau einer Teslaspule für militärische Anwendungen. In Abb. 15 ist im Hintergrund die Primärfunkenstrecke und der 1500-pf-Kondensator zu sehen. Im Vordergrund sieht man die veränderliche Sekundärfunkenstrecke. In *Abb. 17* wird der Mini-Teslagenerator (Version 1) mit zwei in Serie geschalteten Netz-Hochspannungstrafos zu je 7 kV angesteuert.

Abb. 15: Mini – Teslagenerator (Version 1)

Abb. 16: Mit Kupferband gewickelte Teslaspule

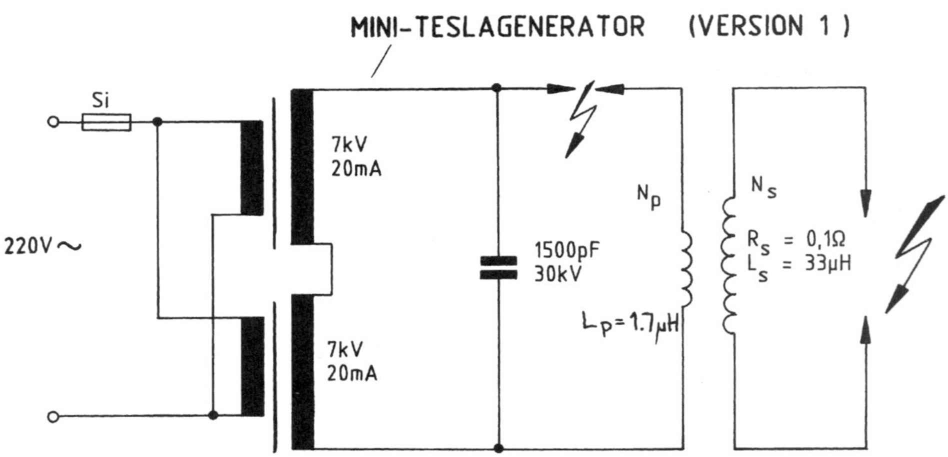

Abb. 17: Schaltung des Mini – Teslagenerators (Version 1)

Auf Grund der niedrigen Widerstands- und Induktivitätswerte der Sekundärspule wird deutlich, daß eine Belastbarkeit mit hohen Impuls- und Dauerströmen möglich ist.

2.2 Mini-Teslagenerator (Version 2)

Beim Mini-Teslagenerator (Version 2) aus *Abb. 18* handelt es sich um das gleiche militärische Grundgerät, jedoch kombiniert mit dem rechts abgebildeten Solid-State-Hochspannungsgenerator. Der Hochspannungsgenerator, dessen Schaltung in *Abb. 19* zu sehen ist, stammt ebenfalls von der Firma Singer in Aachen. Die Firma Singer war leider nicht bereit, den IC-Typ bekanntzugeben. Das IC kann jedoch zum Preis von 20,- DM von der Firma Singer bezogen werden. Wer keine Lust hat, den Hochspannungsgenerator selbst zu bauen, kann das Gerät auch komplett von der Firma Singer beziehen. Wer nur das IC bestellt, sollte sich auch den Transistor T1 schicken lassen, da auch diese Typenangabe weggeschliffen war.

Die Schlagweite des Mini-Teslagenerators (Version 2) beträgt nur 2 cm, während Version 1 auf 3 cm kommt.

2.3 Maxi-Teslagenerator

Für größere Schlagweiten muß ein leistungsfähiger Teslagenerator aufgebaut werden. Die Schaltung in *Abb. 20* schafft bei großer sekundärer Strombelastbarkeit eine Funkenschlagweite von max. 20 cm. Der Aufbau des Maxi-Teslagenerators ist in *Abb. 21* und *22* zu sehen.

Abb. 18: Mini – Teslagenerator, angesteuert mit einem Solid-State-Hochspannungsgenerator

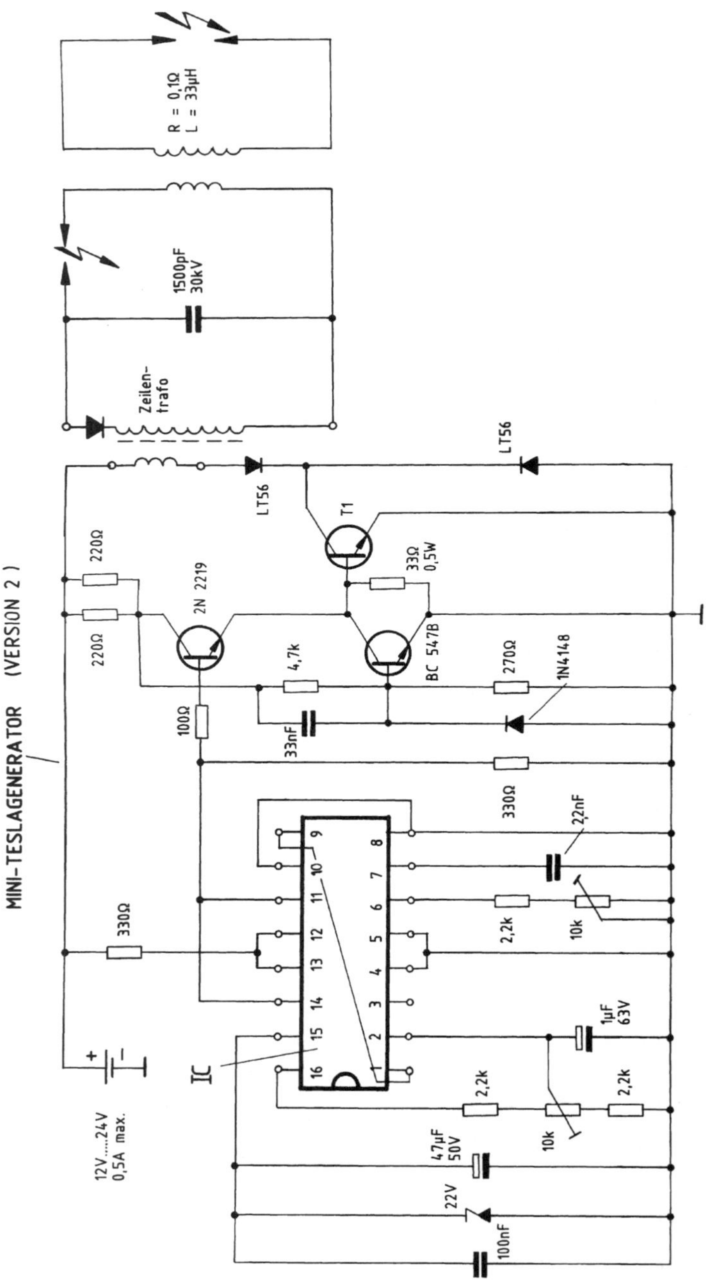

Abb. 19: Mini – Teslagenerator (Version 2)

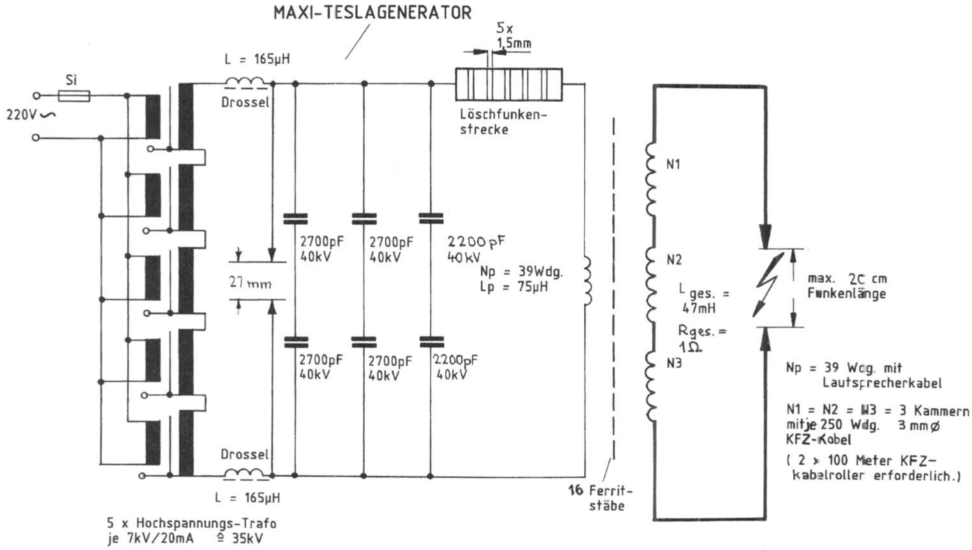

Abb. 20: Maxi – Teslagenerator

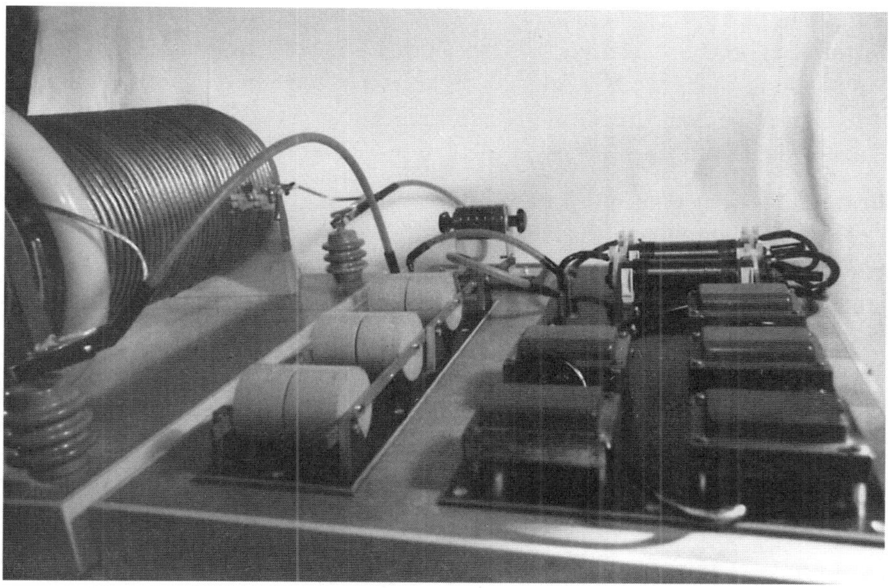

Abb. 21: Aufbau des Maxi – Teslagenerators

Abb. 22: Blick auf Primär- und Sekundärspule des Maxi – Teslagenerators

Die Hochspannung von 35 kV wird mittels 5 seriell geschalteter Einzeltrafos zu je 7 kV erzeugt. Die Primärlöschfunkenstrecke stammt von der Firma Leybold in München. Die fünf Luftstrecken wurden für diese Anwendung auf jeweils 1.5 mm vergrößert. Die Sicherheitsfunkenstrecke mit 27 mm Funkenstrecke hinter den HF-Drosseln schützt die Trafos vor Rückschlagimpulsen.

In Abb. 21 sieht man im Vordergrund rechts die 5 hintereinander geschalteten Hochspannungstrafos. In der Mitte sind die 6 jeweils seriell geschalteten Hochspannungskondensatoren zu erkennen. Ganz links ist die liegend angeordnete Primärspule zu sehen, in deren Hohlraum die drei hintereinander geschalteten Sekundärspulen untergebracht sind.

Die kreisförmige Leuchtstoffröhre umschließt die Primärspule und hat nur einen dekorativen Effekt. Sie leuchtet im Betrieb magisch auf. Dazu müssen allerdings alle ihre Anschlüsse miteinander kurzgeschlossen sein. Ganz im Hintergrund befinden sich die Drosseln und die modifizierte Leybold-Löschfunkenstrecke.

Abb. 22 zeigt den Maxi-Teslagenerator aus einer um 90° verschobenen Blickrichtung. Im Hintergrund ist nun deutlich die Primärspule zu sehen.

Abb. 23: Verstellbare Sekundärfunkenstrecke des Maxi – Teslagenerators

Links und rechts schauen zwei der drei hintereinander geschalteten Sekundärspulen heraus.

Im Innern des Kunststoffrohres entsprechend *Abb. 24* sind auf die ganze Länge bezogen 4 x 4 Ferritstäbe der Firma Oppermann in Steyerberg untergebracht. Die Abmaße eines einzelnen Ferritstabes sind: 10 mm Ø x 160 mm.

In Abb. 22 ist der überstehende Teil eines Ferritstab-Viererpacks im rechten oberen Bildrand zu sehen.

Die Drosseln bestehen aus 50 Windungen mit 2 mm Ø CuL auf Spulenkörper mit 30 mm Ø Durchmesser und 150 mm Länge. Im Innern ist jeweils ein Ferritstab (10 mm Ø x 160 mm) in Schaumstoff gebettet. Die verstellbare Sekundärfunkenstrecke ist aus Abb. 23 ersichtlich. Leider gab es mit den 5 hintereinander geschalteten Hochspannungstrafos zu je 7 kV Isolationsprobleme, so daß ein zuverlässiger Betrieb nicht möglich war. Nur maximal 3 Trafos durften hintereinander geschaltet werden, ohne daß es Ärger gab. Die geforderte Sekundärschlagweite von 20 cm war mit 3 Trafos jedoch nicht zu erzielen.
Schließlich wurden kurzerhand alle Hochspannungstrafos ausgebaut und durch einen einzelnen kräftigen Hochspannungstrafo mit 30 kV/10 mA ersetzt.

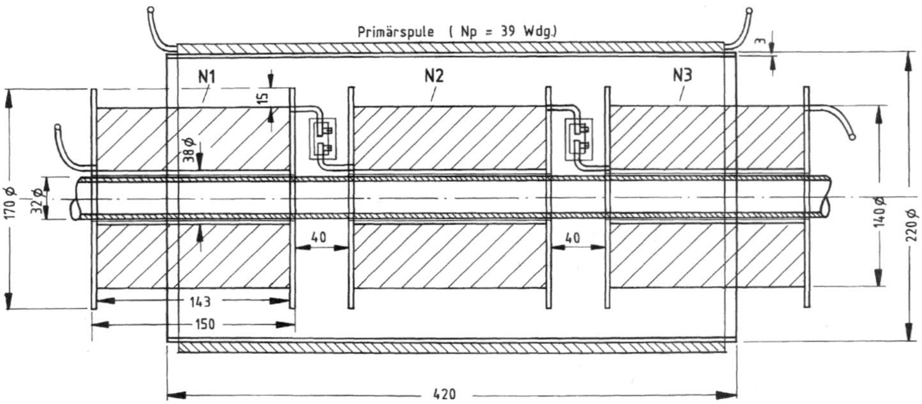

Abb. 24: Abmasse der Primär- und Sekundärspule des Maxi – Teslagenerator

3 Blitzgeneratoren hoher Leistung

Im folgenden werden drei Blitzgeneratoren mit 2, 3 und 20 cm Luftstrecke mit einer Energieabgabe von 1000 Ws beschrieben. In einem Gramm Bergwerk-Sprengstoff steckt eine Energie von 3000 Ws. Somit wird, von Verlusten einmal abgesehen, bei jeder Blitzentladung mit 1000 Ws die Energie von 333 Milligramm Sprengstoff frei.

Der faszinierend helle Lichtblitz wird von einem gewaltigen Knall begleitet. Um keine Augen- oder Ohrenschäden davonzutragen, sollten Schutzbrille und Ohrschützer (erhältlich in Waffengeschäften) getragen werden. Schöner ist natürlich die Beobachtung aus 5-10 Meter Entfernung ohne die Verwendung von Schutzmaßnahmen. Die Auslösung des Blitzes kann dann mittels Infrarot-Fernsteuerung erfolgen. Funkfernsteuerungen für Steckdosen sind dabei nicht empfehlenswert, da der Teslagenerator den Empfänger blockiern kann.

Doch nun zur Technik!

3.1 Blitzgenerator für 2 cm Luftstrecke

In *Abb. 25* ist die Schaltung eines Blitzgenerators für eine Luftstrecke bzw. Blitzlänge von 2 cm angegeben. Die Vorionisierung der Luftstrecke zwischen den beiden Sekundärelektroden besorgt der Mini-Teslagenerator (Version 2). Angesteuert wird der Mini-Teslagenerator aus Abb. 15 von dem Solid-State-Hochspannungsgenerator aus Abb. 18 bzw. 19.

In Reihe zur niederohmigen Sekundärspule des Mini-Teslagenerators liegen nun die Ladekondensatoren der 2500-V- oder 5000-V-Energiebank.

Um den Blitz auszulösen, wird erst die Energiebank aufgeladen und dann der Mini-Teslagenerator kurzzeitig eingeschaltet. Die Energiebank sollte jeweils nur so lange am 230-V-Netz hängen, bis die Ladekondensatoren aufgeladen sind, sonst können vagabundierende Teslaspannungen ins Netz gelangen und irgendwelche Haushaltsgeräte irritieren.

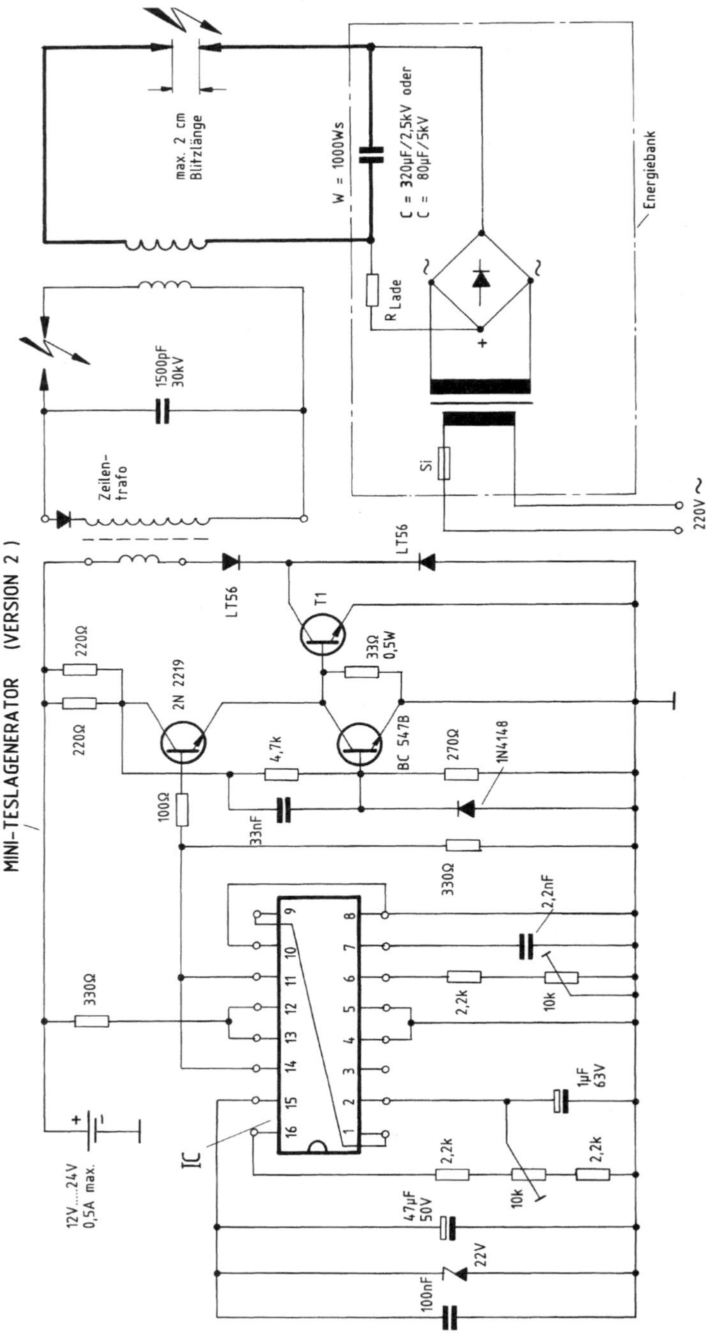

Abb. 25: Blitzgenerator mit 2 cm Luftstrecke

3.2 Blitzgenerator für 3 cm Luftstrecke

Die Schaltung in *Abb. 26* eignet sich aufgrund der größeren Ansteuerleistung der beiden seriell geschalteten Hochspannungstrafos für eine Luftstrecke bzw. Blitzlänge von 3 cm.

An der prinzipiellen Funktionsweise hat sich nichts geändert. Der Mini-Teslagenerator sorgt wieder für die Vorionisierung der Luftstrecke. Wenn die Luftstrecke niederohmig genug ist, entlädt sich die Energiebank über die Sekundärspule und die Luftstrecke. Da der kapazitive Hochfrequenz-Widerstand der Ladekondensatoren sehr gering ist, schlagen diese Kondensatoren nicht durch.

Durch den extrem niedrigen inneren Widerstand der Sekundärspule fließt ein hoher Impulsstrom, dessen Anstiegszeit durch die Sekundärinduktivität begrenzt wird.

Wer sich mit 2–3 cm Blitzlänge nicht zufrieden geben will, wird auf stärkere Blitzgeneratoren zurückgreifen müssen.

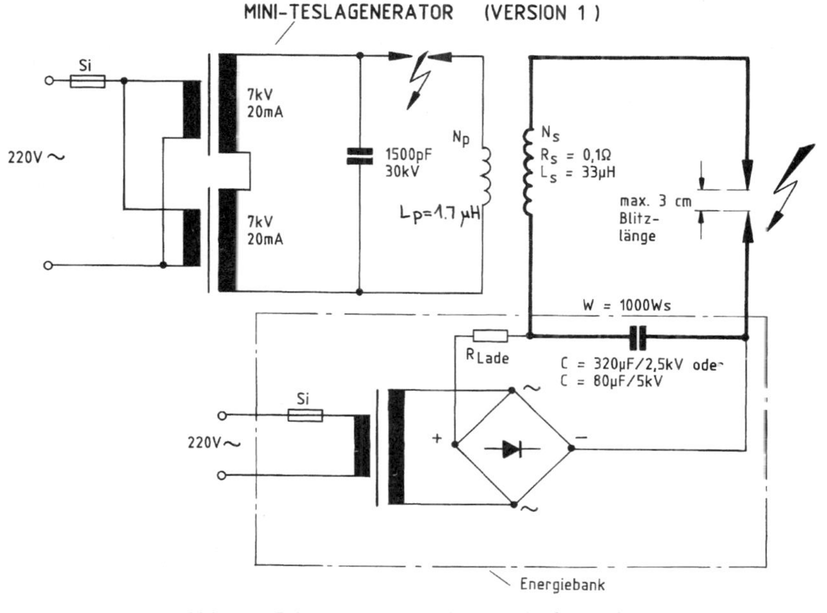

Abb. 26: Blitzgenerator mit 3 cm Luftstrecke

3.3 Blitzgenerator mit 20 cm Luftstrecke

Mit der Schaltung in *Abb. 27* lassen sich problemlos 20 cm Luftstrecke mit einem energiereichen Blitz überbrücken.

Auch hier hat sich an der grundsätzlichen Funktionsweise nichts geändert.

Durch die während des Blitzschlags auftretenden hohen Lichtbogentemperaturen lassen sich viele Stoffe und Chemikalien zu Reaktionen anregen, die bei „normalen“ Temperaturen nicht zu beobachten sind.

So können z.B. auch Laser gepumpt, EMP-Spulen angesteuert oder Isolierstoffe durchschlagen werden.

Wer noch größere Abstände mit Blitzen durchschlagen will, muß die Blitze über isolierende oder schwach leitende Oberflächen jagen.

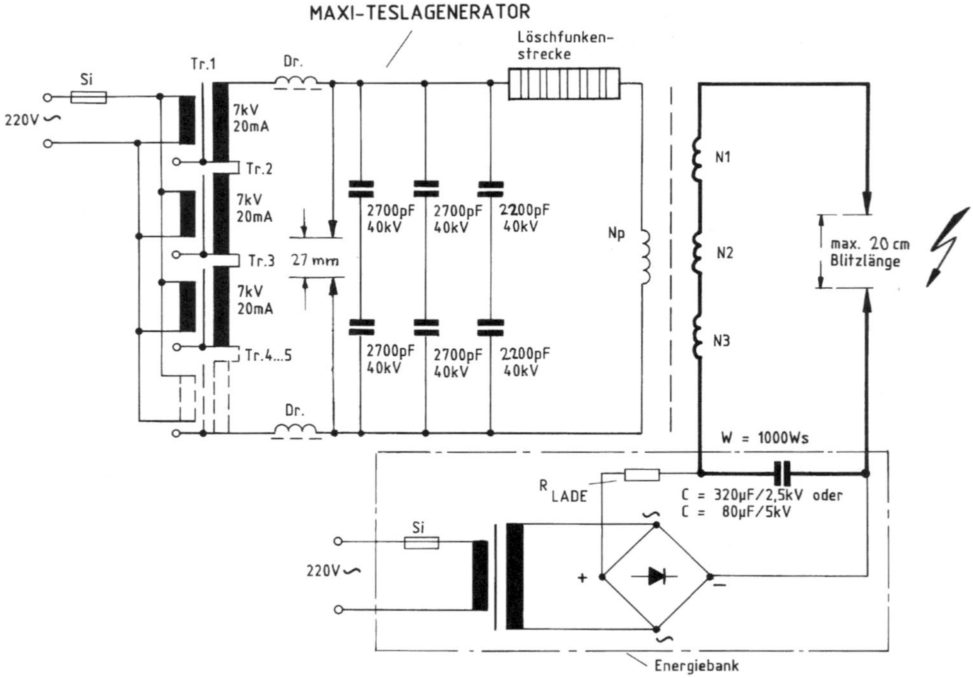

Abb. 27: Blitzgenerator mit 20 cm Luftstrecke

4 Gleitblitzgenerator

Wie schon betont, überbrückt ein Blitz eine weitaus größere Entfernung entlang einer isolierenden Oberfläche als zwischen zwei Luftelektroden.

Der Grund hierfür ist nicht völlig bekannt. Die Beschaffenheit sowie im besonderen die Oberflächenfeuchtigkeit haben großen Einfluß auf die überbrückte Entfernung. Starker Einfluß geht auch von der statischen Aufladung der Oberfläche aus.

In den folgenden Versuchen soll dem Gleitblitz sein Weg fest vorgeschrieben werden.

4.1 Gleitblitzgeneratoren mit Mini-Teslagenerator

Die Schaltung in *Abb. 28* arbeitet mit dem Mini-Teslagenerator (Version 1) und einer der beiden Energiebänke.

Der Blitz soll dem annähernd sinusförmigen Verlauf einer aufgemalten Leitsilberbahn folgen. Dazu wird auf einen weißen Karton eine etwa 7–10 mm breite Bahn aufgebracht. Die Abmaße sind dabei nicht kritisch.

Zwei Reißnägel bestimmen Anfang und Ende des Blitzverlaufs. In der Abb. 28 rechts unten befindet sich noch ein exotisches Bauteil mit der Bezeichnung „Durchschlagkoppler".

Der „Durchschlagkoppler" hat die Aufgabe, die 2500 V oder 5000 V der Energiebank so lange von der Überschlagstrecke fernzuhalten, bis der Teslagenerator eingeschaltet wird. Nach Einschalten des Teslagenerators durchschlägt die hohe Teslaspannung von ca. 20 kV den „Durchschlagkoppler". Dieser gibt nun durch die Ionisation seiner kurzen Luftstrecke den Weg für die Energie des Ladekondensators frei. Der Blitz folgt der aufgemalten Leiterbahn. Der Einfachheit halber kann als „Durchschlagkoppler" entweder ein Stück isoliertes Kabel oder eine mit Isolierband umwickelte Schraube entsprechend *Abb. 29* verwendet werden. Sowohl die

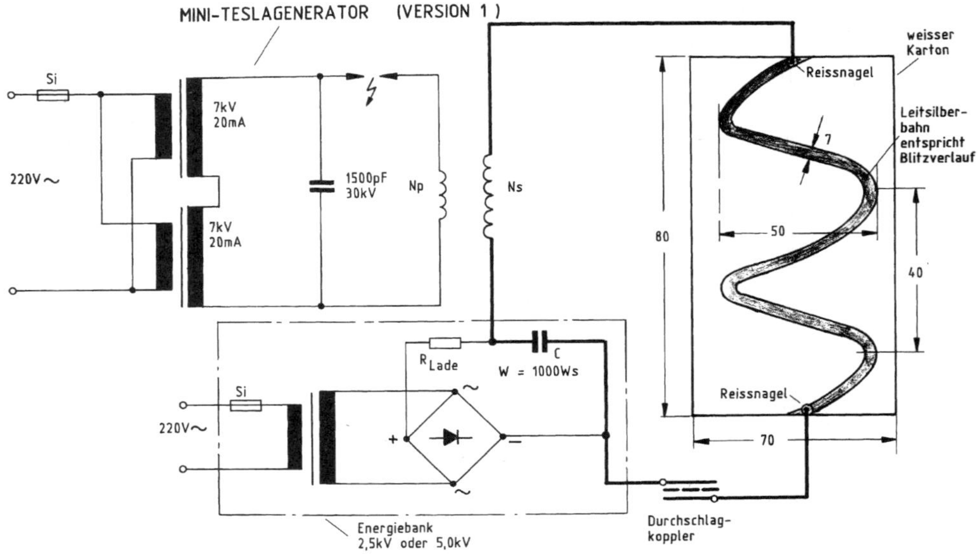

Abb.28: Gleitblitzgenerator mit Mini – Teslagenerator (Version 1)

Kabelisolierung als auch das aufgewickelte Isolierband sollten eine Durchschlagfestigkeit von größer 5000 V aufweisen.

Beim Einschalten des Teslagenerators wird die Kabelisolierung bzw. das Isolierband durchschlagen. Durch die Ionisation des Luftspalts wird der Weg für die Energie der Energiebank frei und ein sinusförmiger Blitz zuckt über die leitsilbergetränkte Bahn.

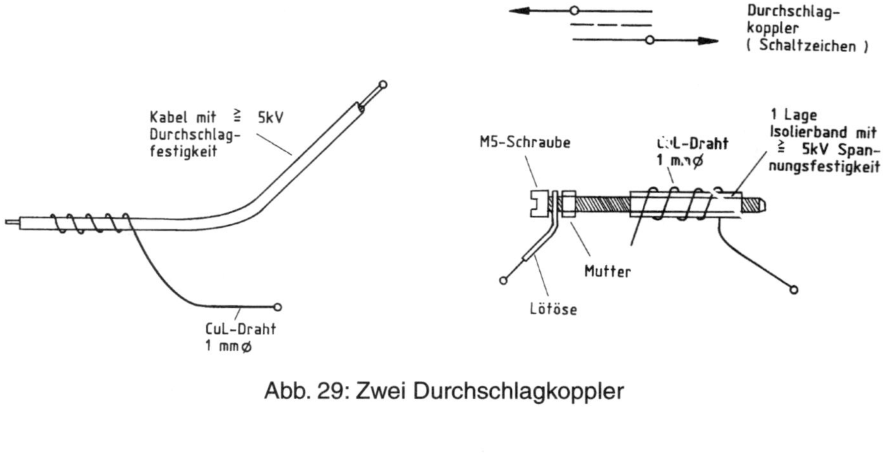

Abb. 29: Zwei Durchschlagkoppler

Abb. 30 und *31* zeigen Fotos der beiden „Durchschlagkoppler". Beim mechanischem Aufbau der Koppler muß darauf geachtet werden, daß statt der Isolation nicht die Luftstrecke zwischen den beiden Elektroden durchschlagen wird. Die Luftstrecke muß deshalb entsprechend groß gewählt werden. Natürlich könnte auch eine Luftstrecke mit zwei Wolframelektroden als Koppler dienen. Allerdings geht dann an diesem Lichtbogen durch den größeren Abstand Energie verloren, die dem erzeugten Blitz fehlt.

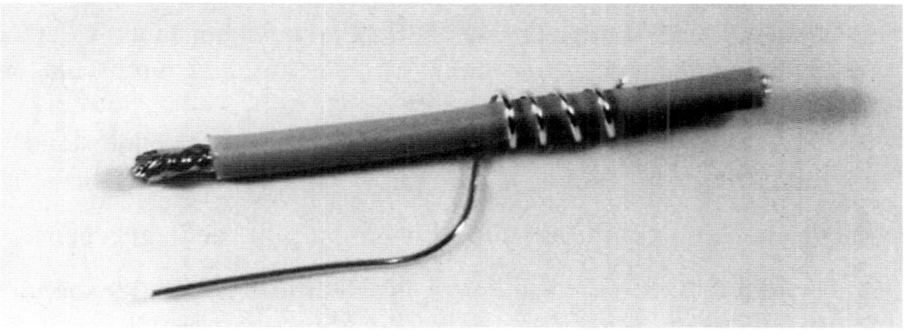

Abb. 30: Durchschlagkoppler mit Kfz – Kabel und 1mm Ø versilbertem Kupferdraht

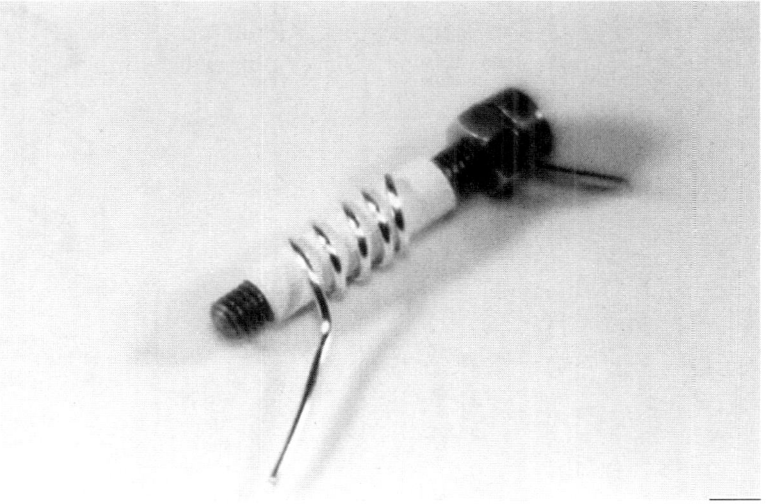

Abb. 31: Durchschlagkoppler mit M5 – Schraube und 1mm Ø versilberten Kupferdraht

4.2 Gleitblitzgenerator mit Maxi-Teslagenerator

Bei Verwendung des Maxi-Teslagenerators in *Abb. 32* ist der erzeugte Blitz nicht so peitschend laut, da die Sekundärspule doch einen Innenwiderstand von 1 Ω und eine Induktivität von 47 mH aufweist. Der Momentanwert des Stroms folgt der Formel

$$i(t) = \frac{U_{EB}}{R} \left(1 - e^{\frac{t}{\tau}}\right)$$

U_{EB} = Spannung der Energiebank
R = Widerstand des Entladekreises bestehend aus dem Innenwiderstand der Sekundärspule und den Widerständen der durchschlagenen Luftstrecken
τ = Quotient aus der Sekundärinduktivität und dem Widerstand des Entladekreises (Zeitkonstante)

Der Anstieg des Entladestroms ist in Abb. 33 grafisch wiedergegeben.

Entsprechend den *Abb. 34, 35* und *36* können für die Gleitblitze die unterschiedlichsten Verläufe gewählt werden. In Abb. 34 ist ein 30 cm langes,

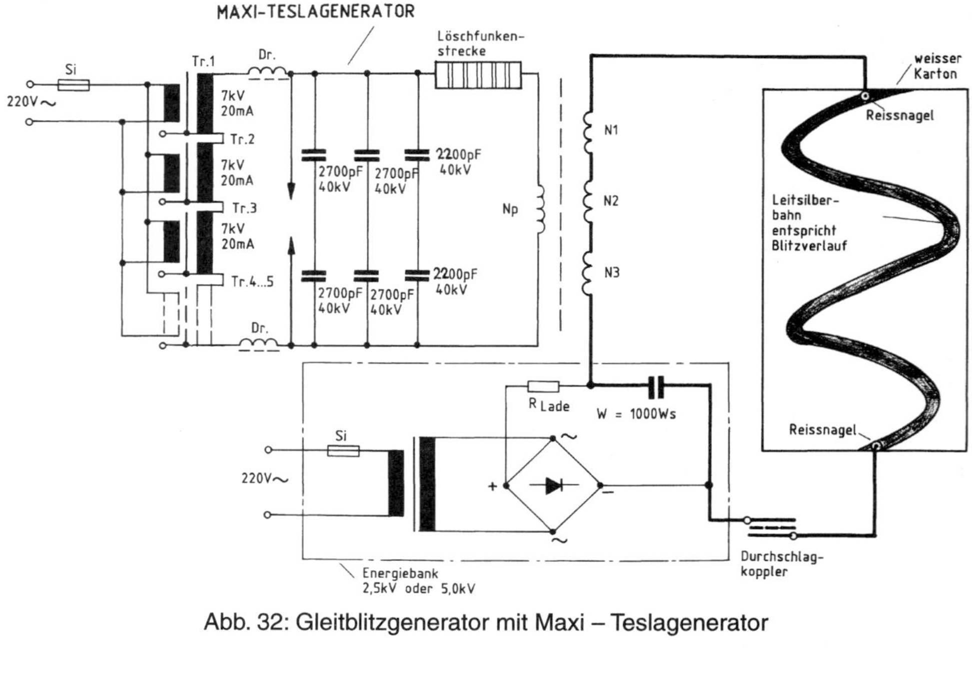

Abb. 32: Gleitblitzgenerator mit Maxi – Teslagenerator

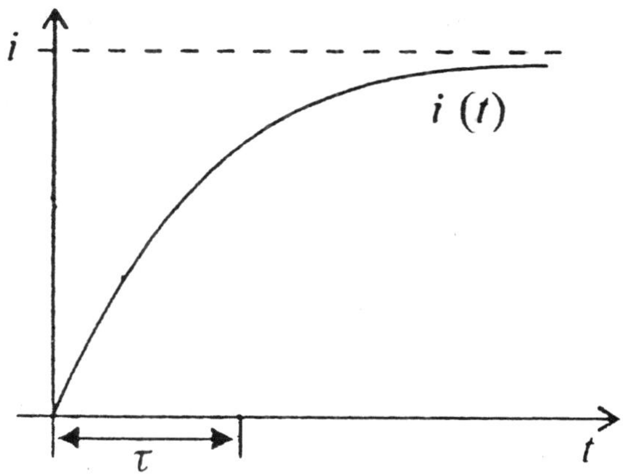

Abb. 33: Anstieg des Entladestroms über die Zeit

mit Leitsilber bestrichenes Tesapapierband auf Kartonunterlage zu sehen. Ein mehrschichtig bestrichenes Tesapapierband hält etwa 3–5 Blitze aus, die interessanterweise weder das Tesapapierband noch den Karton verbrennen. Stellenweise verbrennt das Leitsilber. Mit einem Pinsel ist die Unterbrechung schnell ausgebessert. Zwei Reißnägel genügen zur Kontaktgabe. Das Leitsilber kann bei Conrad-Electronic unter der Bestell-Nr. 530042-11 beschafft werden. Im Fläschchen zu 10,50 DM sind 3 Gramm enthalten. Das reicht für eine Fläche von 130–160 cm^2.
Für den Trockenvorgang schreibt der Hersteller 3–4 Stunden vor, obwohl 5 Minuten völlig ausreichend sind!

Abb. 35 zeigt ein Holzbrett mit sinusförmigen Blitzverläufen. Nach mehrmaligem Gebrauch zeigen die Leitsilberbahnen schon leichte Brandspuren.

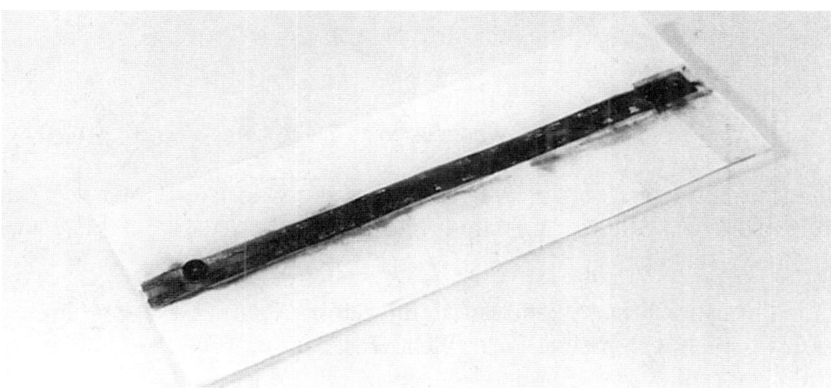

Abb. 34: Leitsilberbahn für 30 cm Längsgleitblitz

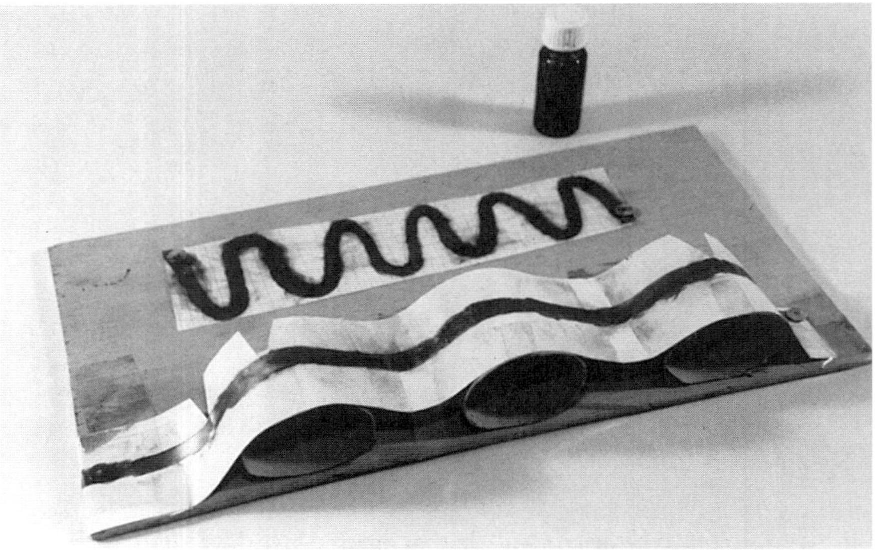

Abb. 35: Leitsilberbahnen für für horizontale und vertikale sinusförmige Gleitblitze

Abb. 36: Wendelförmige Gleitblitze

Zur Sicherheit sollte bei solchen Versuchen ein Kunststoffeimer voll Sand bereitgehalten werden. Im Hintergrund von Abb. 35 ist ein Fläschchen Leitsilber zu sehen.

Originelle Blitzverläufe sind auch mit Holzstäben und Papprohren zu erzielen. Das mit Leitsilber bestrichene Tesaband aus weißem Papier wird spiralförmig über die Rundkörper gewickelt. Zur Kontaktgabe werden wieder Reißnägel verwendet.

5 Blitzerzeugung mit explodierendem Draht

Eine besonders reizvolle Anwendung für Blitzfreaks ist der sogenannte explodierende Draht. Prinzipiell wird hier durch einen dünnen Draht ein so hoher Strom geschickt, daß dieser mit einem ungeheuer hellen Lichtbogen und einem ohrenbetäubenden Knall explosionsartig verdampft.

5.1 Ansteuerung mit Mini-Teslagenerator (Version I)

Abb. 37 zeigt die Anordnung unter Verwendung des Mini-Teslagenerators (Version 1).

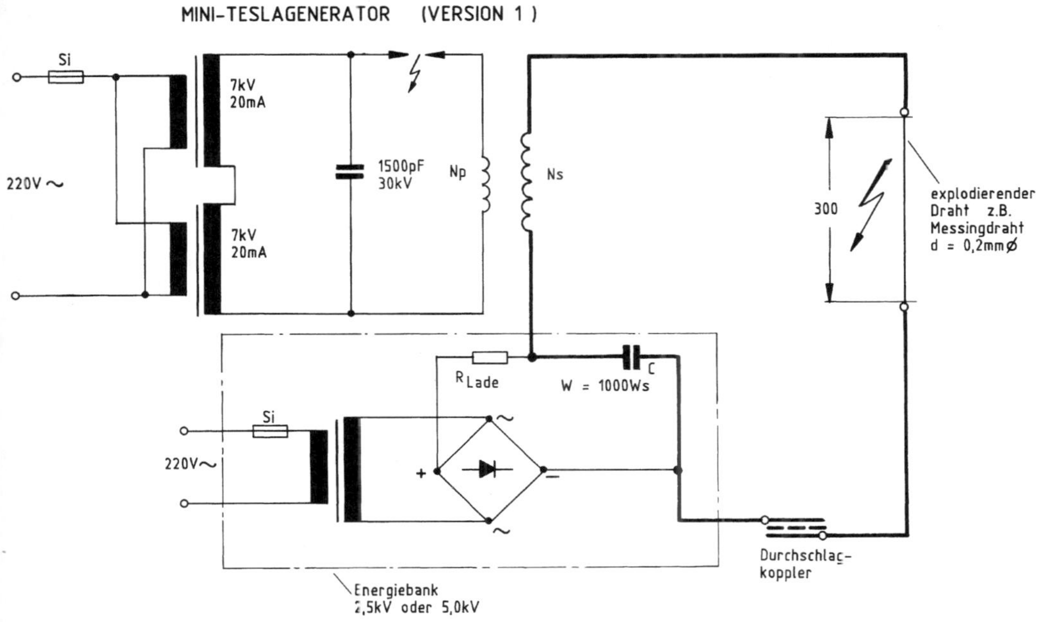

Abb. 37: Blitzerzeugung mit explodierendem Draht

Prinzipiell hat sich im Vergleich zur normalen Blitzerzeugung mit Luftstrecke nichts geändert. Statt der Luftstrecke wird nun der Draht vom Kurzschlußstrom der Energiebank durchflossen. Auch bei diesem Versuch müssen Augen und Ohren geschützt werden. Wird dies vergessen, wie es dem Autor einmal passiert ist, bleibt der 30 cm lange Lichtbogen für eine Stunde als Dauerleuchtstreifen im Augenhintergrund. Dies kann im Extremfall zu irreversiblen Netzhautschäden führen.

5.2 Ansteuerung mit Maxi-Teslagenerator

Für den explodierenden Draht ist es gleichgültig, ob der „Durchschlagkoppler" mit einer höheren Teslaspannung durchschlagen wird. Somit ist das Versuchsergebnis im Vergleich zum Mini-Teslagenerator das gleiche,

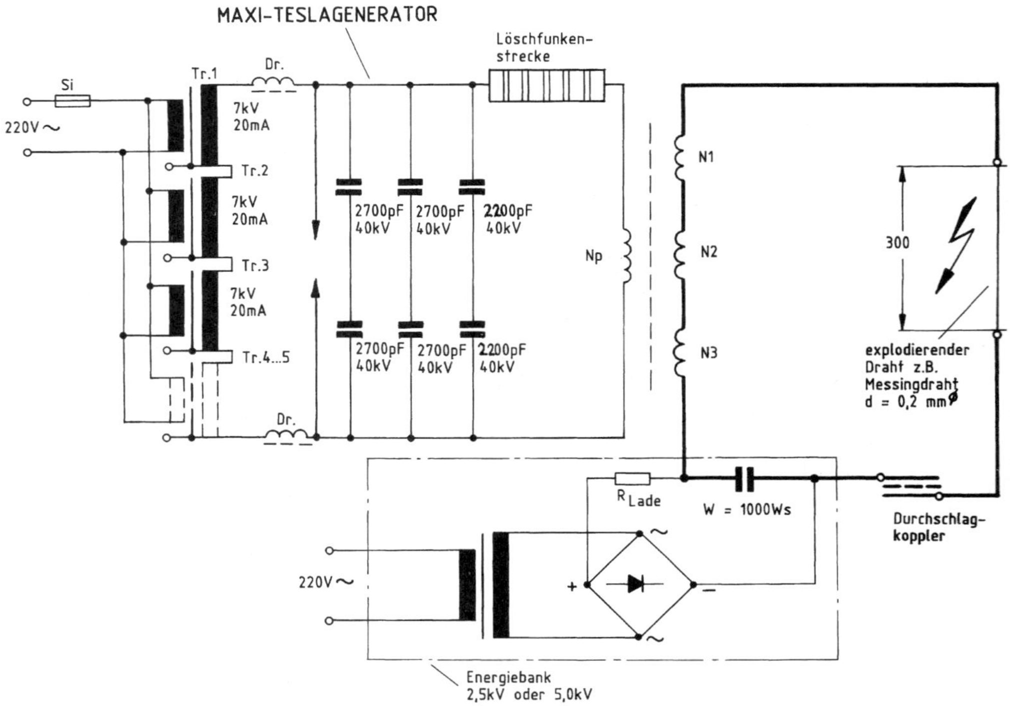

Abb. 38: Blitzerzeugung mit explodierendem Draht unter Verwendung des Maxi – Teslagenerators

d.h. die explodierende Drahtlänge ist unabhängig von der Ausgangsspannung des Teslagenerators.

5.3 EMP-Spulenansteuerung

Wird statt des dünnen explodierenden Drahtes eine 30-cm ø-Spule mit 2–3 mm ø-Kupferdraht und 10–30 Windungen angesteuert, erzeugt diese einen starken elektromagnetischen Impuls (EMP), mit dem jedes in unmittelbarer Nähe befindliche elektronische Gerät zerstört werden kann. Wird eine Diskette oder Festplatte im Innern der EMP-Spule plaziert, werden durch das starke Magnetfeld alle Daten unwiederruflich gelöscht.

Abb. 38a zeigt den professionellen Aufbau eines EMP-Generators.

Abb. 38a: Professioneller EMP-Generator zur Löschung von Datenträgern

6 Experimental-Plasmakanonen

Plasmakanonen sind ein Lieblingsspielzeug der Starwar-Militärforscher in den USA. Da sie nur Strom als Treibstoff brauchen, eignen sie sich ideal für den Einsatz im Weltraum. Eine Verwendung auf der Erde kommt wegen des großen Platzbedarfs und des hohen Gewichts der Energiebanken kaum in Betracht. Hier ist die Treibstoffchemie der Kondensatorphysik noch weit überlegen.

Im folgenden werden zwei Experimental-Plasmakanonen besprochen, die auch von einem Hobby-Elektroniker gebaut werden können.

6.1 Mini-Plasmakanone

Abb. 39 zeigt die zum Betrieb einer Mini-Plasmakanone erforderlichen Bausteine.

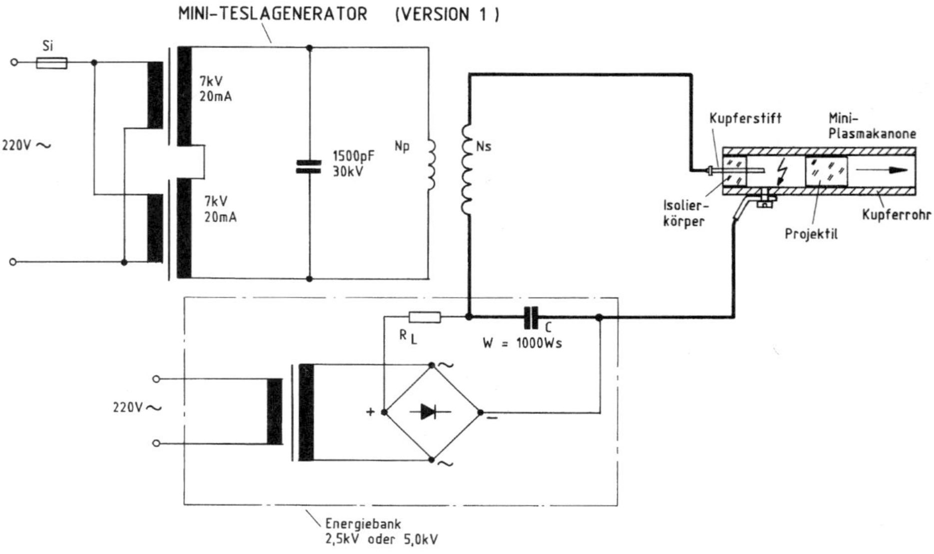

Abb. 39: Mini –Plasmakanone

Der künstliche Blitz wird nun innerhalb eines geschlossenen Rohres erzeugt. Als Projektil dient ein Stück Rundholz. Die Blitz- bzw. Plasmaentladung treibt mit einer Energie von etwa 1000 Ws das Projektil aus dem Rohr. Damit die Kanone nach dem Einschalten der Energiebank durch einen 2.5/5 kV-Überschlag vom Kupferstift zum Kupferrohr nicht von selbst losgeht, sollte der Elektrodenabstand mindestens 5 mm betragen. Gezündet wird die Plasmakanone durch die hohe Teslaspannung. Zur Erhöhung der Projektilgeschwindigkeit können in den Blitz- bzw. Plasmaraum leicht gasende Stoffe gebracht werden. Besonders gut eignen sich Stoffe mit großen Molekülen, die unter Hitzeeinwirkung in kleine Moleküle zerfallen. Augentropfen, die gegen Fremdkörperreizung vom Apotheker empfohlen werden, eignen sich angeblich hervorragend als Treibmittel.

Abb. 40 zeigt den Versuchsaufbau einer kleinen Plasmakanone. Im Vordergrund sind zwei kleine Rundholzabschnitte zu sehen, die als Projektile dienen. Aus *Abb. 41* sind die Einzelteile der Mini-Plasmakanone ersichtlich.

Der „Verschluß" der Kanone bzw. der Isolierkörper zwischen Kupferrohr und Kupferstift sollte aus temperaturfestem Teflon bestehen. Die Kupferelektrode und das Kupferrohr werden mit Kunststoffschrauben fixiert.

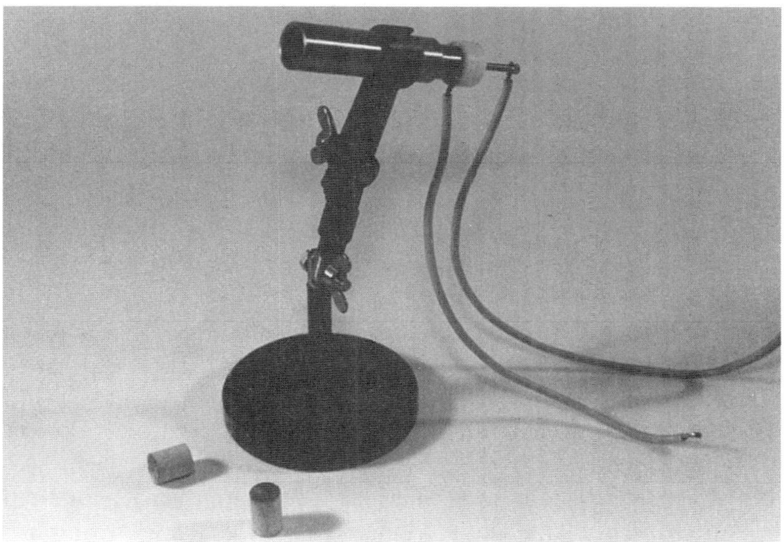

Abb. 40 Versuchsaufbau der Mini – Plasmakanone

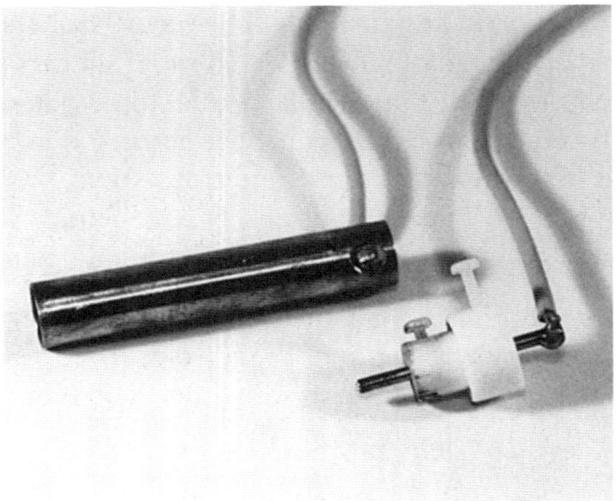

Abb. 41: Elektrodensystem der Mini – Plasmakanone

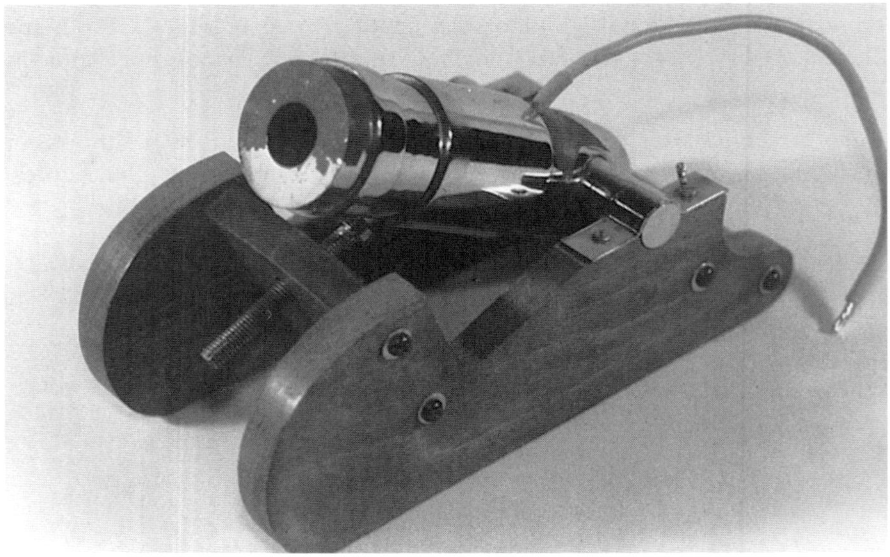

Abb. 42: Schwarzpulverkanone als Versuchsobjekt für Maxi – Plasmakanone

6.2 Maxi-Plasmakanone

Für die weiteren Versuche muß eine alte Schwarzpulver-Kanone entsprechend *Abb. 42* herhalten. Diese Modellkanonen sind zwar waffenscheinfrei, können aber ohne Pulverschein nicht betrieben werden. Ohne besonderes Treibmittel können auch mit einer Energie von 1000 Ws bestenfalls nur Holzprojektile verschossen werden. *Abb. 43* zeigt die Ansteuerung der Maxi-Plasmakanone mit dem Maxi-Teslagenerator und einer Energiebank.

Der Elektrodenabstand zwischen Kupferseele und Stahlrohrinnenwand muß wieder größer als 5 mm gewählt werden, damit die 5000 V der Energiebank nicht von selbst durchschlagen. Die Isolation des Hochspannungskabels sollte weit genug in den Rohrinnenraum hereinragen, damit der Überschlag nicht in Richtung Bohrloch stattfindet und die Bohrung verschmort. Da die Kupferseele nach jedem Schuß ein Stück abbrennt, muß sie immer wieder nachjustiert werden.

In diesem Einsatzfall wird das Projektil nur von heißer Luft und heißen Metalldämpfen herausgetrieben, so daß die Bewegungsenergie des Projektils in moderaten Grenzen bleibt.

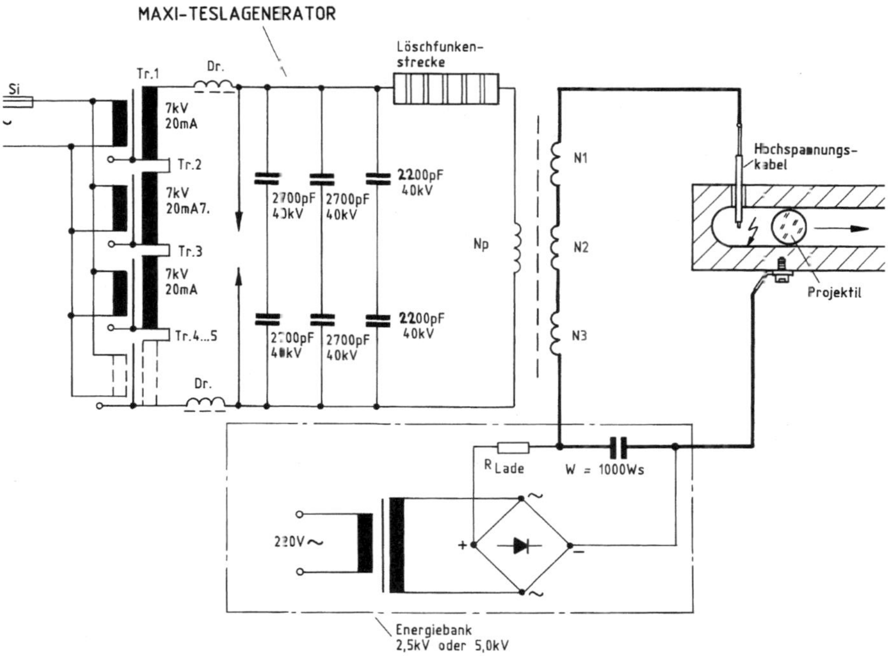

Abb. 43: Schaltung der Maxi – Plasmakanone

7 Praktische Anwendung einer Plasmaentladung zur Patronenzündung

Eine interessante Applikation einer Blitz- bzw. Plasmaentladung zur Zündung von Pistolen- oder Gewehrpatronen wird in *Abb. 44* gezeigt. Der Lichtbogen soll den Abstand a durchschlagen. Durch die entstehende Hitze wird der Zündsatz innerhalb der Patrone gezündet. Diese Initialzündung löst die Treibladung und damit den Schuß aus.

Der Funktionsablauf innerhalb der Grundschaltung in Abb. 44 sieht wie folgt aus: Der Elektrolytkondensator C 1 ist auf 350 V mit einer Energie von 30 Ws aufgeladen. Der Kondensator C 1 kann sich nur über den Abstand a entladen, wenn dort ein Funken überschlägt und diese Strecke leitend macht. Für diesen Vorgang sorgt der Hochspannungstrafo Tr. Beim Betätigen des Schalters S (Abzug) entsteht an der Wicklung N 2 ein Hochspannungsimpuls, der sich mit einem Funken über den Abstand a entlädt. Nun kann sich der Elektrolytkondensator C 1 über die Zündstrecke mit einem peitschenden Knall entladen. *Abb. 45a* zeigt die praktische Auslegung der Schaltung.

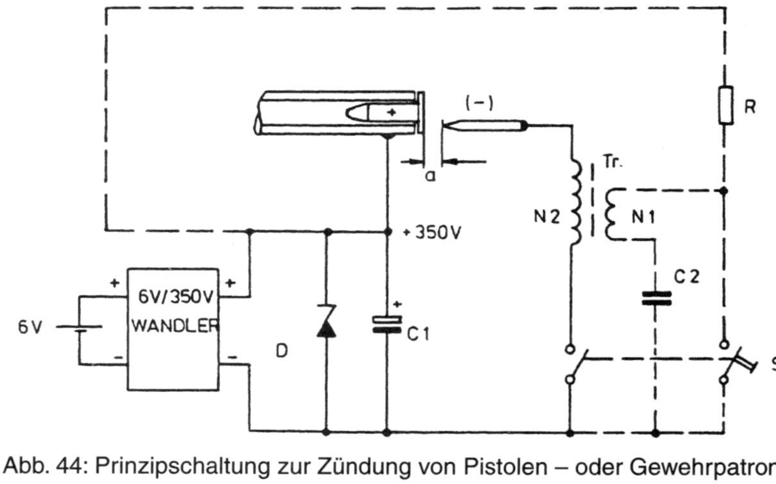

Abb. 44: Prinzipschaltung zur Zündung von Pistolen – oder Gewehrpatronen mittels Plasmaentladung

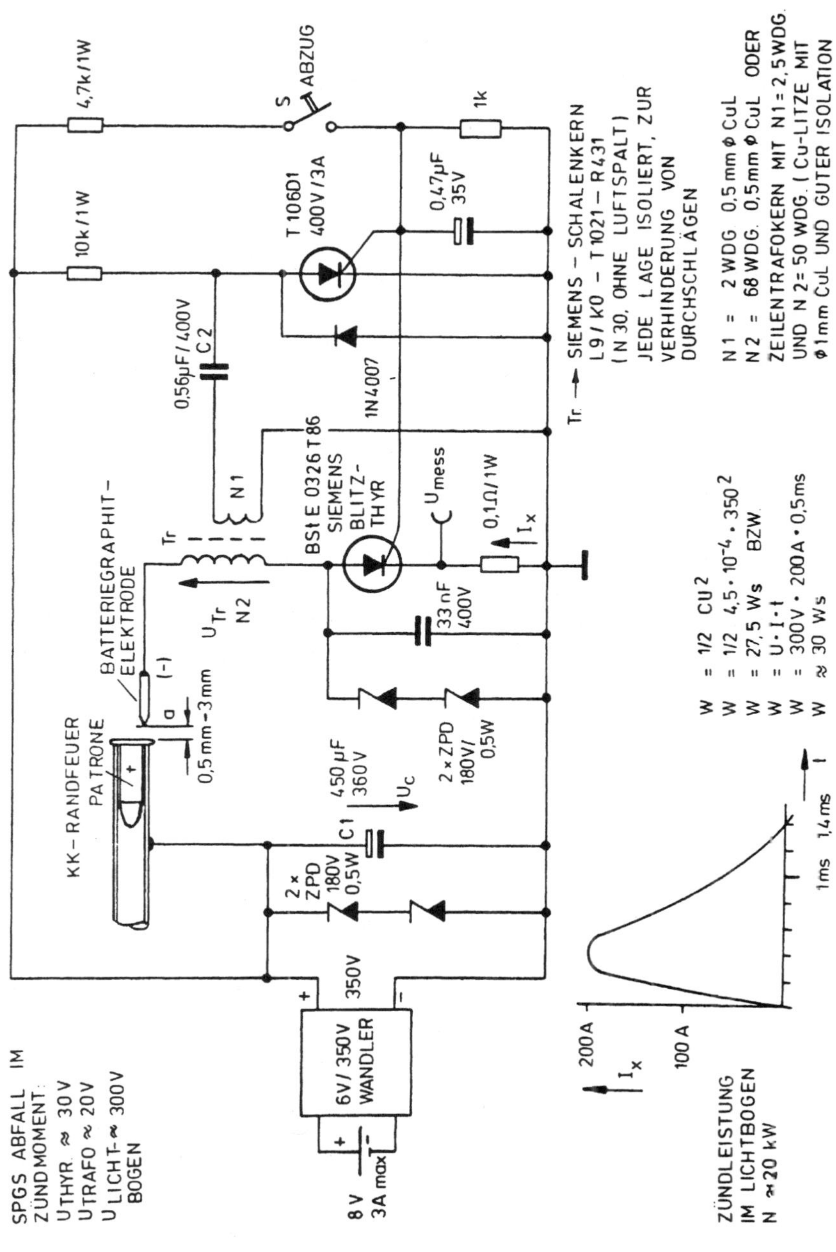

Abb. 45a: Grundschaltung zur Zündung von Patronen mittels Plasmaentladung

Die Funktion der Schalter wird von Thyristoren übernommen. Der Blitzthyristor muß durch zwei Zenerdioden und einen Abblockkondensator von 33 nF/400 V gegen den Hochspannungsimpuls vor „Überkopfzündung" geschützt werden. Auch die Spannung über dem Ladekondensator kann aufgrund der in Reihe geschalteten 180-V-Zenerdioden keinen höheren Wert als 360 V annehmen. Bei einem Kapazitätswert des Ladekondensators von 450 µF und einer Ladespannung von 350 V steht eine Energie von etwa 30 Ws zur Verfügung. Die im Lichtbogen in Wärme umgesetzte Energie beträgt dabei etwa 20 Ws. In der kurzen Zeit von etwa einer tausendstel Sekunde kommt somit eine Zündleistung (Energie pro Zeiteinheit) von etwa 20 kW zur Wirkung. Wie das Diagramm in Abb. 45a zeigt, fließt dabei kurzzeitig ein Entladestrom von 200 A.

Im Auftrag einer bedeutenden Jagdwaffenfirma hatte der Autor des Buches Gelegenheit, seine Ideen zur Plasmazündung von Kleinkaliberpatronen in die Praxis umzusetzen. Das Ergebnis dieser Entwicklung ist in Abb. 45b wiedergegeben.

Hier kurz einige Erklärungen zur Funktionsweise: Der aus einem alten Blitzgerät ausgebaute Spannungswandler lädt zwei 220-µF-Elektrolytkondensatoren auf 350 V auf. Zur Kontrolle des Ladezustands der Kondensatoren schaltet der Hochvolt-Transistor BD 129 bei der Ladeendspannung eine Glimmlampe ein und signalisiert so die Feuerbereitschaft. Die Thyristoren Th 1 und Th 2 hängen mit ihren Gates an der gleichen Zündleitung. Der Einschaltimpuls für die Gates kann nur ausgelöst werden, wenn der Emitter des Transistors T 2 mittels der „Schloß-Sicherung" auf +350 V liegt und der Microswitch des Abzugshebels („Feuer") geöffnet wird.

Nun entlädt sich der 0,47 µF/400 V-Kondensator über Thyristor Th 2 und die 2.5-Windungen der Primärspule des Hochspannungstrafos. Der Trafo erzeugt auf seiner Sekundärseite ca. 10 kV, die bei durchgeschaltetem Thyristor Th 1 zum Funkenüberschlag an der Elektrodenstrecke a führen. Nun können sich die Elektrolytkondensatoren über die leitende Luftstrecke entladen. Das Ergebnis ist die Zündung der Patrone.

Damit die Elektrolytkondensatoren bei ausgeschalteter Zündelektronik nicht geladen bleiben, sorgt der Schalter S2 für die Entladung.

Abb. 46 zeigt die Seitenansicht des Kleinkalibergewehrs mit elektronischer Zündung.

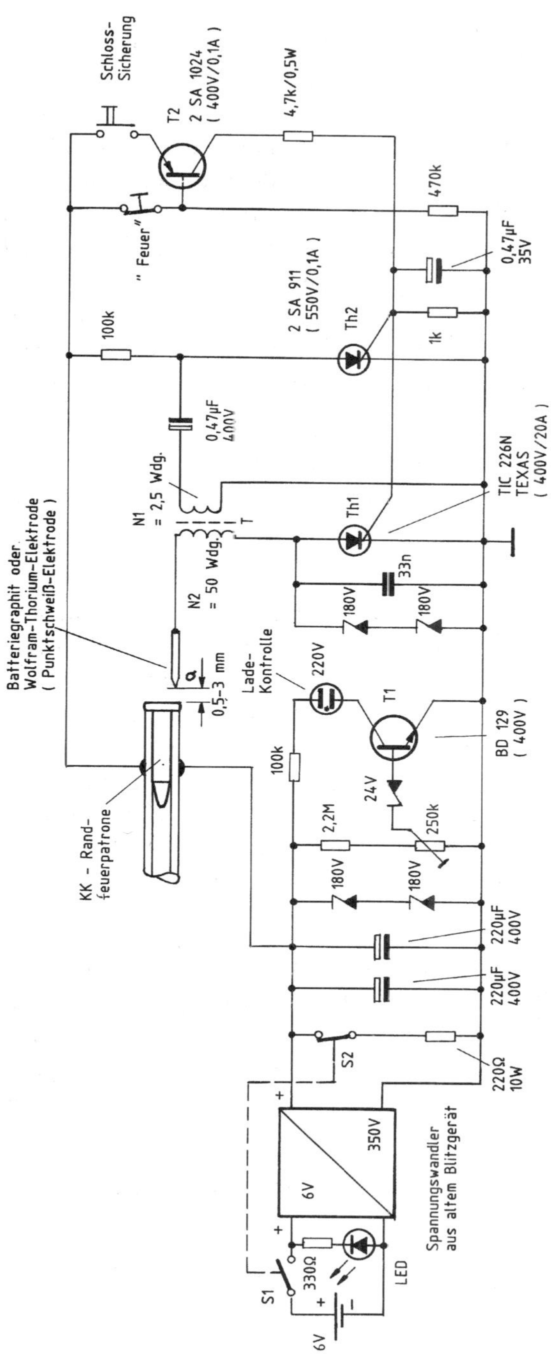

Th1 auch TIC 263M (600V/25A)
TIC 253M (600V/20A)

T = Zeilentrafokern aus altem Fernsehgerät
Wicklungen mit hochspannungsfestem Kabel
(Fa. Bürklin, München, Schillerstr.)

Abb. 45b: Zündschaltung für Wettkampf – Kleinkalibergewehr

Die 5 Mignon-Alkali-Batterien werden in einem Hohlraum des Gewehrschafts untergebracht. Das oben zu sehende Hochspannungskabel führt zur Zündelektrode im Inneren des Schlosses. *Abb. 47* gibt den Blick auf den Gewehrschaft frei, in dem der Abzugs-Microswitch, die Zündelektronik und der 6 V/350 V-Spannungswandler zu sehen sind.

Abb. 48 zeigt den Bedienteil des elektronisch gezündeten Gewehrs. Links oben sieht man die LED, welche auf den Batteriezustand aufmerksam macht. Dann folgt die Glimmlampe, deren Aufleuchten die Feuerbereitschaft signalisiert. Der rechte Schiebeschalter dient zum Ein- und Ausschalten der Zündelektronik.

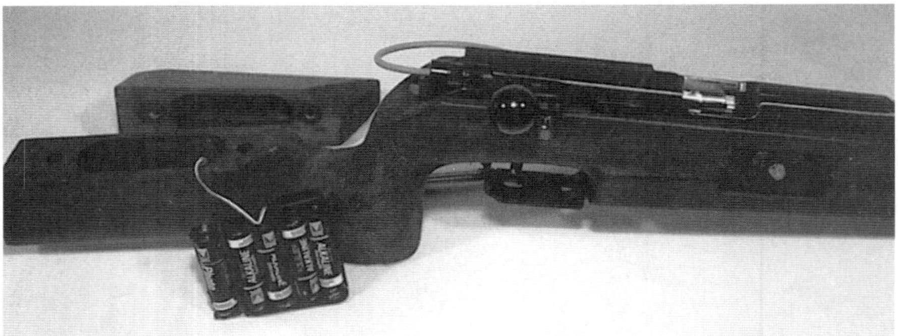

Abb. 46: Wettkampf – Kleinkalibergewehr mit elektronischer Zündung (Seitenansicht)

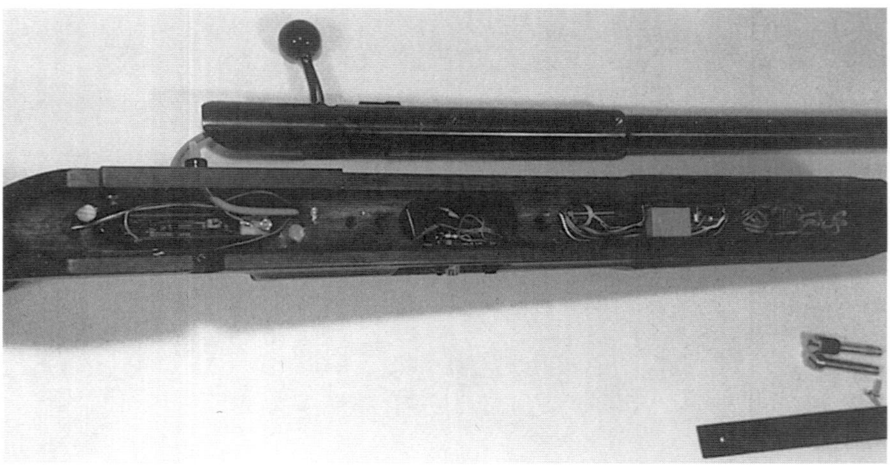

Abb. 47: Wettkampf – Kleinkalibergewehr mit elektronischer Zündung (Draufsicht)

Abb. 48: Bedienteil des Wettkampf – Kleinkalibergewehrs

8 Meß- und Hilfsmittel für Blitzversuche

Für alle Blitzversuche von Teil II des Buches sind einige einfache und relativ billige Meß- und Hilfsmittel erforderlich.

Hier wäre z.B. das statische Voltmeter aus *Abb. 49*, mit dem Gleichspannungen bis 5000 V völlig belastungsfrei gemessen werden können. Es konnte für 50,- DM auf einem Flohmarkt erstanden werden.

Ein weiteres preiswertes Multimeter zur Hochspannungsmessung an Fernsehgeräten entsprechend *Abb. 50* eignet sich zur Gleichspannungsmessung bis 20 kV. Die Firma Conrad Electronic hat Multimeter in ihrem Programm, die mit vorgeschaltetem Hochspannungstastkopf Gleichspannungen bis 40 kV messen können.

Abb. 49: Statisches Voltmeter vom Flohmarkt

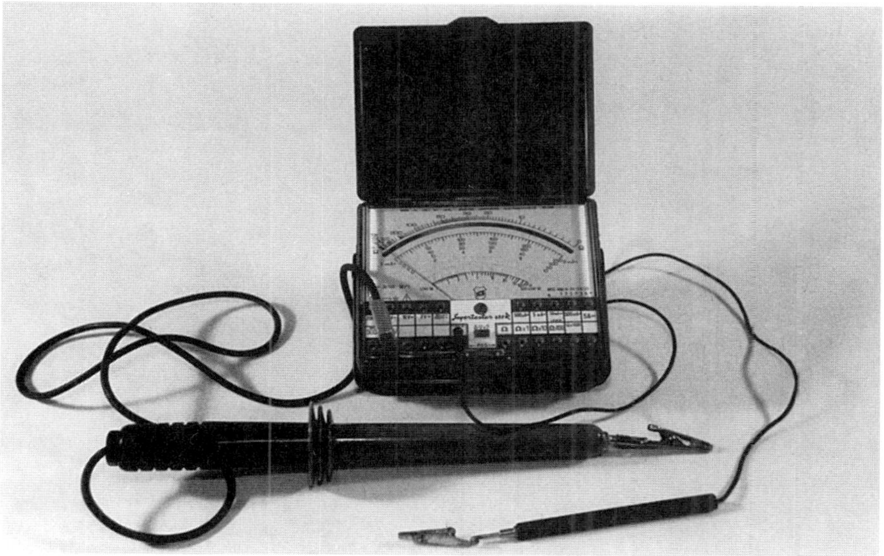

Abb. 50: Multimeter mit Hochspannungstastkopf bis 20 kV

Ein zweckmäßiges Hilfsmittel für Hochspannungsversuche ist auch ein leistungsfähiger Regeltrafo, mit dem man sich vorsichtig an die maximale Wechselspannung herantasten kann. Am besten ist natürlich ein Regel-Trenntrafo. Wie der Name sagt, ist die Sekundärseite eines Regel-Trenntrafos völlig vom Netz getrennt. In *Abb. 51* ist ein normaler Regel-Trenntrafo ohne Potentialtrennung zu sehen. Er arbeitet von 0–300 V bei einer maximalen Strombelastbarkeit von 5 A.

Abb. 51: Regeltrafo 0...300 V/5 A

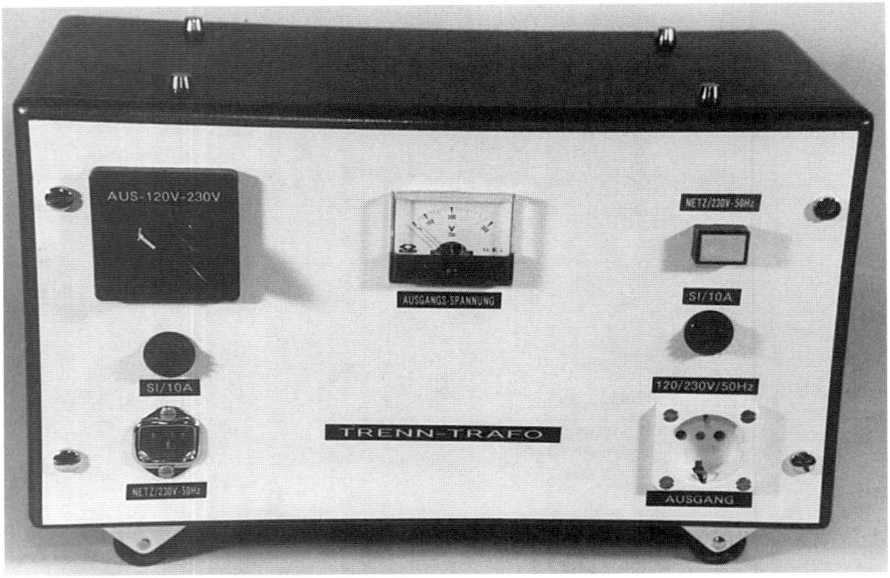

Abb. 52: Trenntrafo für 110 V und 230 V

Abb. 53: Funkferngesteuerte Steckdose

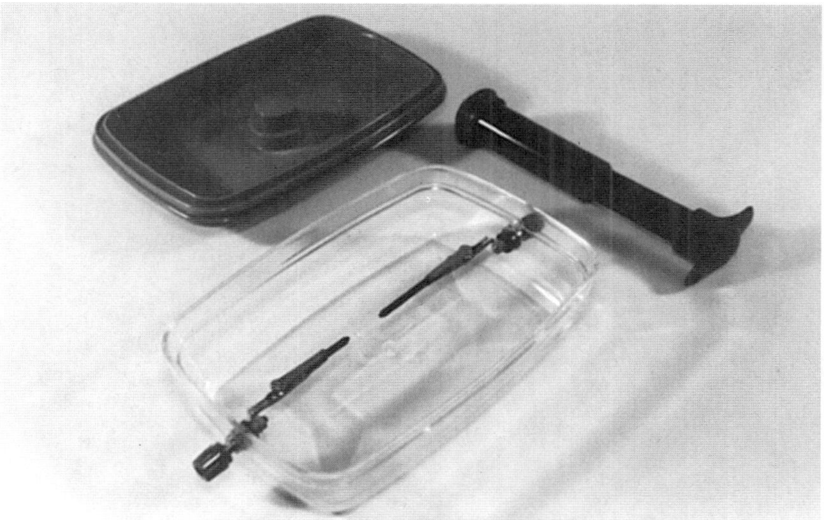

Abb. 54: Blitzerzeugung in der Tschibo–Vakuumdose

Damit ein großer Teslatrafo im Extremfall nicht mal ins Netz zurückschlagen kann, ist es sicherer, mit einem 230 V/230 V-Trenntrafo zu arbeiten. Andernfalls kann es schon mal vorkommen, daß sich die Etagensicherung verabschiedet. *Abb. 52* zeigt einen Trenntrafo, der auch für die Entnahme von 120 V geeignet ist.

Wer vor Hochspannungsexperimenten besonders großen Respekt hat, kann seine Versuche auch fernsteuern. Ferngesteuerte Steckdosen gibt es z.B. bei Conrad Electronic. Wenn es geht, sollte einer Infrarot-Fernsteuerung der Vorzug gegeben werden. Funkfernsteuerungen, wie in *Abb. 53* gezeigt, neigen beim Betrieb von großen Teslageneratoren zu Störungen.

Aus *Abb. 54* wird deutlich, daß auch einfache Lebensmittelaufbewahrungsdosen von Tschibo oder Eduscho für Hochspannungsexperimente im Vakuum nützlich sein können. Mit der rechts im Bild gezeigten Vakuum-Handpumpe kann ein Großteil der Luft aus der Dose entfernt werden. Obwohl damit kein großes Vakuum erzeugt werden kann, wird deutlich sichtbar, wie je nach Luftentzug bei gleicher Hochspannung immer größere Luftstrecken durchschlagen werden.

Abb. 55: Blitztest mit dem Marxgenerator

Abb. 56: Blitztest aus den 30er Jahren. Drei Millionen Volt trafen ein Auto auf dem Gelände der Westinghouse Electric GmbH in Pittsburgh. Der Fahrer blieb unverletzt

Bauteilelieferanten:

Firma
Matronic
Hochspannungswiderstände,
Hochspannungskondensatoren,
Hochspannungstransformatoren
Scharnhorst Str. 8
D-86165 Augsburg
Tel.: 08 21/79 11 69

Firma
Oppermann
Elektronische Bauelemente
Postfach 1144
D-31593 Steyerberg
Tel.: 0 57 64/21 49

Firma
Helmut Singer Elektronik
Im Feldchen 16
D-52070 Aachen
Tel.: 02 41/15 53 15

Firma
Bürklin
Schillerstraße 40
D-80336 München
Tel: 089/55 87 50

Firma
Strixner + Holzinger
Halbleitervertrieb GmbH
Schillerstraße 25-29
D-80336 München
Tel.: 0 89/55 16 50

Conrad Electronic
Klaus-Conrad-Str. 1
D-92240 Hirschau
Tel.: 01 80/5 31 21 11

Firma
RS-Components
Nordendstraße 72
D-64546 Mörfelden-Walldorf
Tel.: 0 61 05/401-234

Von allen Firmen können umfangreiche Kataloge angefordert werden.

Internet-Infos:

HC&RS Home Labor Page:	Http://www.hcrs.htl-hl.ac.at
Mirror-Seite:	Http://www3.htl-hl.ac.at/homepage/hcrs
Groß-Teslatrafo:	Http://www2.htl-hl.ac.at/~smetana/teslatr.htm

www.webring.org
www.pupman.com
www.privat.schlund.de/s/skluge/toc.htm
www.pages.vossnet.de/wilson/tesla1.htm
www.geocities.com/CapeCanaveral/Hangar/3108/calculat.html
www.magnolia.net/~tank/tesla.htm
www.execpc.com/~ccurran
www.teslasystems.com/

Anschrift des Autors:

Günter Wahl
Bahnhofstr. 26
86150 Augsburg
Tel.: 08 21/15 35 28
Handy: 01 72/8 20 12 73
e-mail: wahlg@t-online.de

Band 2

Neue Experimente mit EMPs, Tesla- & Mikrowellen

Abwegig muss die Idee sein, fast hirnrissig, nahezu ohne Aussicht auf Erfolg, aber durch und durch genial. Das ist die Art von Geistesblitz, für die das Pentagon besonders gern Millionen spendiert. Tausende ziviler Wissenschaftler in den USA bekommen Geniegeld vom Militär für verwegene Grundlagenforschung. Die meisten scheitern mit ihren Projekten. Die wenigen Ideen jedoch, aus denen etwas wird, verändern die Welt.

Die GPS-Technik, die Computermaus, E-Mail und sogar das Internet verdanken ihre Existenz den legendär risikobereiten Forschungsförderern des Pentagons. Die Darpa („Defense Advanced Research Projects Agency") hat sich für die Wirtschaft der USA als einzigartiger Innovationsquell erwiesen – und für viele Forscher der Elite-Universitäten als wichtigster Geldgeber.

Und was passiert in Deutschland – so gut wie nichts!

Wichtige Hinweise

- Die in diesem Buch beschriebenen Geräte und Experimente sind potenziell gefährlich. Sie können Sach- und Personenschäden bis hin zum Tod verursachen. Die Gefährdung ist nicht auf die unmittelbare Umgebung des Aufbaus beschränkt, sondern betrifft auch Personen und Sachen in größerer Entfernung.
- Die sichere Durchführung der beschriebenen Experimente erfordert neben großer Umsicht auch besondere Sachkenntnis und Fähigkeiten, die dieses Buch nicht vollständig vermitteln kann.
- Sicherheitshinweise und ähnliche Aussagen geben lediglich die Erfahrung des Autors wieder und sind keinesfalls als Sicherheitsgarantien zu verstehen.
- Der Autor weist darauf hin, dass der Aufbau und/oder die Inbetriebnahme bestimmter Geräte und Experimente möglicherweise gegen gesetzliche Bestimmungen oder technische Normen verstößt.
- Die in diesem Buch enthaltenen Angaben wurden nach bestem Wissen des Autors gemacht. Eine Garantie für die Richtigkeit kann jedoch nicht gegeben werden. Eine Haftung für Folgen, die sich aus falschen Angaben ergeben, ist ausgeschlossen.
- Autor und Verlag übernehmen keinerlei Haftung für Schäden oder Folgeschäden, die aus dem Nachbau der in diesem Buch beschriebenen Geräte und Experimente oder allgemein aus der Verwertung des Inhalts entstehen können.

Vorwort

Auch in diesem Buch der Franzis-Experimental-Reihe haben die revolutionären Ideen Teslas wieder Impulse vermittelt.

Skalar- und Teslawellen beschäftigen die Fantasie sowohl von Hobby- als auch Profi-Wissenschaftlern.

Geheimnisvolle Wirbel, Wellen und Strahlen kündigen eine neue Star-War-Technologie an.

Lassen Sie sich anhand einer Vielzahl interessanter Applikationen an die Grenzen von Realität und Fantasie führen.

Inhaltsverzeichnis

1 Elektrodynamische Wirbelfelder

In der Physik sind sowohl magnetische als auch elektrische Wirbelfelder bekannt. Diese Wirbelfelder sind in sich geschlossen und haben weder Anfang noch Ende. Nach Maxwell erzeugt ein magnetisches Wechsel- bzw. Wirbelfeld ein elektrisches Wechsel- bzw. Wirbelfeld und umgekehrt. Beide Felder stehen jeweils senkrecht aufeinander. Eine neue Art von Feldern, nämlich die elektrodynamischen Wirbelfelder, sollen im Folgenden Gegenstand einer Betrachtung sein.

Elektrodynamische Wirbelfelder können am besten mittels schwingender Saiten aus dünnem Kupferlackdraht sichtbar gemacht werden. Zur Anregung der Saiten dient ein Teslagenerator in Solid-State-Technik. Im Unterschied zu einer nur in einer Ebene schwingenden Saite schwingt die Saite in einem Wirbelfeld kreisförmig.

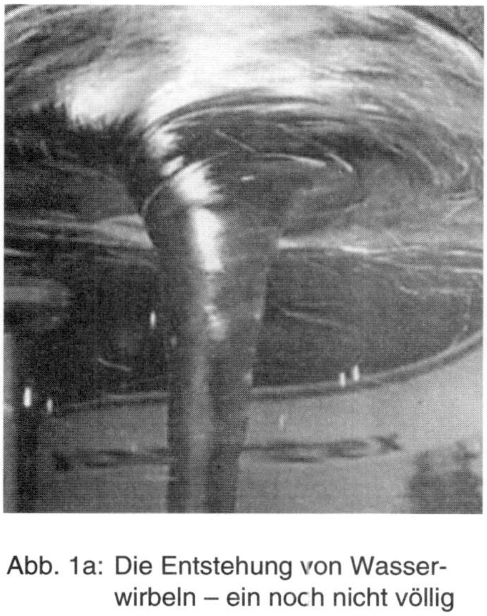

Abb. 1a: Die Entstehung von Wasserwirbeln – ein noch nicht völlig geklärtes physikalisches Phänomen

Abb. 1b: Die Entstehung von elektrodynamischen Wirbeln – ein ebenfalls noch nicht geklärtes Phänomen

Als Anschauungsbeispiel eignet sich eine zirkular polarisierte elektromagnetische Welle. Eine zirkular polarisierte Welle entsteht aus einer Überlagerung von zwei linear polarisierten Wellen, die gegeneinander eine Phasenverschiebung von 90° aufweisen.

Zirkular polarisierte Wellen führen einen Drehimpuls mit sich. Ein Drehimpuls ist auch die Ursache für die Bildung eines elektrodynamischen Wirbels.

Die Entstehung von Wasserwirbeln entsprechend *Abb. 1a* gehört auch heutzutage noch zu den nicht völlig geklärten physikalischen Phänomenen. Die im Folgenden beschriebenen elektrodynamischen Wirbeleffekte dürften ebenfalls noch einige Geheimnisse beinhalten, die der Klärung bedürfen.

1.1 Solid-State-Teslagenerator zur Erzeugung elektrodynamischer Wirbel

Aus *Abb. 2* ist die Schaltung des Wirbelgenerators zu sehen. *Abb. 2a* zeigt einen möglichen Aufbau. In *Abb. 2b* ist ein Versuchsaufbau mit zwei Hochspannungsspulen zu sehen. Da als MOSFETs keine Drain-isolierten IF-Typen zur Verfügung standen, mussten galvanisch getrennte Kühlkörper ver-

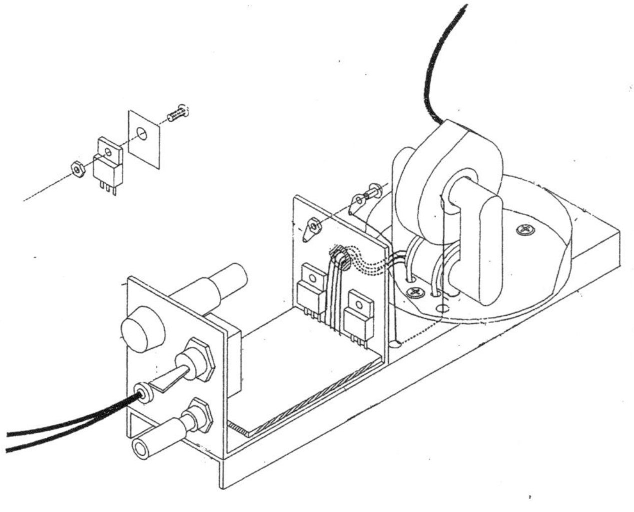

Abb. 2a: Möglicher mechanischer Aufbau des Generators

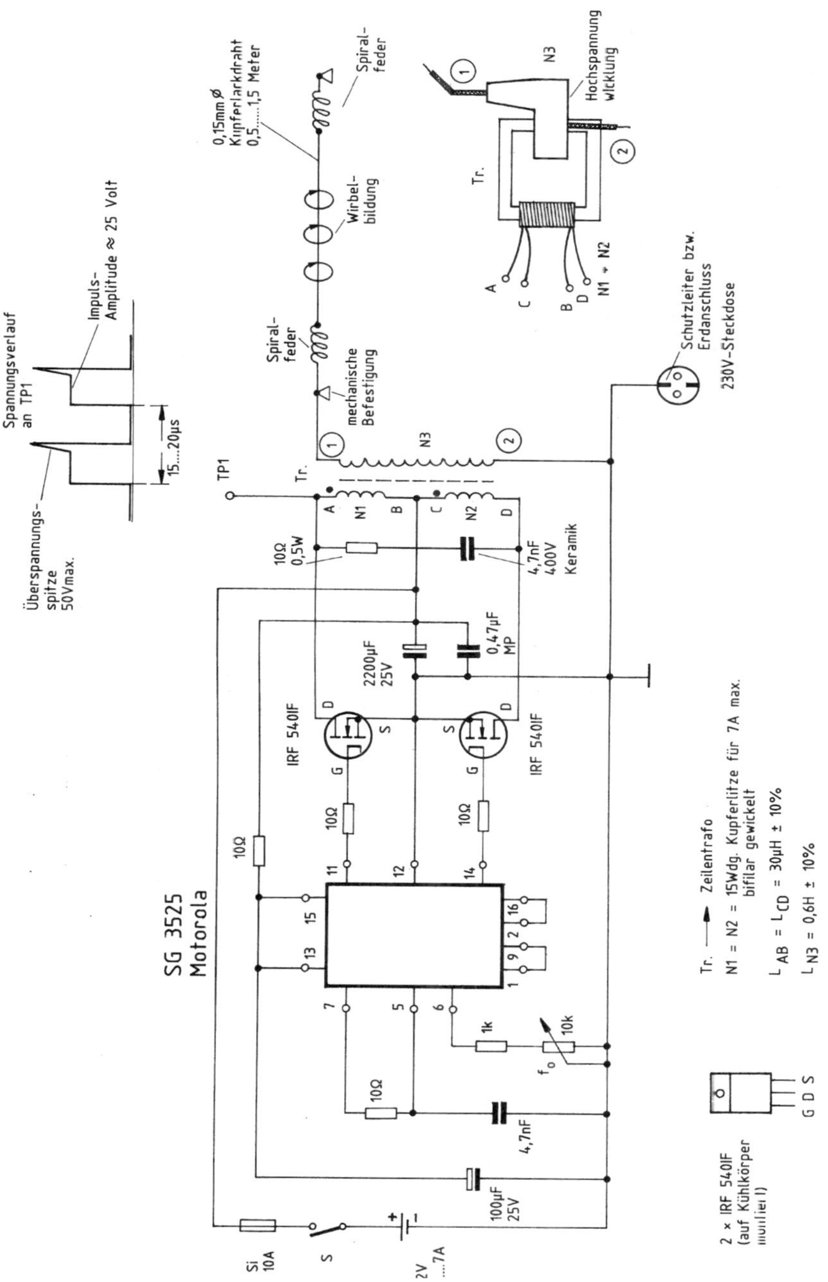

Abb. 2: Schaltung des Wirbelgenerators (Solid-State-Teslagenerator)

Abb. 2b: Versuchsaufbau eines Wirbelgenerators mit zwei seriell geschalteten Hochspannungsspulen (siehe auch Farbtafel F1 nach S. 64)

wendet werden. Der Zeilentrafo wird mit zwei Hochspannungsspulen in Reihe betrieben, um so eine noch höhere Tesla-Ausgangsspannung zu generieren. Die Gesamtinduktivität beträgt mit 2 Wicklungen etwa 1 H. Mit dem 10-kΩ-Potentiometer kann die Resonanzfrequenz bei f_0 = 50 kHz gefunden werden. Ohne Ferritkern haben die Spulen ein L von je 37 mH und 300 Ω Gleichstromwiderstand (Lieferant: Fa. Oppermann).

Zur Erzeugung der hohen Tesla-Wechselspannung von ca. 20…30 kV ist im Normalfall nur ein Zeilentrafo (mit einer einzelnen Hochspannungsspule) aus einem alten Schwarzweiß-Fernseher erforderlich

Zur Erzeugung der Wirbel muss der Zeilentrafo in Eigenresonanz bei ca. 70 kHz bei einer Hochspannungsspule bzw. 50 kHz bei zwei Hochspannungsspulen betrieben werden. Die Eigenresonanz ist erreicht, wenn beim Durchdrehen des 10-kΩ-Potentiometers der Betriebsstrom plötzlich steil auf 4…7 A ansteigt. Dabei ist zu beachten, dass der Wirbelgenerator mit einer leistungsfähigen Batterie betrieben wird und der Hochspannungsanschluss ② auf Schutzleiter gelegt wird. Der Ausgang ① führt auf eine Saite aus 0,5…1,5 m langem 0,15 mm Ø Kupferlackdraht, die an einer Seite oder an beiden Seiten mittels kleiner Spiralfedern schwingfähig aufgehängt ist.

Im Resonanzfall fängt der Draht unabhängig von seiner Länge kreisförmig zu schwingen an. Gleichzeitig treten über die gesamte Drahtlänge Leucht- bzw. Korona-Effekte mit einem deutlichen Anteil UV-Strahlung auf. Bei einer Drahtlänge von 1,50 Meter beträgt die Rotationsdrehzahl 25 Umdrehungen pro Sekunde und bei einer Saitenlänge von 1 Meter 33 Umdrehungen pro Sekunde.

1.2 Versuchsaufbauten und Wirbelbilder

Abb. 3 zeigt einen typischen Versuchsaufbau mit Tesla- bzw. Wirbelgenerator, Batterie und einer an zwei Punkten eingespannten Saite. In diesem Beispiel wird die Zugspannung des Drahtes nur mit einer Spiralfeder am linken Ende des Drahtes erzeugt. In *Abb. 4* wird die Zugspannung mittels eines Bogens aus Balsaholz generiert. Der Bogen ist mit Tesaband auf der Tischplatte fixiert. In *Abb. 5* ist der leuchtende Drahtwirbel abgebildet. *Abb. 6* macht deutlich, dass der Draht unter bestimmten Voraussetzungen auch auf der 1. Oberwelle schwingen kann.

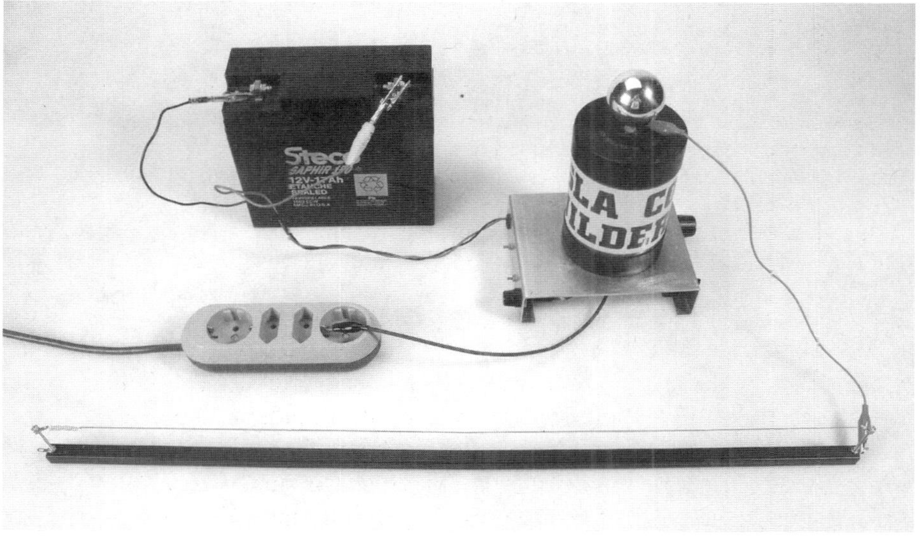

Abb. 3: Kompletter Versuchsaufbau mit Wirbel- bzw. Teslagenerator von Information Unlimited (siehe auch Farbtafel F1 nach S. 64)

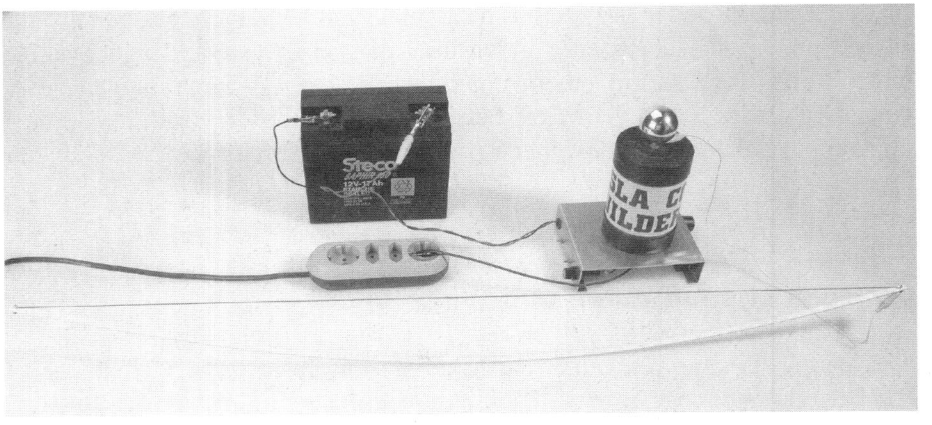

Abb. 4: Mit Balsaholzbogen eingespannte Drahtsaite

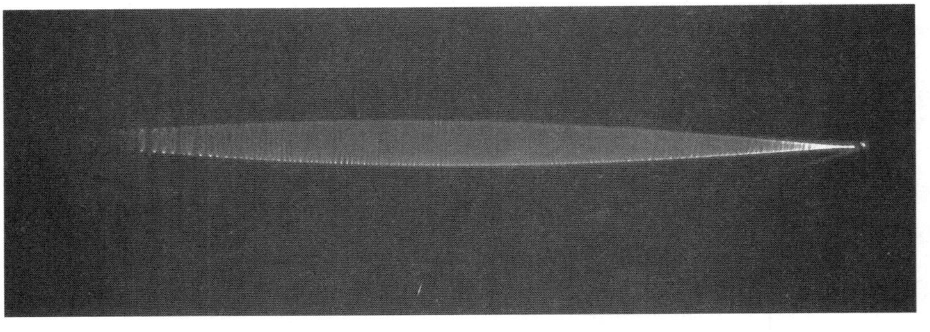

Abb. 5: Leuchtender Drahtwirbel (siehe auch Farbtafel F2 nach S. 64)

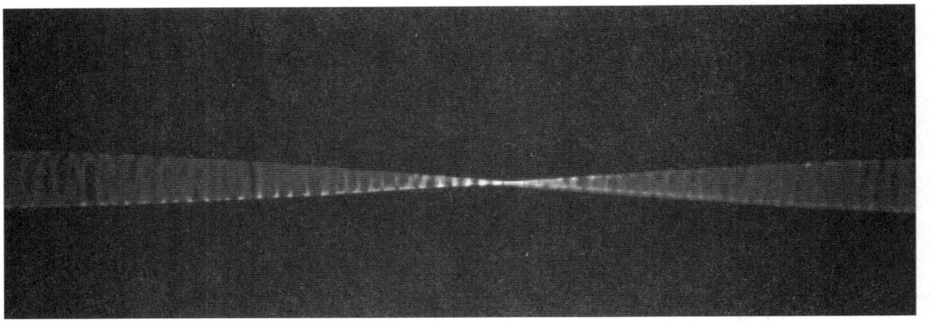

Abb. 6: Drahtwirbel schwingt auf 1. Oberwelle (siehe auch Farbtafel F2 nach S. 64)

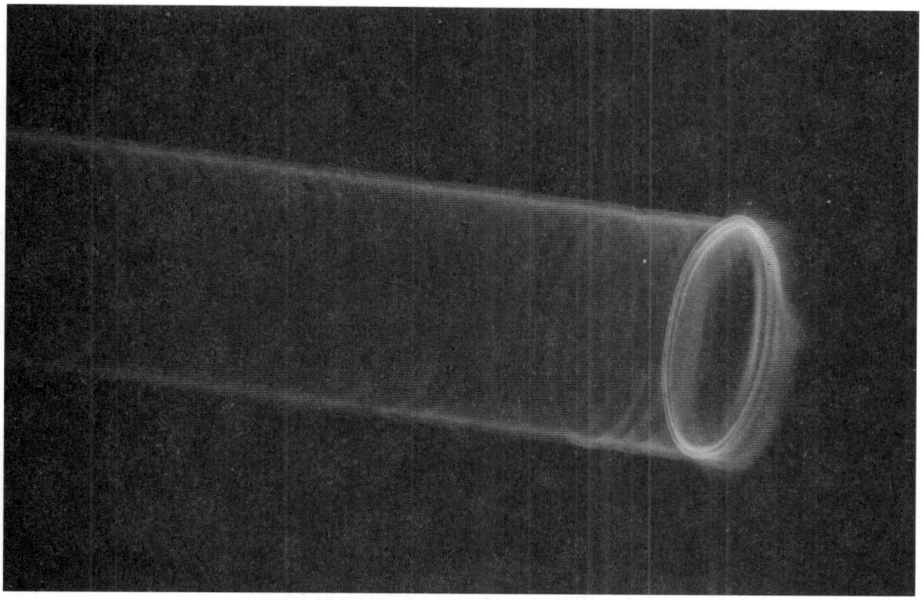

Abb. 7: Open-End-Wirbel (siehe Farbtafel F2 nach S. 64)

Abb. 8: Versuchsaufbau einer vertikal schwingenden Drahtsaite (der Klöppel bewegt sich nicht mit!), siehe auch Farbtafel F3 nach S. 64

Eine weitere Option in der Versuchsreihe stellt der Open-End-Wirbel entsprechend *Abb. 7* dar. Die schwingende Saite besteht auf der linken Hälfte aus Kupferlackdraht und auf der rechten Hälfte aus Zwirn. Beide Hälften werden in der Mitte verknüpft.

Der Wirbel zeigt dann in der Mitte einen stark leuchtenden Kreis. Der ebenfalls mitwirbelnde Zwirn ist, da er nicht leuchtet, unsichtbar.

Ein weiterer interessanter Versuchsaufbau mittels eines Pendels wird in *Abb. 8* gezeigt. Der Draht wird am oberen Ende fest fixiert, während am unteren Ende eine Art Klöppel aus Metallblech hängt. Der kalte Hochspannungsanschluss ② hängt in diesem Versuch nicht am Schutzleiter, sondern wird an einem aufgeklebten dünnen Kupferdraht angeschlossen, dessen Länge der Glasrohrlänge entspricht. Auch hier kommt es zur Wirbelbildung, wie aus *Abb. 9* zu ersehen ist.

Abb. 10 zeigt noch einmal mittels einer Ausschnittsvergrößerung das in regelmäßigen Abständen entstehende Leuchten.

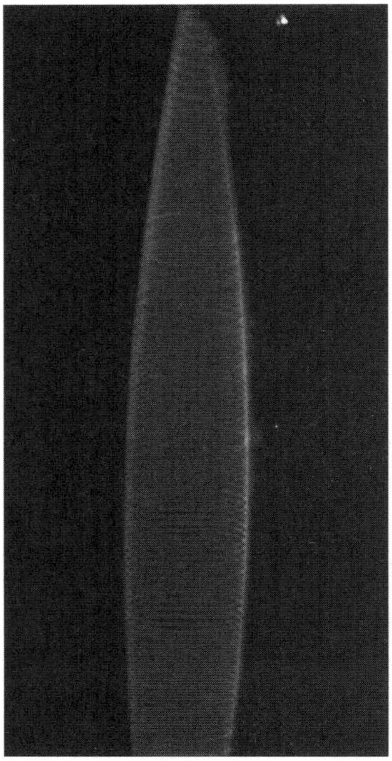

Abb. 9: Die nun vertikal schwingende Drahtwirbel (siehe auch Farbtafel F3 nach S. 64)

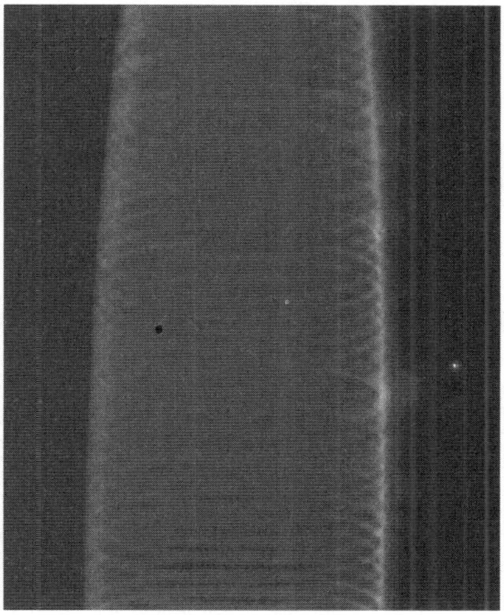

Abb. 10: Bildausschnittsvergrößerung von Abb. 9 (siehe auch Farbtafel F3 nach S. 64)

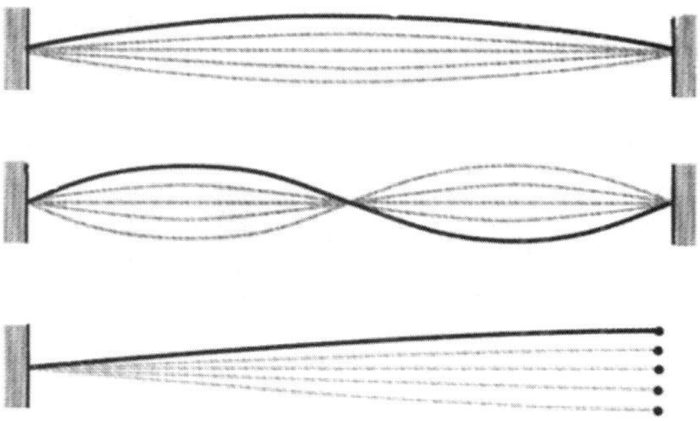

Abb. 11: Verschiedene Wellenbilder

Kreisförmig wirbelnde Saiten können unter besonderen Bedingungen dieselben Schwingungsformen zeigen wie Klaviersaiten. In *Abb. 11* sind die bisher gezeigten Wellen- bzw. Wirbelbilder wiedergegeben, wobei sich die Frage stellt, wie wirbelförmige elektrodynamische Schwingungen in das Bild der Physik einzuordnen sind. Gibt es also doch die so genannten Teslawirbel, denen geheimnisvolle Wirkungen zugeschrieben werden? In *Abb. 12* wird die allgemein bekannte transversale Wellenausbreitung und in *Abb. 13* die longitudinale Wellenausbreitung gezeigt. Die Ausbreitung von Wirbeln dürfte ein noch unerforschtes Neuland sein.

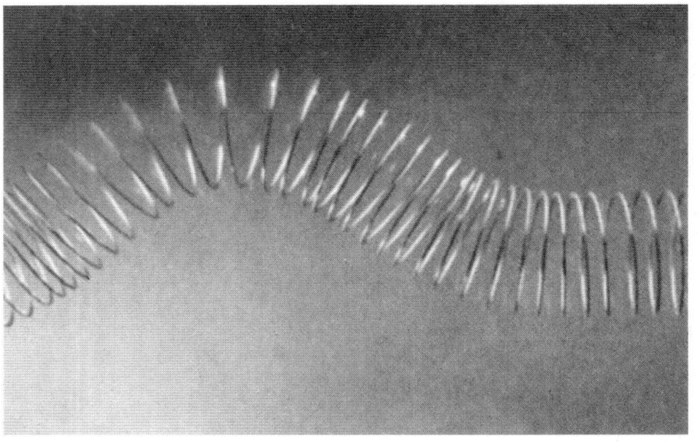

Abb. 12: Transversale Wellenausbreitung

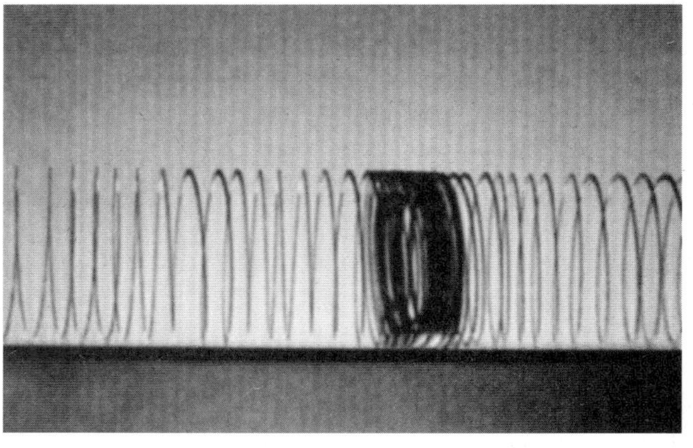

Abb. 13: Longitudinale Wellenausbreitung

2 Tesla-Skalarwellengenerator – Realität oder Spekulation?

Tom Bearden, ein ehemaliger Offizier und Hobby-Wissenschaftler aus den USA, beschäftigt sich in seinem etwas Science-Fiction-lastigen Buch „Fer de Lance“ mit geheimen Skalarwellenwaffen-Entwicklungen in Russland.

Im Folgenden sollen einige Auszüge aus seinem Buch zur Diskussion gestellt werden:

In den dreißiger Jahren des letzten Jahrhunderts kündigte Tesla bizarre und schreckliche Waffen an: einen Todesstrahl, eine Waffe, um Hunderte oder sogar Tausende von Flugzeugen in einem Bereich von mehreren hundert Kilometern zu zerstören. Andererseits kannte er offenbar auch die vollendete Verteidigungswaffe: den Tesla-Schild, den nichts durchdringen kann. Seit der Zeit hat jedoch niemand dem vergessenen großen Genie echte Aufmerksamkeit gewidmet. Tesla starb 1943, ohne jemals das Geheimnis dieser Waffen und Erfindungen zu enthüllen.

Es gibt Gerüchte, dass vor langer Zeit in der Sowjetunion die Wirkungen der skalaren Tesla-Wellen entdeckt und für Waffen verwendet worden sind. Im Folgenden sind die leistungsfähigsten dieser furchterregenden Waffen beschrieben. Offenbar meinte Breschnew im Jahre 1975 bei den SALT-Verhandlungen diese Waffen, als er plötzlich vorschlug, die Entwicklung neuer Waffen einzuschränken, „die erschreckender sind, als sich ein Mensch vorstellen kann“. Eine dieser Waffen ist die Tesla-Haubitze, die angeblich im Raketentestgelände von Saryschagan fertiggestellt wurde. Es wird vermutet, dass sie entweder ein Hochenergie-Laser oder eine Teilchenstrahlwaffe ist (siehe Aviation Week & Space Technology, 28. Juli 1980, S. 48).

Die Haubitze in Saryschagan ist eigentlich ein riesiges skalares Tesla-Interferometer mit vier Betriebsarten. Eine kontinuierliche Betriebsart ist der Tesla-Schild, der eine dünne undurchdringliche halbkugelförmige Energieschale über einem großen verteidigten Bereich anordnet. Die dreidimensionale Schale wird durch Überlagerung von zwei Fourier-Wellen dreidimensionaler skalarer halbkugelförmiger Muster im Raum erzeugt, sodass sich

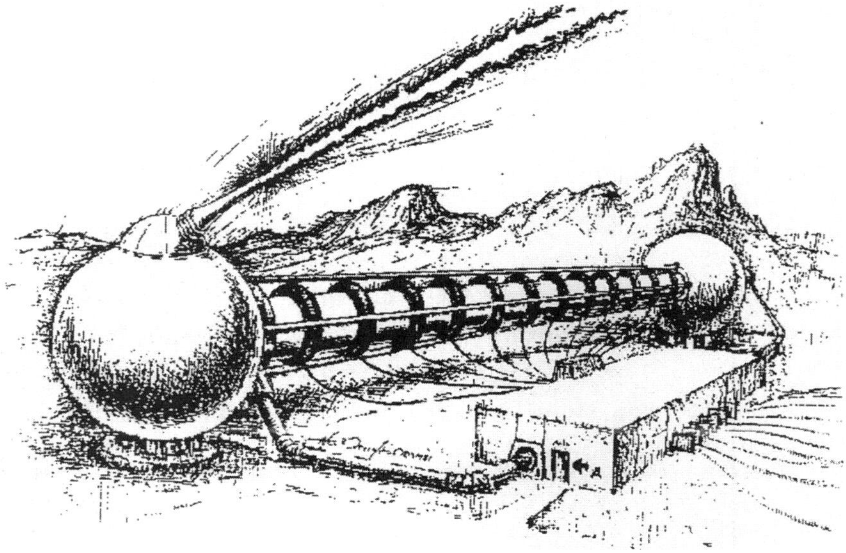

Abb. 14: Tesla-Haubitze

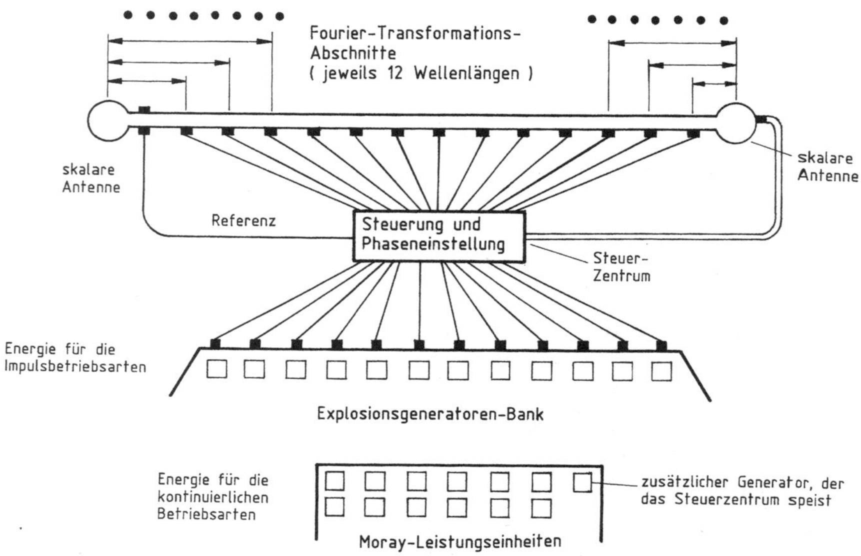

Abb. 15: Blockschaltbild der Tesla-Haubitze

durch ihre Paarkopplung eine kuppelförmige Schale hoher elektromagnetischer Energie ergibt. Die Luftmoleküle und -atome in der Schale sind vollständig ionisiert und folglich hoch angeregt, wobei sie ein intensives glühendes Licht abgeben. Jeder Körper, der diese Schale trifft, nimmt eine gewaltige Entladung elektrischer Energie auf und wird sofort verdampft, wie ein Insekt, das auf eine elektrische Insektenfalle trifft.

Wenn einige dieser halbkugelförmigen Schalen konzentrisch übereinander geschichtet sind, können sogar die Gammastrahlung und der elektromagnetische Impuls einer Nuklearexplosion in großer Höhe nicht alle Schalen durchdringen.

In der kontinuierlichen Betriebsart wird das Tesla-Interferometer durch eine Bank aus Moray-Generatoren gespeist, sodass im Schild eine gewaltige Energie verfügbar ist. In *Abb. 14* wird eine Tesla-Haubitze des in Saryschagan verwendeten Typs gezeigt. *Abb. 15* zeigt das Blockschaltbild der Tesla-Haubitze und *Abb. 16* die Gesamtanordnung. In dem in *Abb. 17* wiedergegebenen Tesla-Schild können keine Flugkörper eindringen. Es wird ein einzelner intensiver dreidimensionaler skalarer Phi-Feld-Impuls abgefeuert. Deshalb sind zwei getrennte skalare Antennen erforderlich. Nach einer für

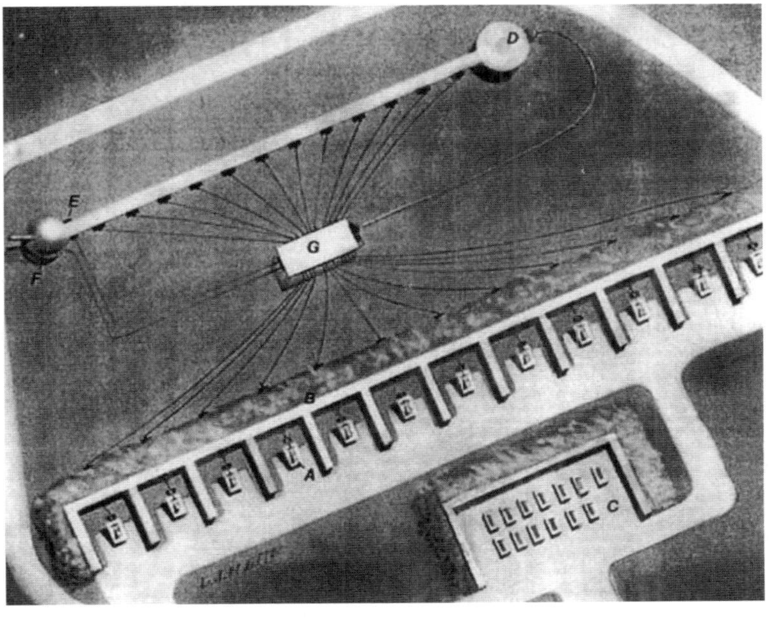

Abb. 16: Gesamtanordnung der Tesla-Haubitze

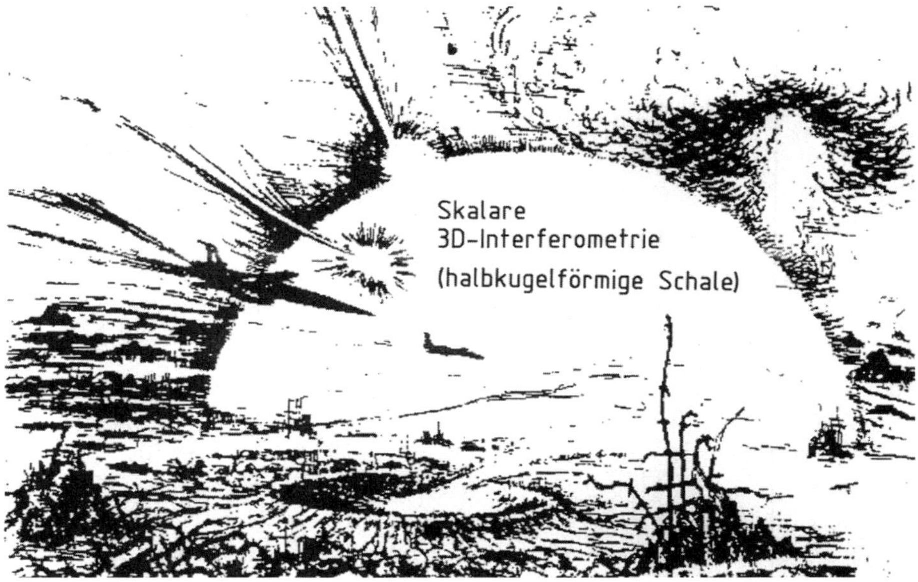

Abb. 17: Teslaschild

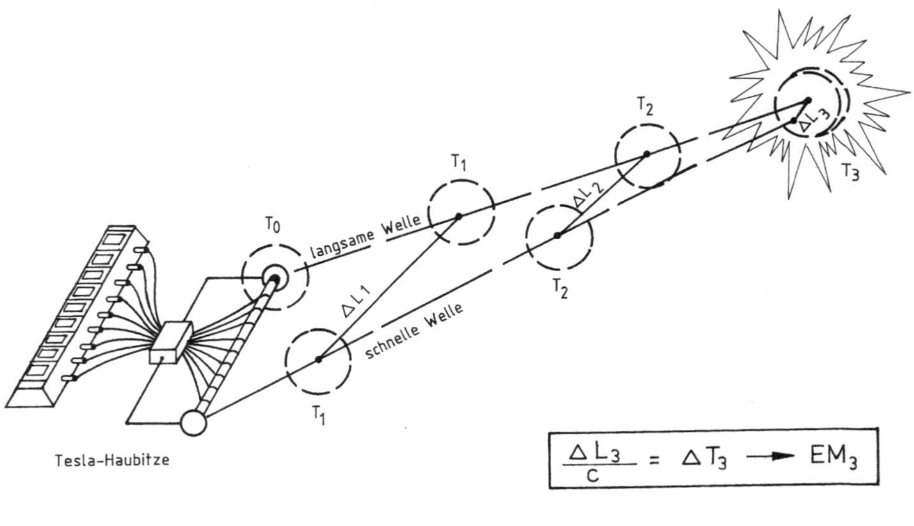

Abb. 18: Erzeugung eines EMPs mittels der Tesla-Haubitze

das spezielle Ziel berechneten Zeitverzögerung wird ein zweiter und schnellerer Impuls entsprechend *Abb. 18* von den Antennen des Interferometers abgefeuert. Am Zielort entsteht ein starker elektromagnetischer Impuls (EMP), der dem EMP einer Nuklearwaffe auffallend ähnlich ist.

Dieser Waffentyp hat angeblich das geheimnisvolle Aufblitzen vor der Südwestküste von Afrika verursacht, das 1979 und 1980 durch Satelliten aufgenommen worden ist. Der zweite Blitz lag nicht im sichtbaren Spektrum, sondern im infraroten Bereich. Dies tritt weder bei nuklearen Blitzen noch bei Meteoriteneinschlägen auf. Außerdem beobachtete einer der Wissenschaftler in einem Ionosphären-Observatorium eine Gravitationswellenstörung.

Litauen, 10. September 1976,
British European Airways Flug Nr. 831
zwischen Moskau und London.

nach FOIA freigegebener CIA-Bericht

Abb. 19: Russische Testexplosion ?

Die Haubitze kann entweder aus den Moray-Generatoren oder durch normale Explosionsgeneratoren gespeist werden.

In der kontinuierlichen Betriebsart werden zwei skalare Wellen emittiert, eine schneller als die andere, wobei sie sich in dem Bereich, in dem sie sich einem gleichphasigen Zustand nähern, paarweise zu Vektorenergie koppeln. In dieser Betriebsart würde die Energie im entfernten kugelförmigen Bereich kontinuierlich erscheinen und aufrechterhalten werden. Dies könnte Teslas Geheimnis der drahtlosen Energieübertragung darstellen. Dies wäre möglicherweise das Geheimnis der einen „kontinuierlichen Feuerball“ erzeugenden Waffe, die Hunderte von Flugzeugen oder Raketen in großer Entfernung zerstören könnte. Ein russischer Test dieser Betriebsart wird in *Abb. 19* dargestellt.

Der Tesla-Feuerball kann erheblich ausgedehnt werden, um eine Kugel zu erhalten, die keine Flugkörper verdampft, sondern einen elektromagnetischen Impuls erzeugt, um deren Elektronik zu zerstören. Ein Test dieser Betriebsart ist in *Abb. 20* dargestellt.

Wenn die Moray-Generatoren ausfallen, dann könnte das Interferometer aus mehreren herkömmlichen Energiequellen angetrieben werden wie z. B. weiterentwickelten magnetohydrodynamischen Generatoren.

Abb. 20: Testexplosion unbekannter Herkunft. (Der Feuerball wurde in der Nähe des Mehrabad-Flughafens aus 2 Flugzeugen 4–5 Minuten lang beobachtet.)

Die typische strategische ABM-Verwendung von Tesla-Waffen ist in *Abb. 21* gezeigt. Außerdem könnten selbstverständlich kleinere Tesla-Haubitzensysteme für die Verteidigung von Truppen und Anlagen gegen ballistische Raketen dienen.

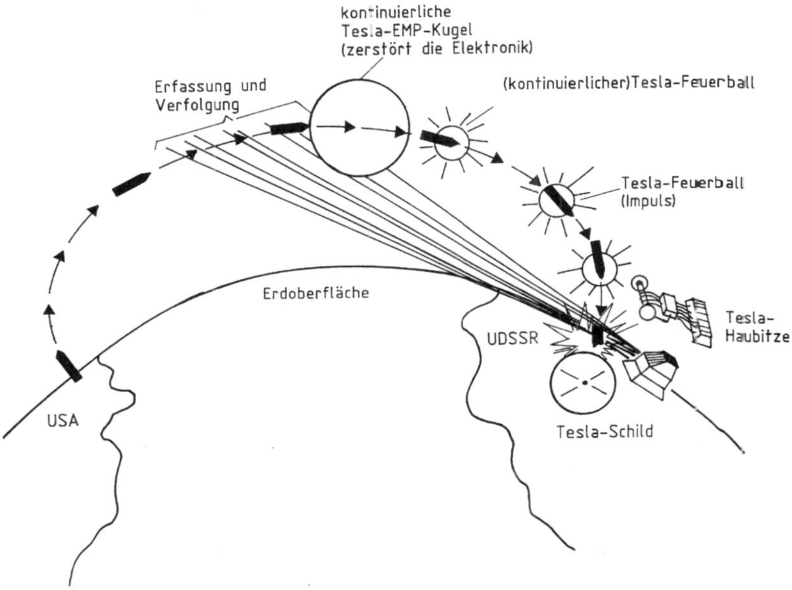

Abb. 21: Strategische ABM-Verwendung einer Tesla-Haubitze

Wenn Teslas Geheimnis gelüftet wird, werden die Bürokraten in Regierung und Wissenschaft ziemlich schockiert sein und aus ihrem Schlummer erwachen. Dann könnten vielleicht Schutzmaßnahmen ergriffen werden, bevor es zu spät ist. Es ist für die menschliche Fantasie nur schwer vorstellbar, dass ein Wendepunkt in der Waffenentwicklung erreicht ist.

Doch nun zurück auf den Boden der Tatsachen.

EMP – Begriffsdefinition

Im weiteren Verlauf des Buches werden eine Reihe von kleinen EMP-Generatoren besprochen. Doch was bedeutet nun die Abkürzung EMP? EMP ist die Abkürzung des englischen Begriffs Electro-Magnetic Pulse.

Wenn z. B. eine Nuklearwaffe hoch über Köln explodiert, würde die gesamte Halbleiter-Elektronik im Ruhrgebiet und die meisten Telefon- und Stromkabel in ganz Deutschland ausfallen. Außerdem würden in München Menschen durch Stromschlag getötet, falls sie sich gerade gegen einen langen Metallzaun lehnen oder in einer Badewanne sitzen, deren Zuleitungen aus Metall sind.

Solche Phänomene können durch einen elektromagnetischen Impuls (EMP) über große Entfernungen ausgelöst werden. Der EMP tritt auf, wenn eine Kernwaffe in einer Höhe von 40–400 km über der Erdoberfläche zur Explosion gebracht wird, d. h. nicht in der Atmosphäre, sondern über ihr. Wenn die Waffe explodiert, wird eine große Menge Gamma- und Röntgenstrahlung freigesetzt, die große Entfernungen zurücklegt, und dabei auf Luftmoleküle trifft. Von den Luftmolekülen werden Elektronen herausgeschlagen, wobei diese Elektronen um die Kraftlinien des Magnetfelds der Erde herumwirbeln. Diese wirken wie winzige Funksender, wobei sie große Mengen elektromagnetischer Energie ausstrahlen. Der EMP ist sehr zerstörerisch, weil durch ihn elektromagnetische Energie von jedem langen Metallstück aufgenommen wird. In jeder Telefon- oder Starkstromleitung, die das Land durchquert, würden etwa 10 Millionen Volt und 10.000 Ampere erzeugt werden. Dies reicht aus, um jede heutzutage bekannte Isolierung zu durchschlagen. Jeder Mensch, der zum Zeitpunkt der Explosion eine Telefonleitung berührt, befindet sich in großer Gefahr.

Der EMP wurde schon im Jahre 1962 von amerikanischen Wissenschaftlern beobachtet, als sie ein nukleares Experiment durchführten. Sie brachten eine Kernwaffe mit einer Sprengkraft von eineinhalb Megatonnen 400 km über dem Pazifik zur Explosion. Im 1.500 km entfernten Hawaii gab es schwere Elektronikschäden. Es wurden beispielsweise 300 Straßenbeleuchtungskörper zerstört. Außerdem wurden Alarmanlagen ausgelöst, schmolzen Starkstromleitungen und explodierten Fernsehapparate. Durch den EMP werden integrierte Schaltungen zerstört.

Radioröhren sind 1 Milliarde mal widerstandsfähiger gegenüber dem EMP als integrierte Schaltungen. Die Russen wussten dies schon lange, deshalb wurden z. B. im russischen Abfangjäger MIG 25 Foxbat nur Röhren verwendet. Dies macht das Kampfflugzeug unempfindlich gegenüber den Wirkungen des elektromagnetischen Impulses. Außerdem soll die MIG 25 eine zweifache Außenhaut besitzen, um das Eindringen elektromagnetischer Strahlung zu verhindern. Amerikanische Wissenschaftler stellten dies 1976 fest, als ein sowjetischer Pilot zu den Japanern überlief und die Wissenschaftler sein Flugzeug zerlegten. Sie lachten über die Entdeckung, weil sie die Verwendung von Röhren im Jahre 1976 für primitiv erachteten. 1977 wurde vom Pentagon das Handbuch über die Auswirkungen von Nuklearwaffen überarbeitet. Nun fand sich darin der Hinweis, dass die Verwendung von Röhren empfohlen wird. In der Tat waren die Sowjets auf dem neuesten Stand. In einem neueren Kriegshandbuch war zu lesen, dass der Gegner überrumpelt werden kann, wenn Nuklearexplosionen in großer Höhe ausgelöst werden, welche die Steuer- und Kommunikationssysteme zerstören. Ein EMP zerstört auch die Elektronik von Satelliten.

Wie kann man sich selbst gegen die Wirkungen eines elektromagnetischen Impulses schützen? Dies ist nicht unmöglich, aber sehr schwierig. Sie können keine Telefonleitung unempfindlich machen, aber Sie können ein einzelnes Gerät schützen. Sie könnten z. B. ein Radio in eine Alufolie wickeln.

Wenn Sie in einem modernen Flugzeug sitzen und eine Kernwaffe einige tausend Kilometer entfernt explodiert, würde das Flugzeug wie ein Stein vom Himmel fallen. 1970 wurde von Boeing begonnen, einige Jumbo-Jets 747 zu schützen. Dazu wurden die Kabel geschirmt und Drahtgitter an den Fenstern angebracht. Bei der Prüfung wurde festgestellt, dass etwa 12.000 Stromkreise, die für den Betrieb des Flugzeugs von Wichtigkeit sind, durchgebrannt waren. Später begann man bei Boeing ganz von vorn und machte die 747 gleich von Anfang an widerstandsfähiger. Es entstand ein Flugzeug ohne Fenster zum fünffachen Preis einer normalen Boeing 747. Nun war es gegen einen elektromagnetischen Impuls unempfindlich – es war das einzige EMP-sichere Passagierflugzeug, das jemals gebaut wurde.

1980 bauten die Amerikaner eine Vorrichtung, um die Auswirkungen eines elektromagnetischen Impulses zu testen. Es war ein riesiges 17 Stockwerke hohes Holzgerüst. Es wurde absolut metallfrei gebaut und kostete 60 Millionen Dollar. Das Gerüst konnte einen voll beladenen Fernbomber B52 tragen. Das Problem war aber, dass nur etwa 50 % eines elektromagnetischen Impulses erzeugt werden konnte, den eine Kernwaffe erzeugen würde.

Im Jahre 1981 stellt Präsident Reagan 20 Milliarden Dollar bereit, um die amerikanischen Kommunikationssysteme zu erneuern. In der Schweiz werden die Gefahren durch elektromagnetische Impulse schon längst ernst genommen. Alle militärischen Computer sind in einer Tiefe von 600 m verborgen.

In Europa befinden wir uns immer noch in der Situation, dass eine einzelne, hoch über der Atmosphäre explodierende 10-MT-Nuklearwaffe die gesamte zivile elektronische Kommunikation und alle Starkstromleitungen zerstören würde.

Es gibt Tausende von Satelliten in der Umlaufbahn. Irgendeiner von ihnen könnte mit einer Kernwaffe ausgerüstet sein. Wenn die Waffe gezündet wird, werden Röhren und isolierende Gegenstände den Angriff überstehen.

Der von einer Nuklearwaffe stammende EMP wird auch NEMP genannt. Das „N“ steht für „Nuklear“.

In den folgenden Kapiteln werden wir uns mit vergleichsweise harmlosen EMP-Generatoren beschäftigen, mit denen beispielsweise ein Funkwecker, ein Spielautomat oder ein RFID gestört werden kann.

3 Mini-EMP-Generator (Version I) mit Leistungs-MOSFET (Reichweite ca. 10–15 cm)

In *Abb. 22* wird die Schaltung eines Mini-EMP-Generators gezeigt, dessen EMP-Spule von einem Leistungs-MOSFET angesteuert wird. Die Schaltung arbeitet mit einem Tastverhältnis von 1 : 1 bzw. 50 %. Werden elektronische Bauelemente in die Nähe der EMP-Spule gebracht, können diese zerstört werden. So ist es z. B. möglich, dass sich Dioden, Transistoren oder ICs für immer verabschieden.

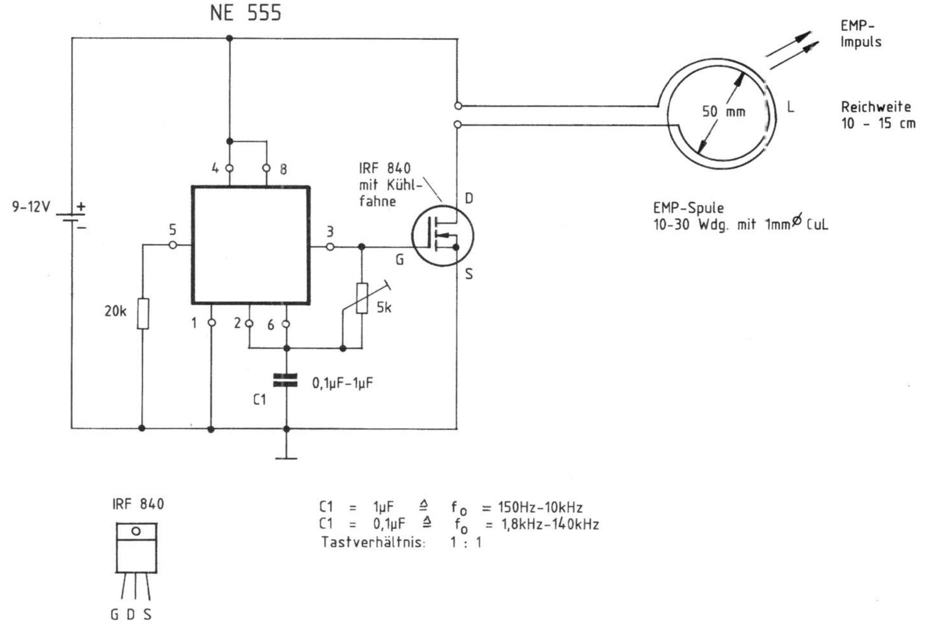

Abb. 22: Mini-EMP-Generator (Version I)

Der kleine EMP-Generator passt in jede Hosentasche. Er kann mit einer oder mit zwei 9-V-Alkali-Mangan-Batterien oder einem Nickel-Cadmium-Akku gespeist werden. Trotz des hohen Impulsstroms wird der MOSFET-Transistor nicht zerstört. Die Arbeitsfrequenz kann mittels des 5-kΩ-Trimmers und der Auswahl von C1 zwischen 150 Hz und 140 kHz eingestellt werden. Damit sich der kleine EMP-Generator durch seine Impulse nicht selbst zerstört, sollte die EMP-Spule zum 555, dem MOSFET und der Batterie etwas Abstand halten.

4 Mini-EMP-Generator (Version II) mit Überspannungsableiter (Reichweite 30–100 cm)

Die in *Abb. 23* gezeigte Version eines Mini-EMP-Generators hat eine größere Reichweite wie der unter Punkt 3 beschriebene Generator. Nach Erreichen der Durchschlagspannung am Überspannungsableiter entlädt sich der Kondensator C über die EMP-Spule, wodurch im Umfeld ein elektromagnetischer Impuls erzeugt wird. Der Überspannungsableiter schlägt völlig lautlos durch. Mittels eines größeren Kondensators C, eines Überspannungsableiters mit höherer Durchschlagspannung (600 V) und eines höheren Drahtdurchmessers der EMP-Spule kann die Reichweite des EMP-Generators erhöht werden. Die Applikation steht und fällt natürlich mit leistungsfähigen

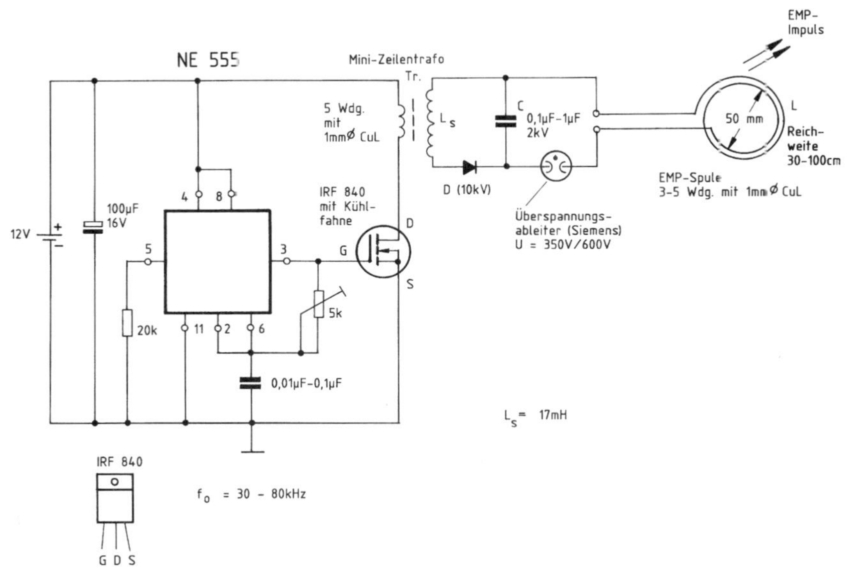

Abb. 23: Mini-EMP-Generator (Version II)

Batterien. Da ein Mini-Zeilentrafo sehr schwierig aufzutreiben ist, kann auch ein normaler Zeilentrafo aus einem alten Schwarzweiß-Fernseher oder aus einem alten Schwarzweiß-PC-Monitor verwendet werden. Der kleine EMP-Generator sollte nicht in der Nähe empfindlicher elektronischer Geräte, wie z. B. Spielautomaten oder Kreditkartenlesegeräten, betrieben werden.

5 EMP-Generator mit Relais-Timer

Die in *Abb. 24* angegebene Schaltung eines EMP-Generators arbeitet mit einem gepulsten Relais, dessen a-Kontakt hohe Impulsströme verkraften muss. Ein im Gegentakt arbeitender Sinus-Generator erzeugt über einen Mini- oder Klingeltrafo ca. 120 V Wechselspannung, die mittels eines Verdreifachers auf ca. 400 V Gleichspannung angehoben wird. Die Höhe des EMPs hängt dann von der Größe der Kapazität C_x ab. Ist der Strom durch die EMP-Spule zu hoch, kann der Relaiskontakt kleben bleiben. Es sollte also ein hochbelastbares Relais aus der Kfz-Technik verwendet werden. Die Impulswiederholfrequenz kann mit dem 100-kΩ-Trimmer justiert werden.

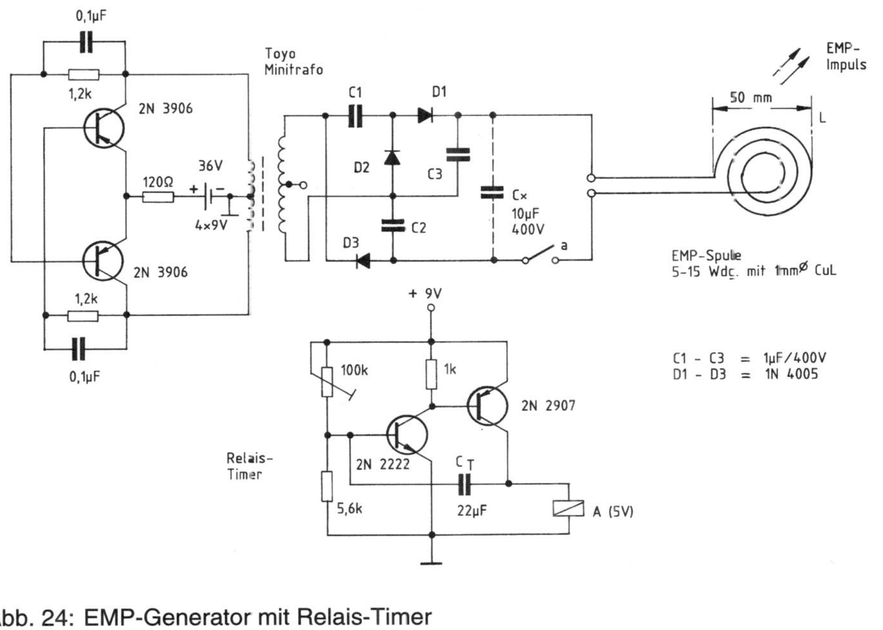

Abb. 24: EMP-Generator mit Relais-Timer

6 Mini-Plasmagenerator mit Zeilentrafo

Die in *Abb. 25* gezeigte Schaltung erzeugt keine EMPs, sondern ist eine Art billiger Teslagenerator, wie er beispielsweise für Plasmakugeln Verwendung findet. Durch seine hohe HF-Spannung ist er in der Lage, in unmittelbarer Nähe befindliche Halbleiter und ICs vorübergehend oder für immer lahm zu legen. Außerdem findet die HF-Spannung immer einen Weg durch Filter, als wenn diese nicht vorhanden wären.

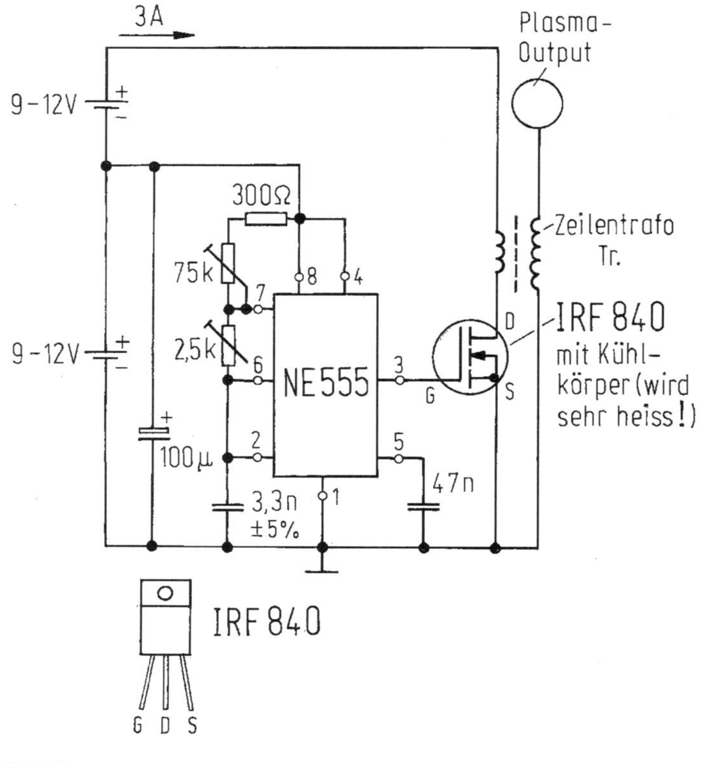

Abb. 25: Mini-Plasmagenerator mit Zeilentrafo

Mit dem 25-kΩ-Timmer kann die Eigenresonanzfrequenz des Schwarzweiß-Zeilentrafos eingestellt werden, sodass am Plasma-Output bis zu 2 cm lange Funkenüberschläge (Streamer) entstehen. Spiel-, Getränke- und Geldwechselautomaten sind bevorzugte Opfer dieses Plasma- bzw. Teslagenerators. Mit Hochspannungsgleichrichterdioden versehen, eignet sich die Schaltung besonders zur Aufladung von Hochspannungskondensatoren. Mit den geladenen Kondensatoren können dann z. B. Magnetrons gepulst werden. Nicht zuletzt kann der Plasmagenerator auch zur Erzeugung von Ionen und Ozon genutzt werden. Die Schaltung benutzt einen 555-Timer-Baustein zur Taktfrequenzerzeugung.

Um den Zeilentrafo in die Eigenresonanz zu fahren, sollte mittels eines Luftspalts eine Sekundär-Induktivität von ca. 0,6 H angestrebt werden. Bei 30 Windungen Primärwicklung liegt die Eigenresonanz dann bei etwa 70 kHz. Die Batterie sollte in der Lage sein, mindestens 5 A bereitzustellen. Zur Gleichrichtung der Plasma-Ausgangsspannung empfiehlt sich die Einweggleichrichtung mit 2–3 Hochspannungsdioden von etwa je 16.000 V Sperrspannung und 250 mA Durchlassstrom.

7 Tesla-/Mikrowellen-Richtstrahler (Version I) mit 50–100 Metern Reichweite

Die in *Abb. 26* gezeigte Schaltung strahlt laut unbestätigten Berichten aufgrund von Wirbelfeldern nicht nur Mikrowellenenergie in der Größenordnung von Haushalts-Mikrowellengeräten in Rohrachse aus, sondern auch EMPs im Nanosekunden-Bereich. Für die EMP-Aussendung ist der Teslagenerator verantwortlich. Mit den erzeugten EMPs und dem Mikrowellenstrahl sollen angeblich elektronische Bauelemente auf 50–100 m Entfernung zerstört werden können.

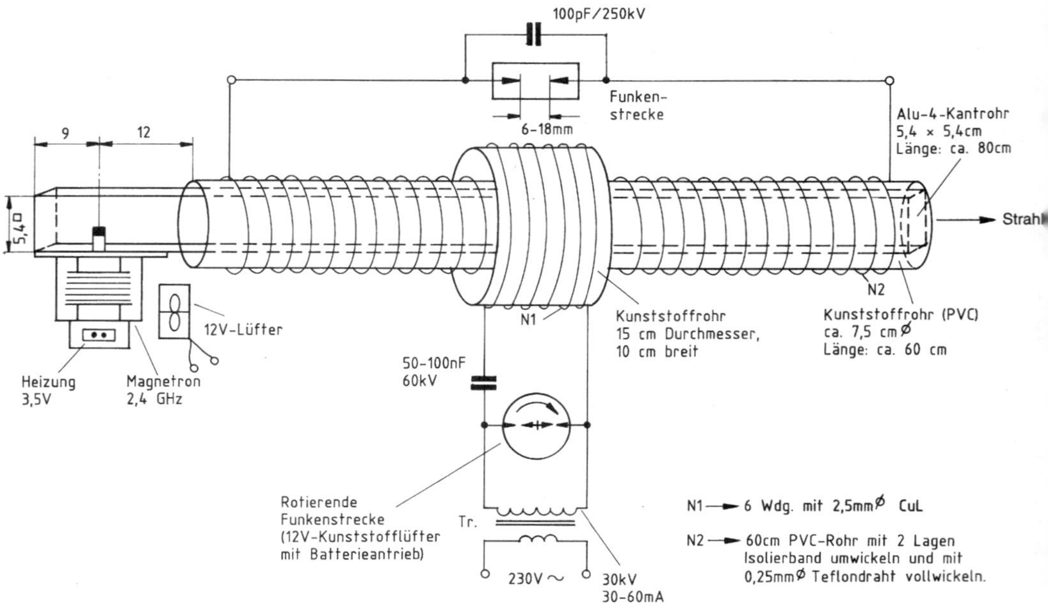

Abb. 26: Tesla-Mikrowellenrichtstrahler (Version I)

Durch die gebündelte Energie von Mikrowellen und EMPs sollen sogar Spulen und Trafos aus größerer Entfernung zerstört werden können.

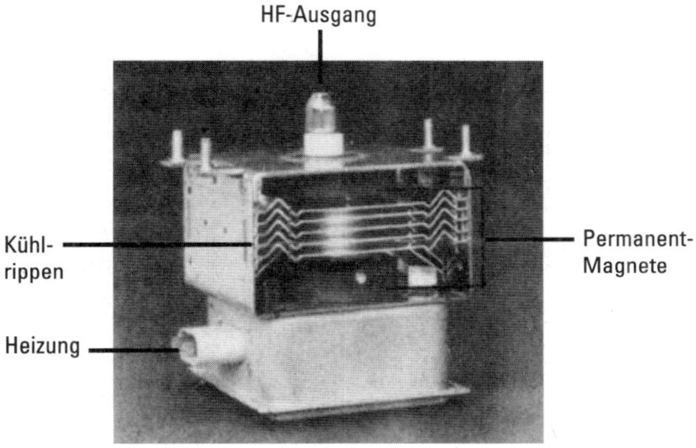

Abb. 26a: Magnetron aus Haushaltsmikrowellenherd

Das Magnetron aus *Abb. 26*, dessen Schaltung in *Abb. 27* angegeben ist, wird am Ende des Alu-Vierkantrohrs befestigt. Die Sendeantenne des Magnetrons muss in genau 9 cm Abstand vom linken verschlossenen Ende des Vierkantrohrs befestigt werden. Zur Ansteuerung des Teslatrafos wird ein 30-kV-Hochspannungstrafo benötigt. Hierzu eignen sich z. B. alte Ölhei-

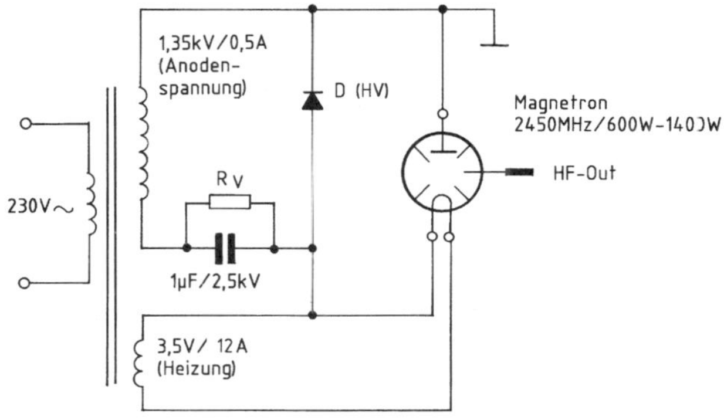

Abb. 27: Magnetron-Schaltung

zungstrafos. Zur Erregung des Teslatrafos ist eine rotierenden Funkenstrecke vorgesehen. In *Abb. 28* wird die Konstruktion der Funkenstrecke gezeigt. Auf den Rotor eines 12-V-Kunststofflüfters wird ein dicker Nagel oder ein aus einer Zink-Kohle-Batterie stammender Graphitstab aufgeklebt. Auf keinen Fall dürfen sich irgendwelche Funkennebenstrecken bilden.

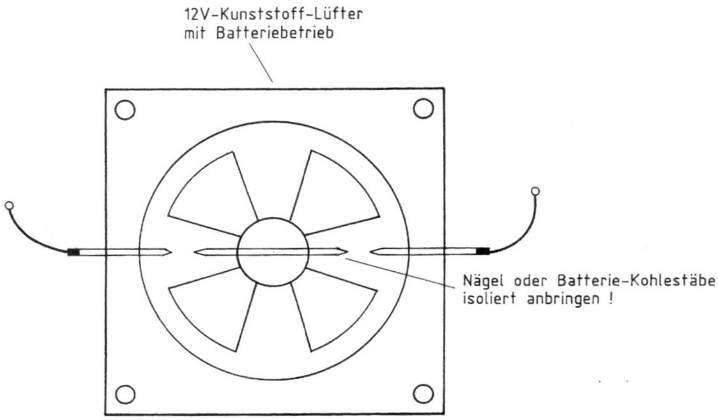

Abb. 28: Rotierende Funkenstrecke

Es versteht sich von selbst, dass mit dem Richtstrahler nicht auf Menschen oder Tiere gezielt werden darf. Da Mikrowellen an Metallgegenständen reflektiert werden können, ist der Experimentator auch selbst gefährdet. Er sollte sich deshalb mit einer Sichtblende aus Maschendraht (Fliegengitter) weitgehend abschirmen. Ein Schutzanzug aus Alufolie würde optimalen Schutz gewährleisten.

Es ist noch völlig ungeklärt, wie außer den Mikrowellen auch EMPs im Nanosekunden-Bereich entstehen. In diesem Zusammenhang sei auf das erste Kapitel mit den Wirbelfeldern verwiesen, deren Ursache ebenfalls noch im Dunkeln liegt.

Autor und Verlag übernehmen keine Verantwortung für die missbräuchliche Verwendung des Tesla-/Mikrowellen-Richtstrahlers.

8 Tesla-/Mikrowellen-Richtstrahler mit Parabolantenne (Version II)

Auch die Funktion des in *Abb. 29* angegebenen Tesla-/Mikrowellenrichtstrahlers soll auf Wirbelfeldern beruhen. Da die Reichweite bis zu 1 km betragen soll, ist größte Vorsicht geboten. Es darf keinesfalls auf Menschen, Tiere oder elektronische Geräte gezielt werden. Auch bei diesem Gerät übernehmen Autor und Verlag keinerlei Haftung für eine missbräuchliche Verwendung. Durch die Kombination aus Teslagenerator und Mikrowellengenerator entstehen auch hier wieder gerichtete Mikrowellen und EMPs im Nanosekunden-Bereich. Die Schaltung stammt aus den USA und ist ebenso wie die zuvor in Abb. 26 gezeigte Schaltung physikalisch betrachtet etwas

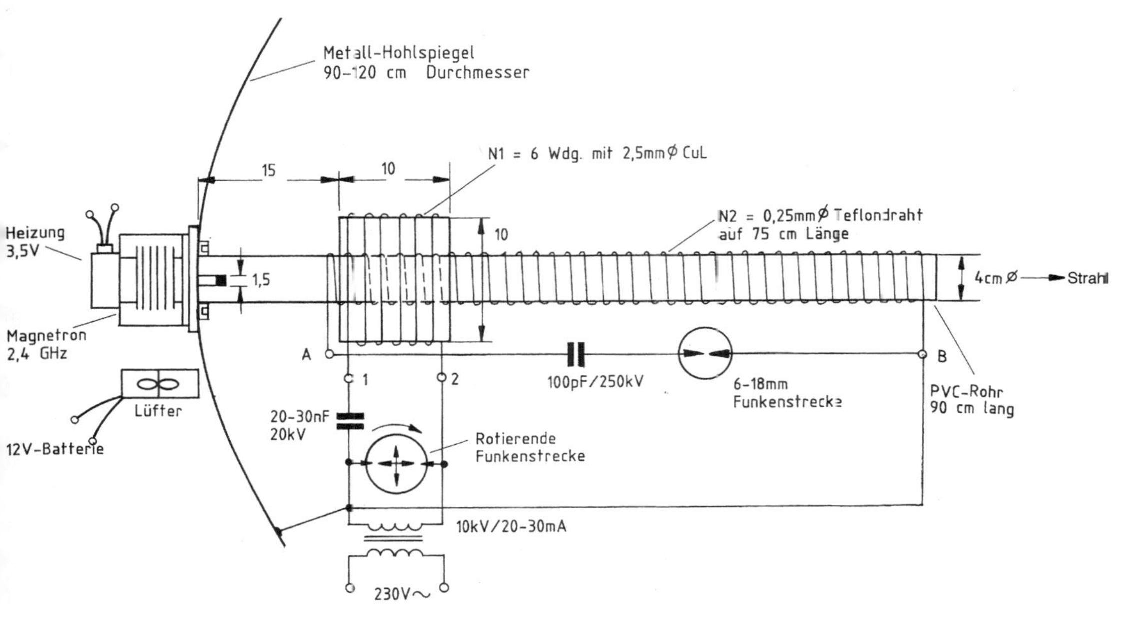

Abb. 29: Tesla-/Mikrowellenrichtstrahler mit Parabolantenne

suspekt. Die Schaltung des Mikrowellengenerators ist in *Abb. 30* angegeben. *Abb. 31* zeigt einen anderen Aufbau einer rotierenden Funkenstrecke.

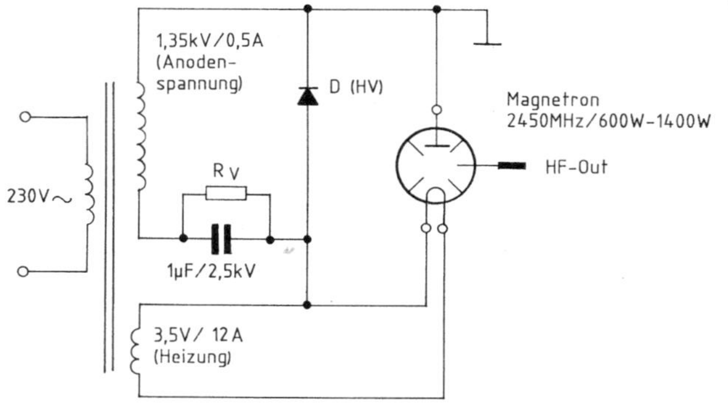

Abb. 30: Magnetron-Schaltung

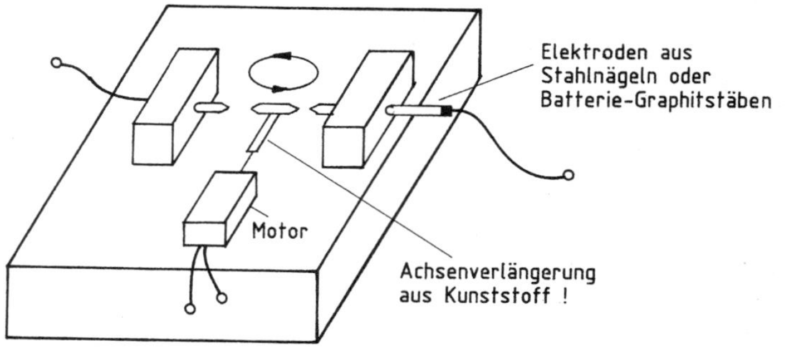

Abb. 31: Rotierende Funkenstrecke mit Gleichstrommotor

9 Tesla-Skalarwellengenerator

Ein höchst merkwürdiger Generator ist in *Abb. 32* angegeben. Es soll sich laut US-Quelle um eine Art Skalarwellengenerator handeln. Die Funktion ist

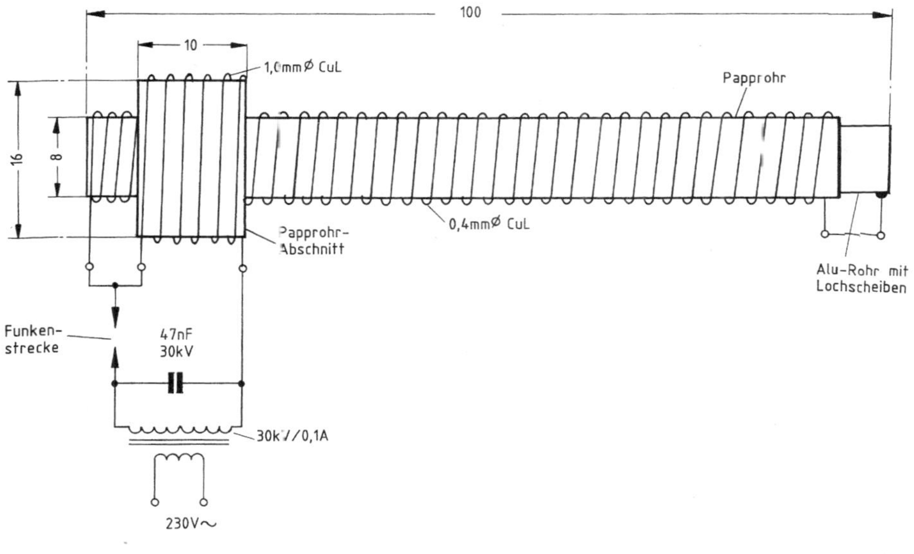

Abb. 32: Tesla-Skalarwellengenerator

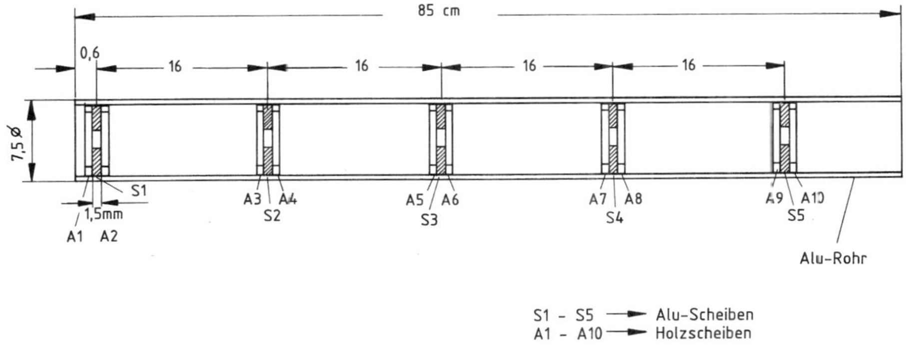

Abb. 33: Rohr mit Aluscheiben

äußerst undurchsichtig und steht vermutlich wieder im Zusammenhang mit Wirbelfeldern. Durch die Abstandshalter aus mehreren gezackten ALU-Scheiben entsprechend *Abb. 33* und *Abb. 34* sollen laut der unbekannten Quelle Skalarwellen bzw. Wirbelfelder entstehen, die gerichtet abgestrahlt werden können.

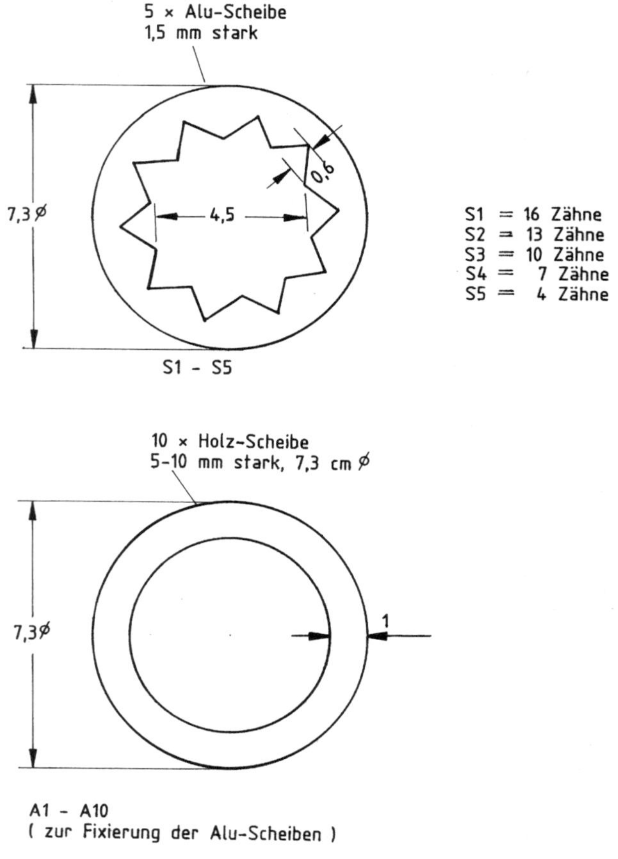

Abb. 34: Gezackte Aluscheiben

Die Abstandshalter sind quasi Wellenleiter, welche die richtigen Wirbelfelder verstärken und abstrahlen. Was hier noch Realität oder Science-Fiction ist, lässt sich schwer beurteilen.

10 Pseudo-Maser

Ein Pseudo-Maser ähnelt einem Laser. Er arbeitet aber nicht mit kohärentem Licht, sondern mit Mikrowellen. Die Abkürzung MASER bedeutet „Microwave Amplification by Stimulated Emission of Radiation“ (deutsch: Mikrowellenverstärkung durch stimulierte Strahlungsemission). Der hier beschriebene Pseudo-Maser hat mit einem echten Maser nur den Namen gemeinsam. Ein roter Laser hat z. B. eine Wellenlänge von etwa 633 Nanometern, während ein Mikrowellenmaser z. B. eine Wellenlänge von 3 cm aufweist.

Ein Laser erzeugt einen Strahl kohärenten Lichts. Der Pseudo-Maser in unserem Beispiel generiert einen scharf gebündelten Strahl konzentrierter Mikrowellen. Echte Maser arbeiten mit chemischer Anregung als Gas- oder Kristallmaser. Die Magnetrons gebräuchlicher Mikrowellenherde im Haushalt liegen im Bereich zwischen 600 und 2.000 Watt. Leistungsfähige Großküchengeräte verfügen über Mikrowellen-Leistungen zwischen 3.000 und 5.000 Watt.

Zum Aufbau eines Maser-ähnlichen Systems entsprechend *Abb. 35* sollte ein 3.000-Watt-Magnetron verwendet werden. Auf ein dünnwandiges Metallrohr werden ringförmige Magnete aufgebracht, welche beim Ausschlachten alter Magnetrons anfallen. Das Magnetron zuverlässig zu befestigen, erfordert etwas handwerkliches Geschick. Selbstverständlich muss das Magnetron mittels eines großen Lüfters gekühlt werden. Um den Maser-Strahl auszu-

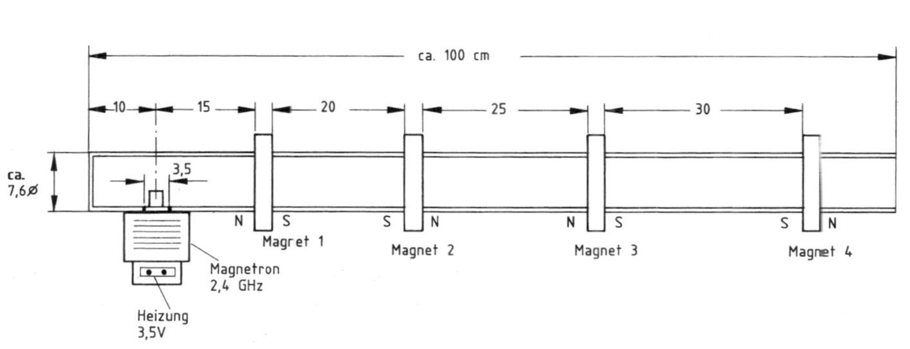

Abb. 35: Pseudo-Maser

richten, muss der erste Ringmagnet genau 15 cm von der Einkopplungsantenne entfernt justiert werden. Zur besseren Fixierung des Magnetrings können einige Lagen Isolierband auf dem Metallrohr aufgebracht werden. Der Ring muss exakt senkrecht zum Rohr ausgerichtet werden. Bei zu starken Abweichungen wird der Strahl nicht sauber kollimiert. Dann folgen die nächsten Ringmagnete entsprechend den in Abb. 35 angegebenen Abständen. Die Ansteuerung des Pseudo-Masers kann auch mit einem Haushaltsmagnetron erfolgen, dessen Schaltung in *Abb. 36* angegeben ist. Zur Endeinstellung des Strahls wird ein an einer Wäscheleine hängender nasser Waschlappen unter „Feuer" genommen. Der Strahl trocknet den Waschlappen aus. Je nach ausgestrahlter Leistung (ab 3.000 Watt) kann der Waschlappen auch in Flammen aufgehen.

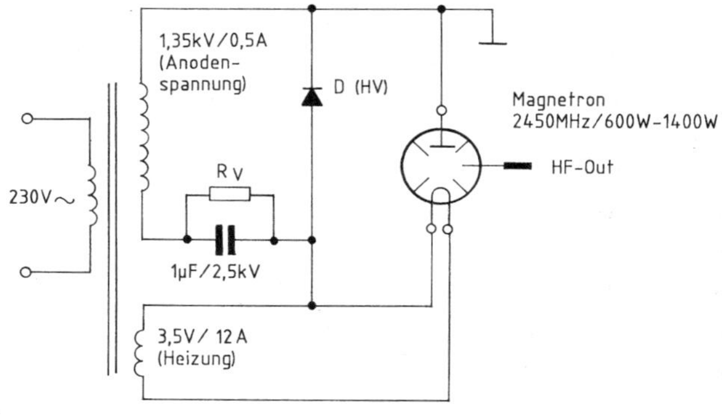

Abb. 36: Magnetron-Schaltung für Haushaltsmikrowellenherde

Derartige Versuche können nur mit Alu-Schutzkleidung und Augenschutzgitterbrillen durchgeführt werden, da die Strahlen von Metallgegenständen zurückgeworfen werden können.

11 Hochenergie-Impulsgenerator

Im Folgenden wird ein Hochenergie-Impulsgenerator beschrieben, der sich als Basisgerät für viele interessante Experimente eignet. So kann damit z. B. eine kleine elektrothermische Plasmakanone oder ein Massenbeschleuniger betrieben werden. Des Weiteren lässt sich damit eine Drahtexplosionsvorrichtung und ein Blechdosenknacker bauen.

Doch nun zur Grundschaltung des Hochenergie-Impulsgenerators in *Abb. 37*. Der Ladekondensator C_{Lade} am rechten oberen Bildrand kann auf 500–4.000 V aufgeladen werden. Je nach Kapazität kann eine Energie bis zu mehr als 5.000 Ws (J) gespeichert werden. Solbald die gewünschte Ladespannung am 100-kΩ-Potentiometer eingestellt ist, bleibt diese auf dem gewünschten Wert, bis mit der Taste S1 der Befehl „Feuer" gegeben wird. Wenn anschließend die Ladetaste erneut gedrückt wird, geht der Ladevorgang von neuem los. Der Ladekondensator C_{Lade} wird von dem Hochspannungstrafo T1 über einen Graetz-Gleichrichter aufgeladen. Damit sich die gespeicherte Energie über R_{Last} und L_{Last} entladen kann, wird über die Zündelektrode Z ein mittels Zündtrafo T2 erzeugter Hochspannungsimpuls auf die Funkenstrecke gegeben. Der Abstand zwischen den Elektroden E1 und E2 sollte mindestens dreimal so hoch sein, wie der normale Durchschlagabstand bei der verwendeten Betriebsspannung. Am Instrument U_L kann die am 100-kΩ-Poti eingestellte Ladespannung abgelesen werden. Mittels einer Komparatorschaltung mit dem LM741 wird der vorgegebene Spannungspegel am Speicherkondensator (C_{Lade}) automatisch aufrechterhalten. Um den Ladevorgang bei Gefahr vorzeitig abzubrechen, muss die Ladetaste S3, die normalerweise geschlossen ist, geöffnet werden.

Die gelbe LED leuchtet auf, wenn die Ladespannung ihren programmierten Wert erreicht hat. Die Funktion des Zündimpulsgenerators mit Thyristor und Zündtrafo wurde in den bisher erschienenen Experimental-Büchern bereits ausführlich beschrieben.

Bei einem speziellen Experiment wurden 10 Energiebanken mit je 50 ölgefüllten 32-µF/4.500-V-Kondensatoren parallel geschaltet. Dies ergab eine gespeicherte Gesamtenergie von 130.000 Ws (J). Um die bei blitzartigen Entladungen entstehenden Megawatts sicher zu handhaben, sind fingerdicke

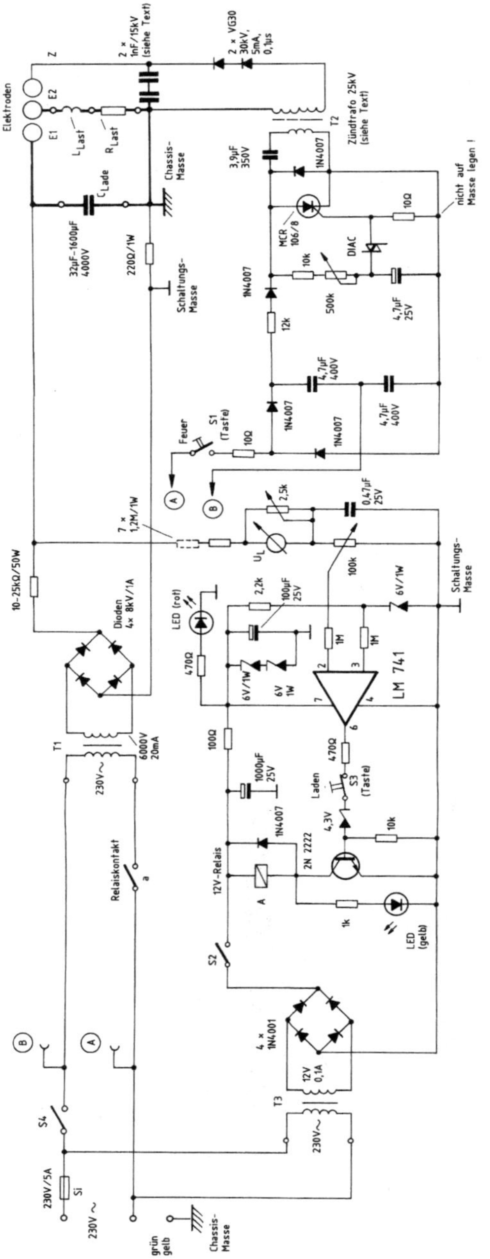

Abb. 37: Hochenergie-Impulsgenerator

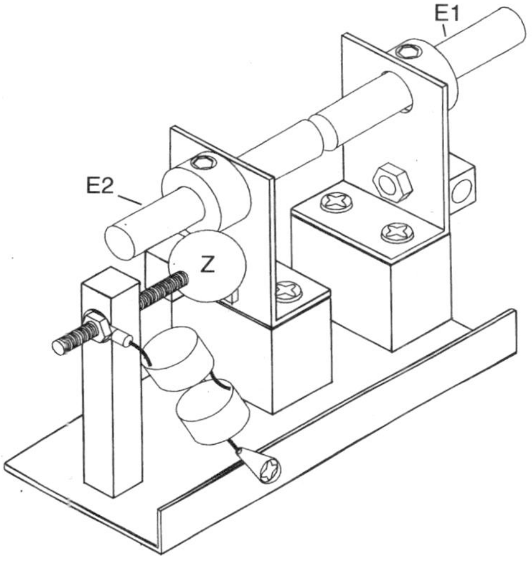

Abb. 38: Funkenstrecke mit Zündelektrode

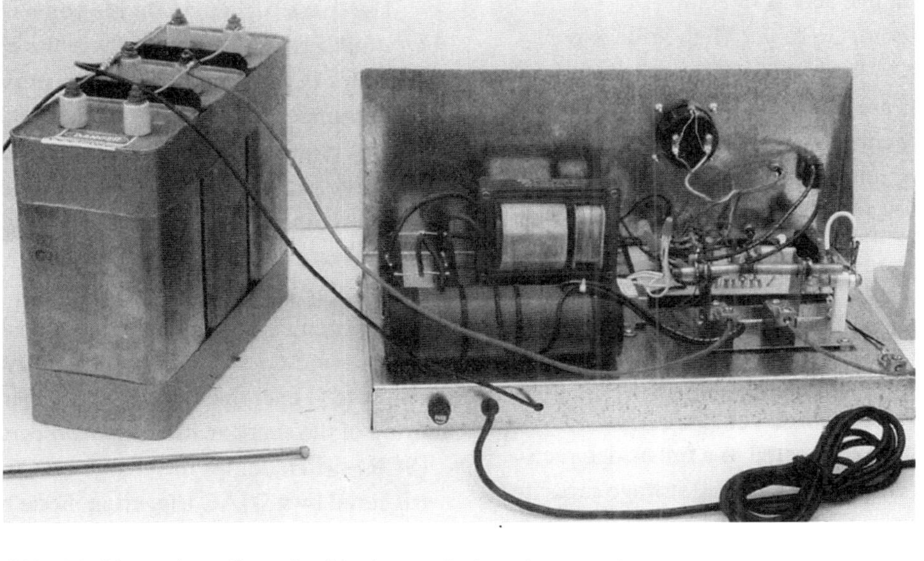

Abb. 39: Versuchsaufbau des Hochenergie-Impulsgenerators

Drahtstärken von den Kondensatoren zur Last vorzusehen. Für einen zuverlässigen Personenschutz sind Explosionsabschirmschutzbleche unbedingt erforderlich. Das Laden der 10 Banken nimmt etwa 2 Stunden in Anspruch. Von derlei Monster-Entladungen ist Hobby-Wissenschaftlern in jedem Fall abzuraten.

Aus *Abb. 38* ist die Entladefunkenstrecke mit den beiden stabförmigen Wolfram- oder Stahlelektroden E1 und E2 zu sehen. Es ist erstaunlich, dass die Anordnung der kugelförmigen Zündelektrode keine Probleme macht. Aus *Abb. 39* ist ein Versuchsaufbau mit 3 extern angeschlossenen ölgefüllten Hochspannungskondensatoren zu ersehen.

Wer an einer detaillierten Bauanleitung des Hochenergie-Impulsgenerators interessiert ist, kann sich gerne an den Autor wenden.

12 Elektrothermische Plasmakanone

Bei der im Folgenden beschriebenen elektrothermischen Plasmakanone dient der Hochenergie-Impulsgenerator aus Kapitel 11 zur Energieversorgung. Mittels elektrothermischer Energie, die beim Verdampfen eines Aluminium-, Messing- oder Kupferdrahtes entsteht, wird ein Projektil stark beschleunigt. Falls nur 2–3 Hochspannungskondensatoren mit je 32 µF/4.500 V verwendet werden, ist die Plasmakanone nicht besonders gefährlich. Die Projektilenergie bewegt sich in moderaten Grenzen. Ab 100.000 Ws ist das Projektil noch lange nicht so schnell wie eine Pistolenkugel, aber trotzdem nicht ganz ungefährlich. *Abb. 40* zeigt ein Foto der Einzelteile der elektrothermischen Plasmakanone. Links im Bild sind der Verschlussstopfen und die hintere Halterung zu sehen. Das Kunststoffrohr in der Mitte des Bildes dient zur Aufnahme des linken Verschlussstopfens und des rechts abgebildeten Projektillaufs. Rechts ist die vordere Halterung der Plasmakanone mit der Stromzuführung

Abb. 40: Einzelteile der elektrothermischen Plasmakanone

zu erkennen. Die Abmaße der verwendeten Einzelteile sind den *Abb. 41–43* zu entnehmen. Aus Abb. 41 sind oben die Abmaße des Laufs und unten des Verschlussstopfens zu entnehmen.

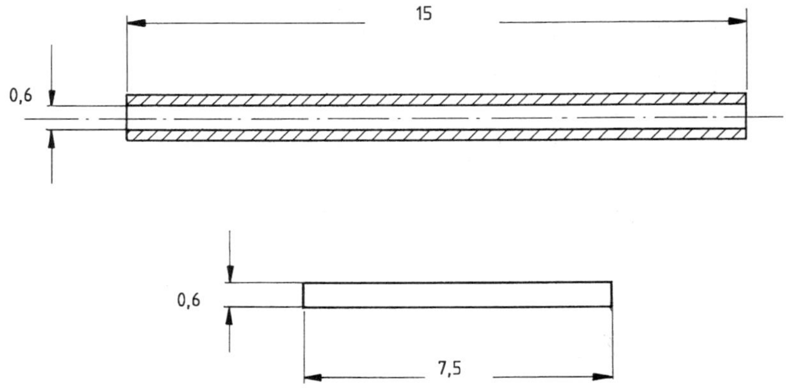

Abb. 41: Lauf und Verschlussstopfen

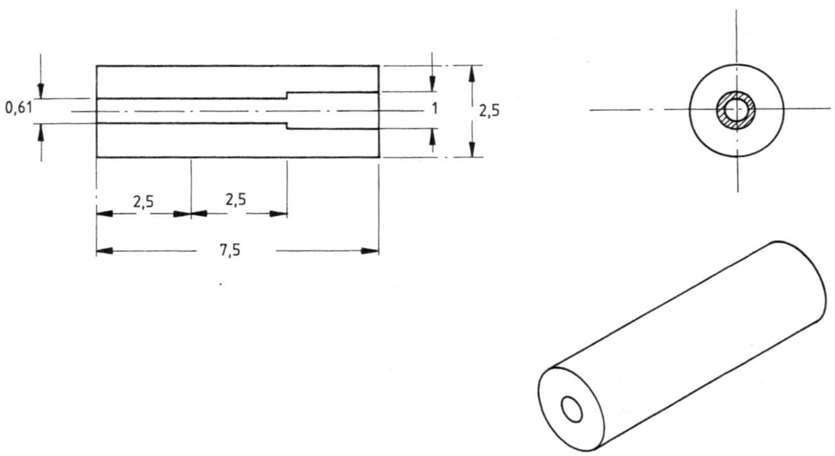

Abb. 42: Brennkammer

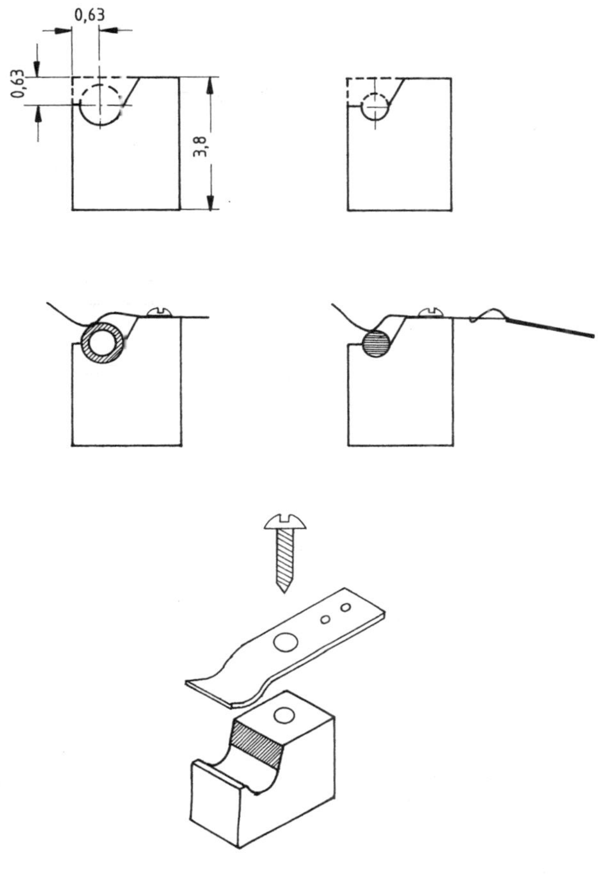

Abb. 43: Lager zur Fixierung der Brennkammer

Die Abmaße der „Brennkammer“ der Plasmakanone, bestehend aus Teflon oder PVC, sind in Abb. 42 angegeben. Die beiden Lager zur Fixierung der „Brennkammer“ einschließlich der Kontaktgabe werden in Abb. 43 gezeigt.

In *Abb. 44* ist zu sehen, wie die Einzelteile zusammengesteckt werden. Der verdampfende Draht in der „Brennkammer“ erzeugt eine Druckwelle, mit der das Projektil beschleunigt wird. In *Abb. 45* ist die zusammengebaute Plasmakanone in Aktion zu sehen. Damit einem die Kanone nicht um die Ohren fliegt, darf sie nur hinter einem Schutzschild aus Holz betrieben werden. Die Kanone sollte aus Sicherheitsgründen nicht mit höheren Energien als 5.000 Ws (J) betrieben werden.

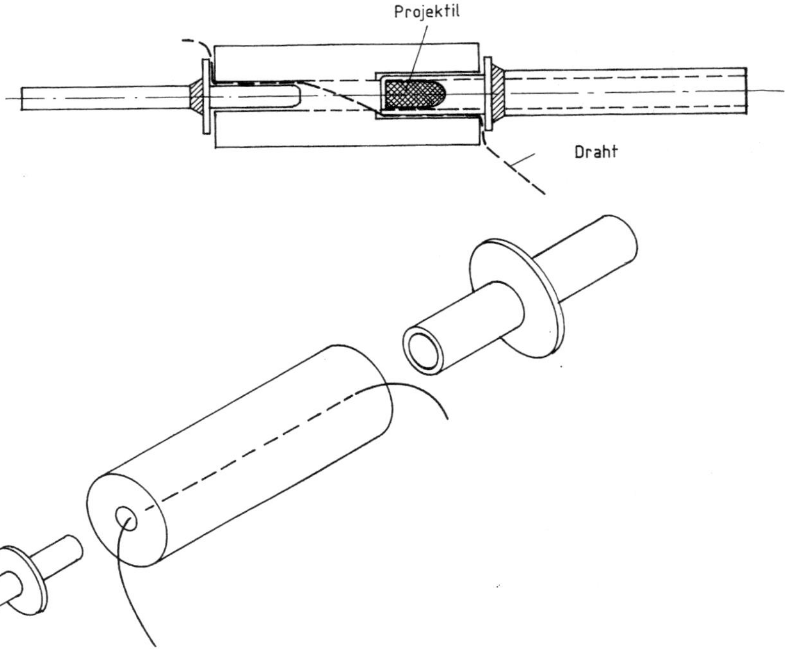

Abb. 44: Die zusammengesteckten Teile der Plasmakanone

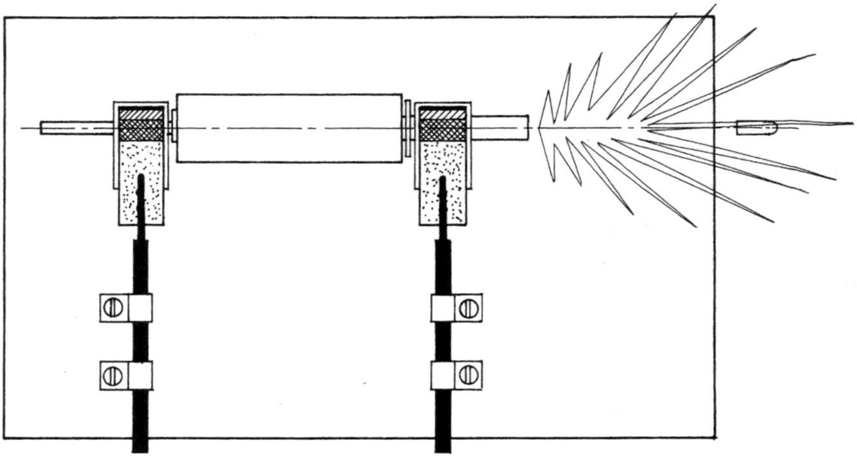

Abb. 45: Plasmakanone in Aktion

In *Abb. 46* ist die Gesamtanordnung bestehend aus Hochenergie-Impulsgenerator, Ladekondensatoren und elektrothermischer Plasmakanone zu sehen. Die Drossel mit 3 Windungen aus 2 mm starkem Kupferdraht ist nicht unbedingt erforderlich. Sie soll einen Kurzschluss des Trigger-Impulses verhindern, den Hauptentladungsimpuls jedoch ungehindert passieren lassen. Gut geeignet ist der Kern eines Zeilentrafos aus einem alten Schwarzweiß-Fernseher.

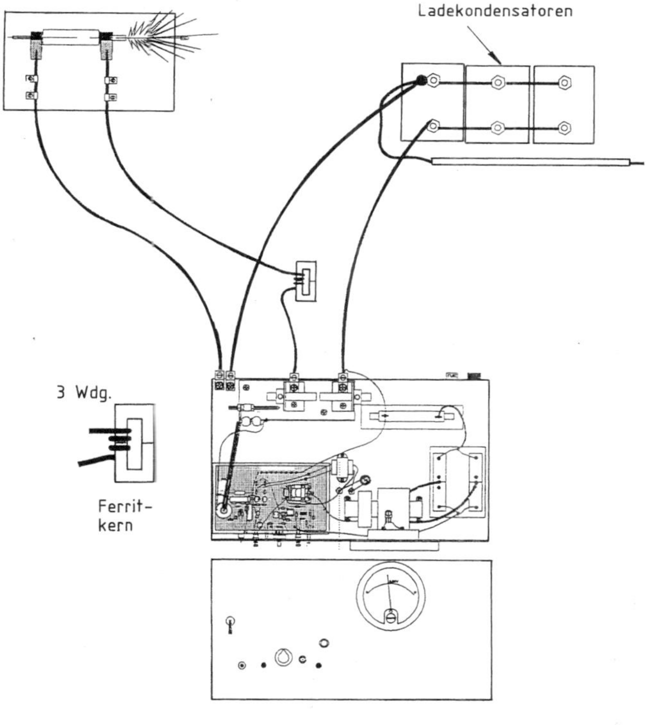

Abb. 46: Gesamtanordnung mit Hochenergie-Impulsgenerator, Ladekondensatoren und Plasmakanone

13 Massenbeschleuniger (Version I)

In *Abb. 47* wird entsprechend der Lenz'schen Regel eine Lochscheibe aus Aluminium (etwa 100 g) mit hoher Geschwindigkeit weggeschleudert. In *Abb. 48* ist die Funktionsweise nochmals vereinfacht dargestellt. Durch Einschalten des Magnetfelds entsteht eine Flussänderung. Dadurch wird in dem

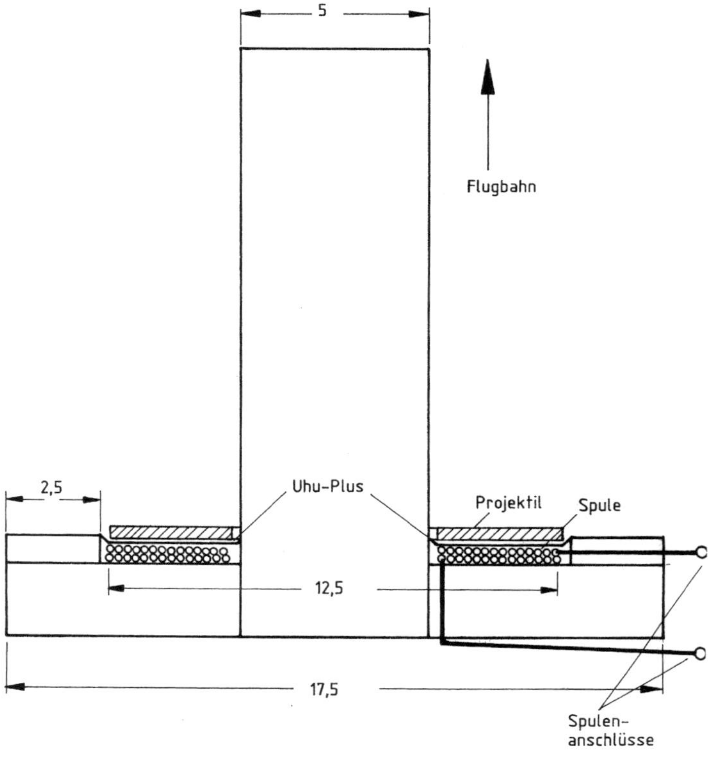

Abb. 47: Projektil-Startrampe für Massenbeschleuniger (Version I)

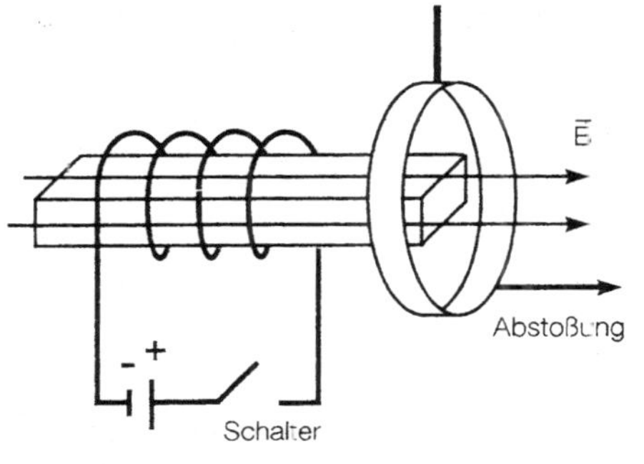

Abb. 48: Funktionsweise eines Massenbeschleunigers (vereinfachte Darstellung)

Ring ein Strom induziert. Der Strom erzeugt ein Magnetfeld, sodass der Ring sich wie ein Stabmagnet verhält. Das Feld des „Ringmagneten" ist so gerichtet, dass sein Magnetfeld dem Spulenfeld entgegenwirkt, um so die Ursache des Ringstroms abzuschwächen. Da sich gleichnamige Magnetpole abstoßen, wird der Ring weggeschleudert. In Hochgeschwindigkeitsanwendungen darf kein ferromagnetischer Kern in der Spule sein, da dieser in die Sättigung geraten würde.

Damit die Spule, auf welche die Gegenkraft wirkt, nicht verformt wird, muss die Mechanik äußerst stabil aufgebaut werden. In *Abb. 49* ist der Spulenhalter dargestellt. Die Anordnung muss komplett aus Kunststoff bestehen. Zur

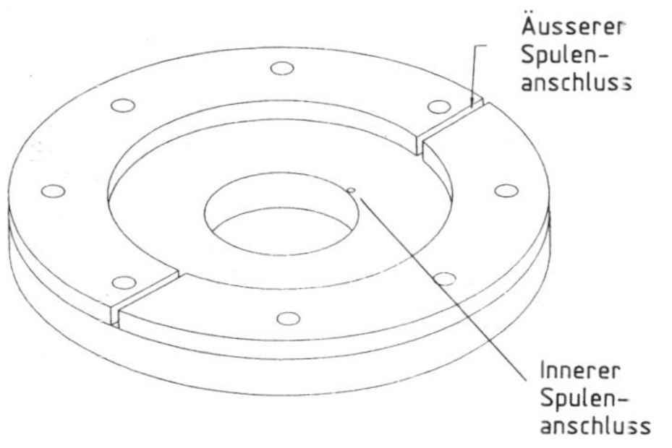

Abb. 49: Spulenhalter

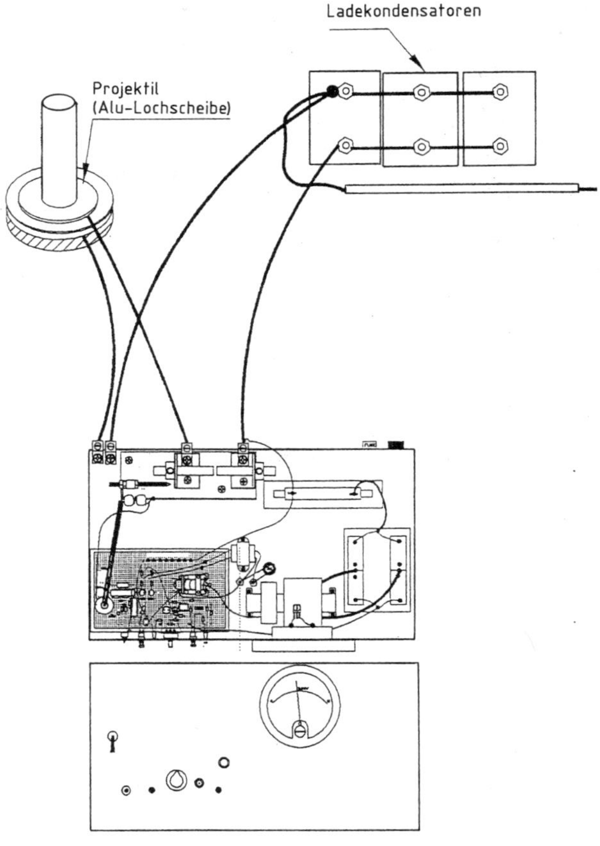

Abb. 50: Gesamtanordnung des Massenbeschleunigers

Ansteuerung der Spule wird wieder der Hochenergie-Impulsgenerator aus Kapitel 11 verwendet. Die gesamte Anordnung geht aus *Abb. 50* hervor. Wird mit Ladespannungen über 3.000 V gearbeitet, führt dies zu einer starken mechanischen Belastung der Spule und einem hohen Verschleiß der Funkenstrecke. Keinesfalls sollte der Spannungsgrenzwert von 5.000 V überschritten werden. Die Spule besteht aus 30 Windungen mit 2 mm Ø Kupferlackdraht. In der Flugbahn des Projektils bzw. der Lochscheibe sollte sich kein Mensch oder Tier aufhalten. *Abb. 50a* zeigt den Abschuss eines Projektils.

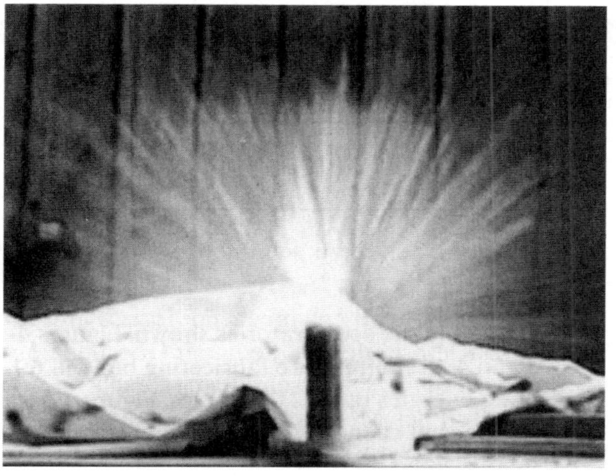

Abb. 50a: Abschuss eines Projektils

14 Drahtexplosionsvorrichtung

Einen Draht zu atomisieren, gehört zu den interessantesten Experimenten mit dem Hochenergie-Impulsgenerator aus Kapitel 11. Der Messingdraht mit etwa 0.2 mm Ø Durchmesser wird entsprechend *Abb. 51* mit Lüsterklemmen fixiert. Zum Schutz vor Kleinstteilchen, die in der Gegend herumfliegen können, sollte ein durchsichtiger Schutzschild angebracht werden. Auf dem Papier schlägt sich ein Teil des Metallstaubs nieder. *Abb. 52* zeigt die amerikanische Version einer Explosionskammer. Der Draht wird hier mit Schrauben befestigt. Der explodierende Draht sollte nur mit Schweißerbrille und Ohrschutz-Kopfhörer beobachtet werden. Aus *Abb. 53* geht die gesamte Anordnung hervor. Wie schon betont, ist die Drossel (3 Windungen auf Ferritkern) nicht unbedingt erforderlich.

Die Vorführung ist nichts für schwache Nerven und sensible Gemüter.

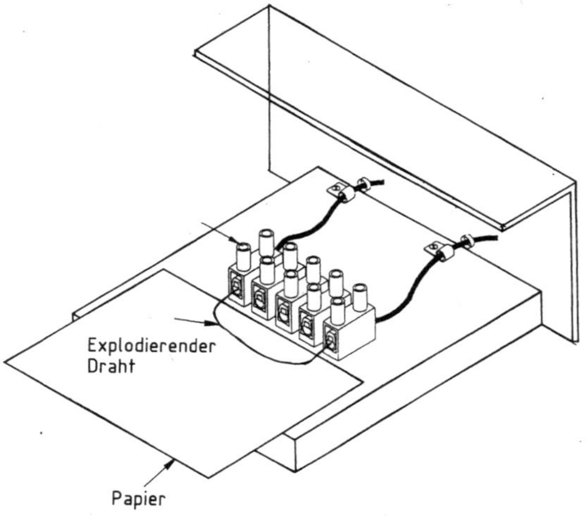

Abb. 51: Explosionskammer mit explodierendem Draht

Abb. 52: Amerikanische Version einer Explosionskammer (*Detonation Chamber*)

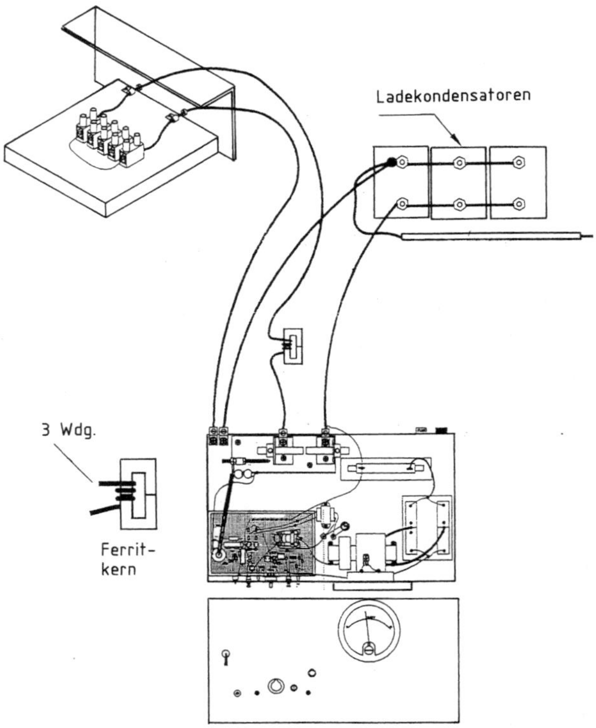

Abb. 53: Gesamtanordnung der Drahtexplosionsvorrichtung

15 Blechdosen-Knacker

In *Abb. 54* ist eine Vorrichtung angegeben, die mittels des Hochenergie-Impulsgenerators aus Kapitel 11 in der Lage ist, eine Blechdose zu zerknittern. Je höher der Kapazitätswert und die Ladespannung, umso mehr wird die Dose zusammengedrückt. Mehr als 5.000 V sollten aus Rücksicht auf die Funkenstrecke nicht angelegt werden. Der Elektrodenabstand sollte bei etwa 2,5 mm liegen. Falls die Funkenstrecke nicht zuverlässig zündet, muss dieser Abstand verkleinert werden.

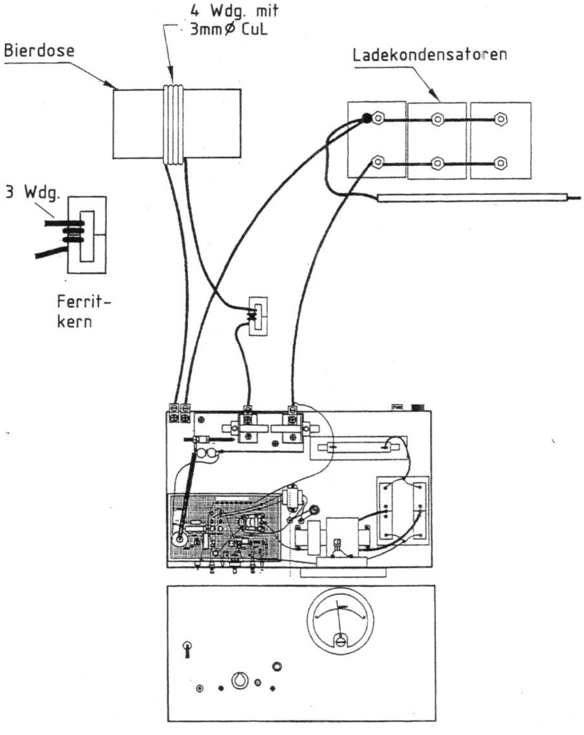

Abb. 54: Blechdosen-Knacker – Gesamtanordnung

Bevor irgendwelche Einstellungen an der Funkenstrecke vorgenommen werden, müssen der Netzstecker herausgezogen und die Kondensatoren entladen werden.

In *Abb. 55* ist zu sehen, wie eine Pepsi-Dose nach dem Schrumpfungsvorgang aussieht.

Abb. 55: Geknackte Pepsi-Dose

16 Massenbeschleuniger (Version II)

Ein Massenbeschleuniger mit Alu-Lochscheibe wurde bereits in Kapitel 13 besprochen.

Die großen Abmaße des Hochenergie-Impulsgenerators, der Ladekondensatoren und der Startrampe machen einen mobilen Einsatz nahezu unmöglich. Um diesen Nachteil bei Vorführungen, beispielsweise im Physikunterricht, zu vermeiden, wurde entsprechend *Abb. 56* eine handliche Pistolenform gewählt. Die Projektile bzw. die Alu-Ringe, welche aufgrund der Lenz'schen Regel beschleunigt werden, sind in Abb. 56 unten rechts zu erkennen.

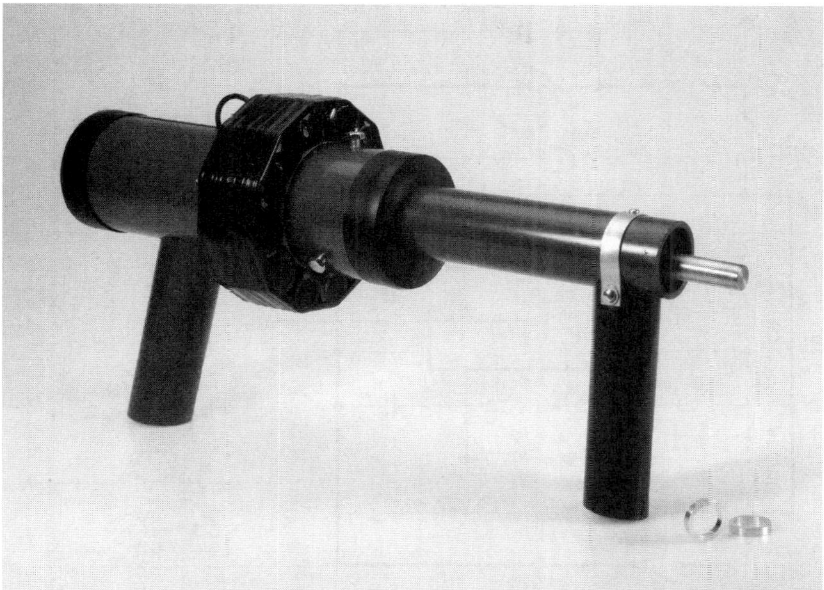

Abb. 56: Massenbeschleuniger in Pistolenform mit unten rechts abgebildeten Aluprojektilen (siehe auch Farbtafel F4 nach S. 64)

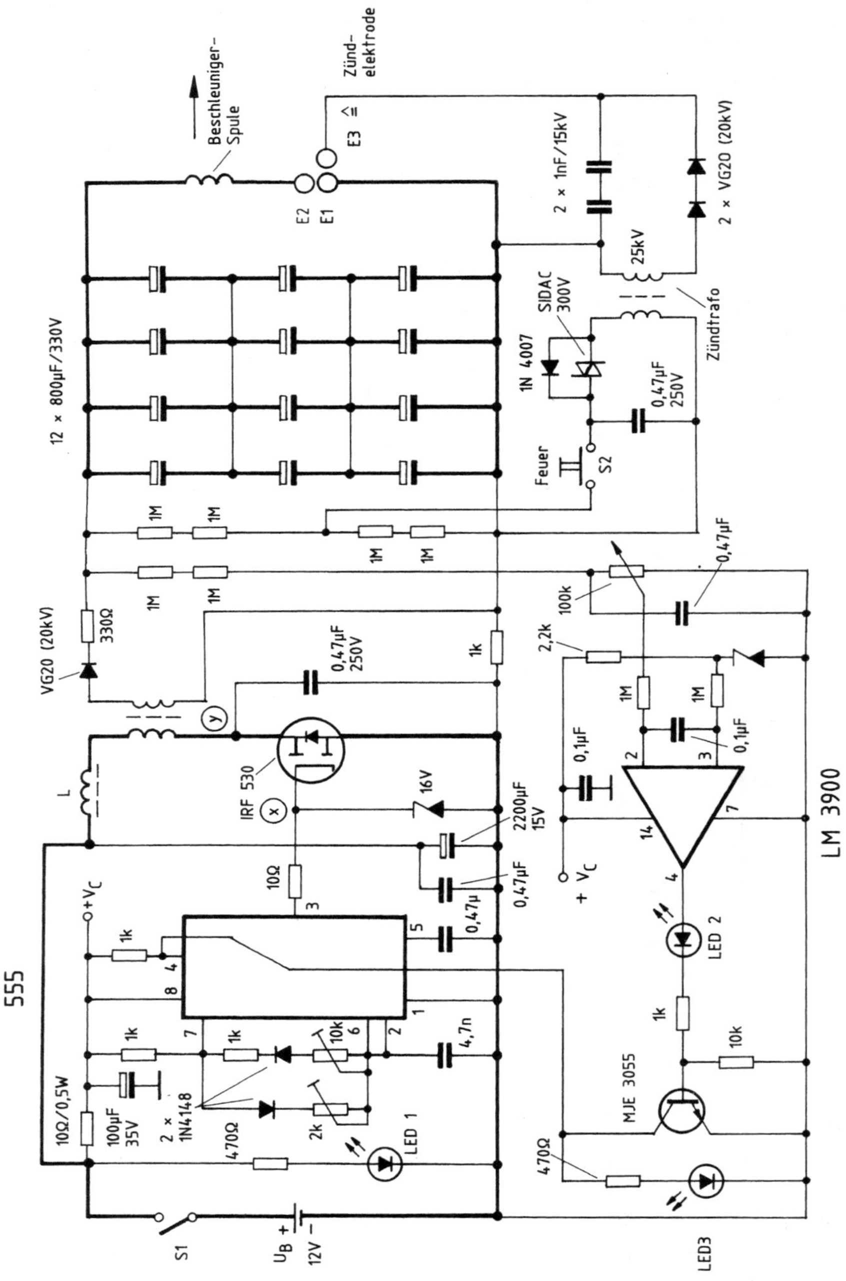

Abb. 57: Schaltung des Massenbeschleunigers (Version II)

Prinzipiell unterscheidet sich die Beschleuniger-Schaltung in *Abb. 57* nicht von der Schaltung in Kapitel 13. Allerdings ist die zur Beschleunigung eingesetzte Kondensatorenergie (12 x 800 µF/330 V) wesentlich geringer. Ein 555-Timer-IC wird als Impulsgenerator betrieben. Mittels eines Hochspannungstrafos in der Drainleitung eines MOSFETs und anschließender Gleichrichtung wird die Ladespannung für die Kondensatorenbank bereitgestellt.

Sobald die mit dem 100-kΩ-Potentiometer einstellbare Ladeendspannung erreicht ist, wird mit dem Komparator LM3900 über einen Transistor der 555-Impulsgenerator an Pin 4 abgeschaltet. Die Zündung des Massenbeschleunigers wird mit dem Drucktaster S2 ausgelöst. Der über einen DIAC und einen Zündtrafo ausgelöste Zündimpuls wird gleichgerichtet und auf die Zündelektrode gegeben.

An den mit x und y bezeichneten Messpunkten in der Schaltung von Abb. 57 stehen die in *Abb. 58* angegebenen Spannungsverläufe. Die Induktivität L in

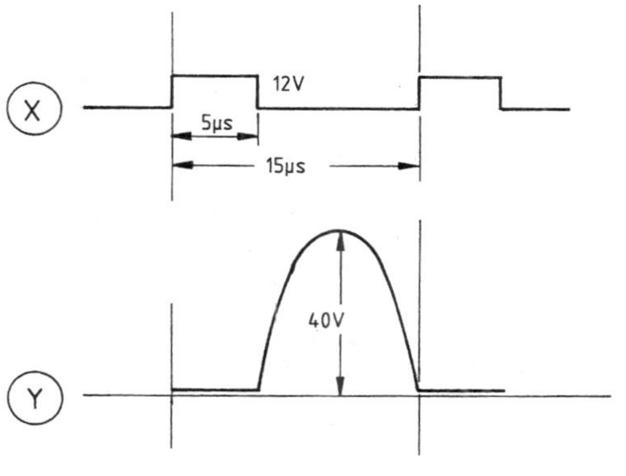

Abb. 58: Spannungsverlauf an den Messpunkten x und y

Abb. 57 besteht aus 6 Windungen mit 1 mm Ø CuL auf einem Ferritkern mit 3-mm-Luftspalt. Die in *Abb. 59* gezeigte Drossel hat eine Induktivität von 6 µH. Als Hochspannungstrafo in der Drainleitung des MOSFETs eignet sich ein Zeilentrafo aus einem alten Schwarzweiß-Fernseher. Die Wicklungsdaten müssen experimentell ermittelt werden. Wem dies zu umständlich ist, der kann den Trafo und die Beschleunigerspule in den USA bei Information Unlimited bestellen. Von dort kann übrigens auch der komplette Bausatz

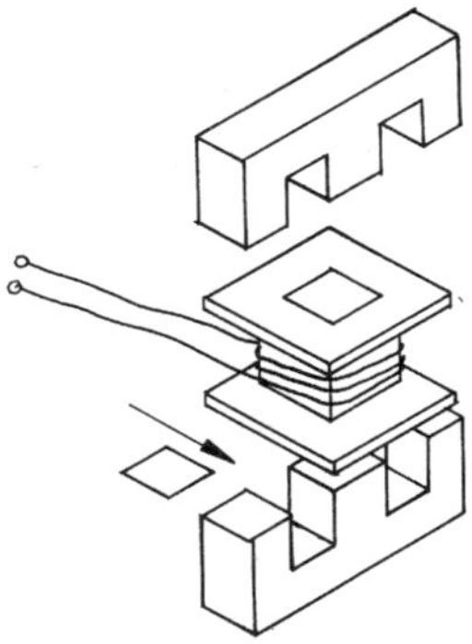

Abb. 59: Drossel (L = 6 μH)

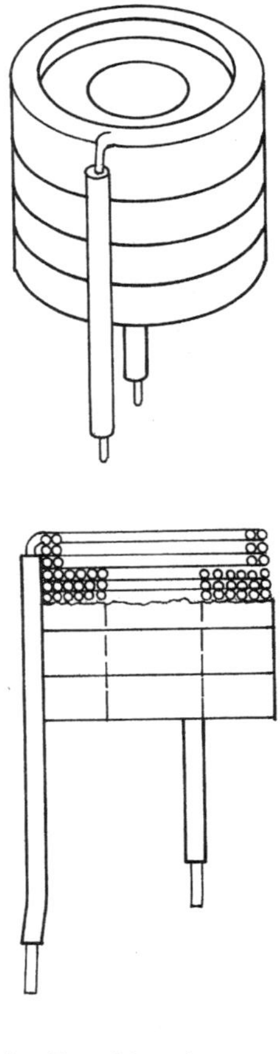

Abb. 60: Mechanischer Aufbau der Beschleunigerspule

bezogen werden. In *Abb. 60* ist eine Zeichnung des Spulen-Aufbaus und in *Abb. 61* ein Foto der Spule einschließlich des Projektils zu sehen. Der Zusammenbau und die Einzelteile des Massenbeschleunigers werden in den *Abb. 62–64* gezeigt.

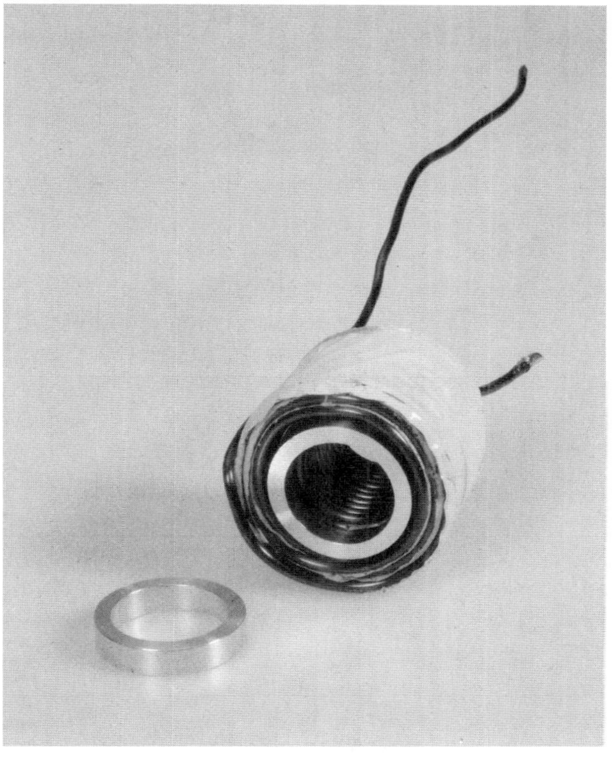

Abb. 61: Beschleunigerspule mit eingesetztem Alu-Ring

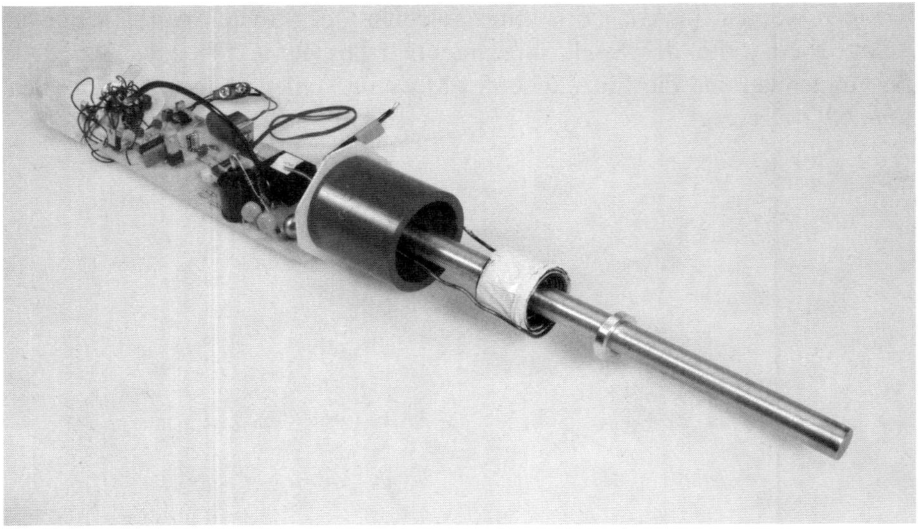

Abb. 62: Einzelteile des Massenbeschleunigers (Vorderansicht)

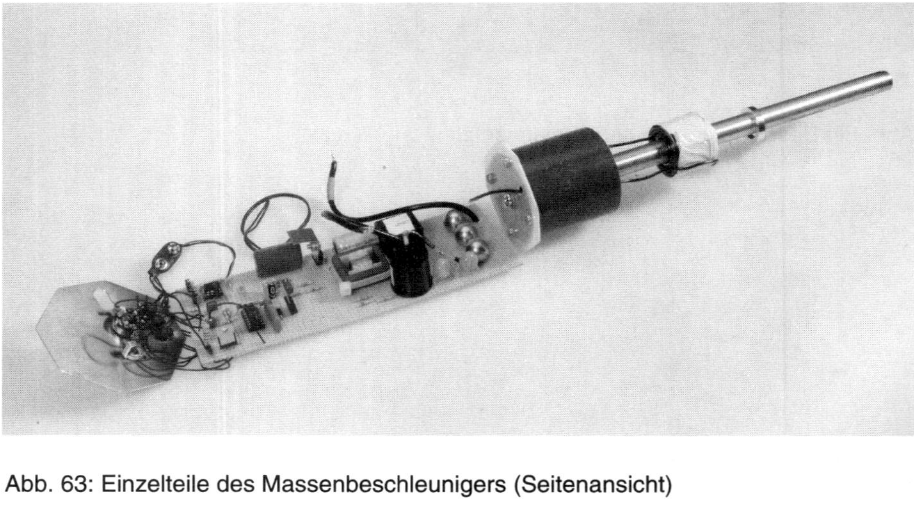

Abb. 63: Einzelteile des Massenbeschleunigers (Seitenansicht)

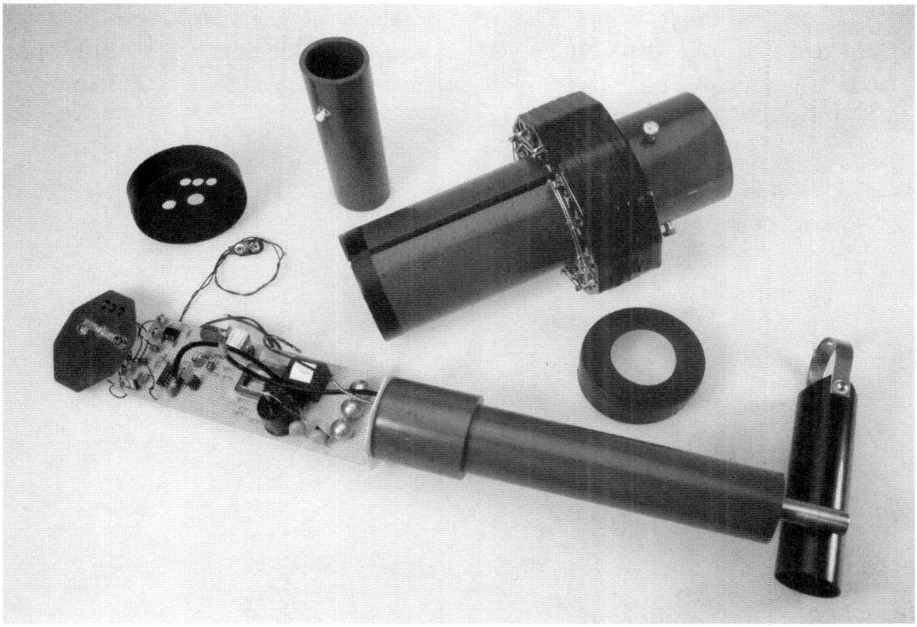

Abb. 64: Alle Einzelteile des Massenbeschleunigers

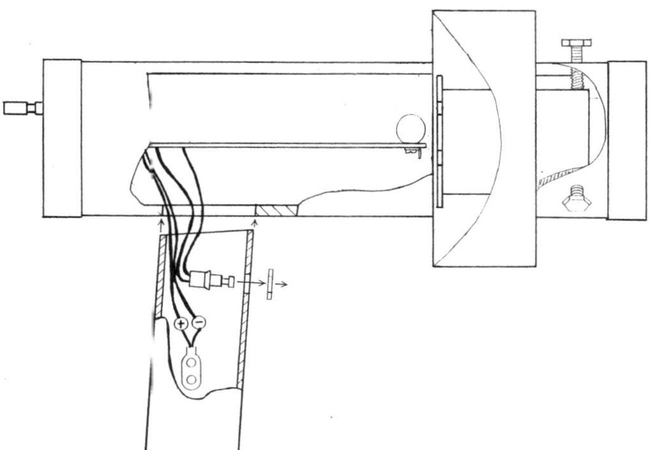

Abb. 65: Weitere Details für den Zusammenbau

In *Abb. 65* sind noch weitere Details des Zusammenbaus zu sehen. *Abb. 66* macht deutlich, wie die Ladekondensatoren rund um den Kunststoffkörper platziert werden. Wie in *Abb. 67* zu erkennen, führen nur zwei Zuleitungen auf die Kondensator- bzw. Energiebank.

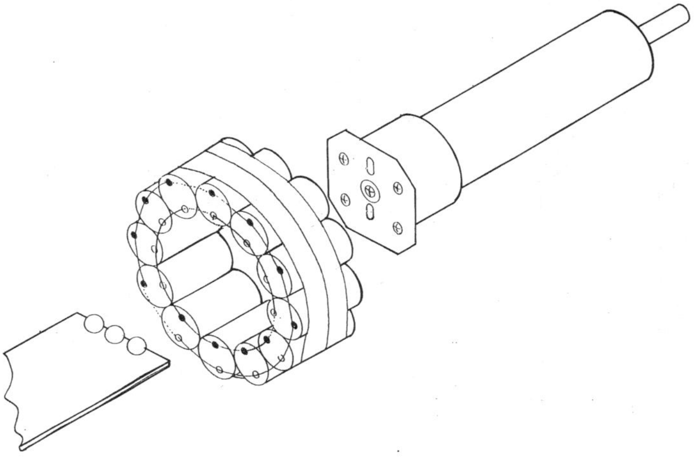

Abb. 66: Anordnung der Ladekondensatoren

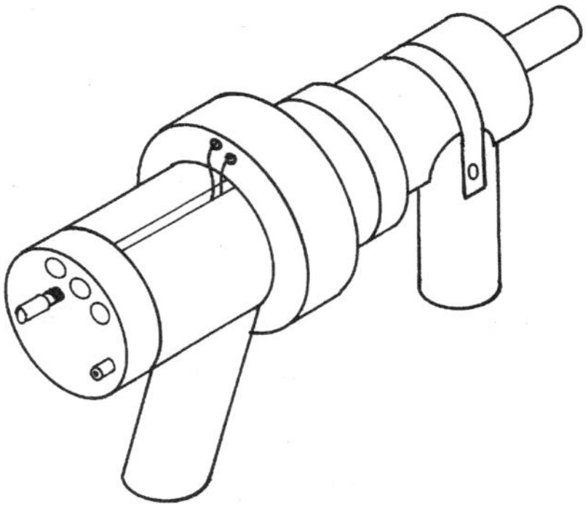

Abb. 67: Nur zwei Zuleitungen für die Kondensator- bzw. Energiebank

17 EMP-Hochleistungsgenerator

In *Abb. 68* wird ein energiereicher EMP-Generator gezeigt, der auf größere Entfernung die Elektronik in Computern zerstören kann. Der Generator ist in der Lage, mehrere Megawatt Impulsleistung abzustrahlen.

Mit derartigen Geräten kann die Polizei z. B. vom Hubschrauber aus fliehende Autos anhalten. Bei Autos ohne elektronische Zentralsteuerung bzw. Benzineinspritzung wie etwa bei älteren Modellen funktioniert dies natürlich nicht. Die Funktion der Schaltung in Abb. 68 beruht auf einer raschen Entladung eines energiereichen Kondensators C_L über einen Draht, dessen Explosion den Strom schlagartig unterbricht. Durch das zusammenbrechende Feld der Streuinduktivität entsteht eine extrem starke Welle, die mittels des Parabolspiegels abgestrahlt wird.

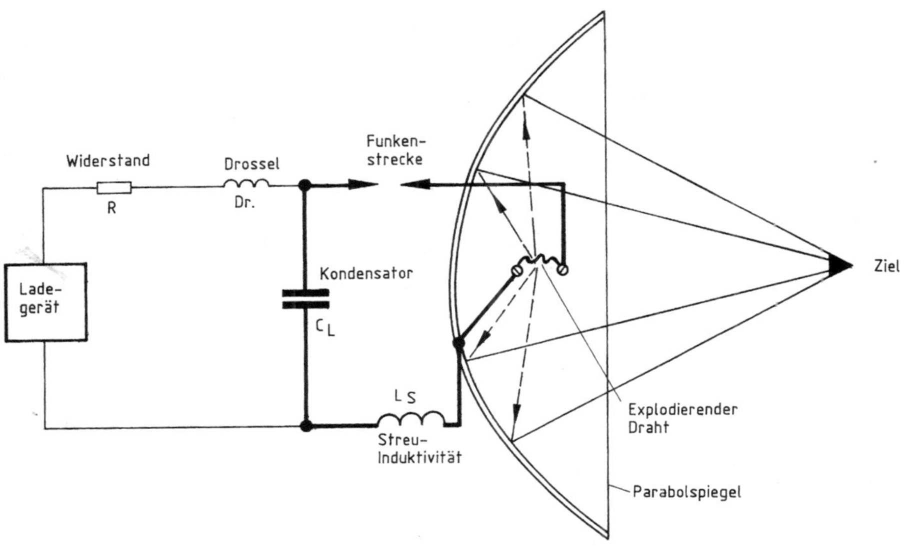

Abb. 68: Schaltung des EMP-Hochleistungsgenerators

Eine Leuchtstoffröhre leuchtet durch den gerichteten Impuls in einer Entfernung von 10 m noch hell auf.

Abb. 69 zeigt den komprimierten Aufbau eines EMP-Hochleistungsgenerators der Fa. Information Unlimited. Der Hochspannungs-Ladekondensator sollte nicht mehr als 50 nH Induktivität aufweisen. Ideal ist ein Kondensator mit etwa 0,5 µF und einer Ladespannung von 50.000 V. Die so genannte Streuinduktivität setzt sich aus allen Zuleitungsinduktivitäten inkl. Kondensatorinduktivität zusammen. Der Gesamtwert beträgt etwa 0,1 µH. Der Elektrodenabstand der Funkenstrecke ist so einzustellen, dass die Zündung bei der gewünschten Durchbruchspannung erfolgt.

Abb. 69: Komprimierter Aufbau eines EMP-Hochleistungsgenerators (Information Unlimited)

Um mit niedrigeren Frequenzen zu experimentieren, kann in Reihe mit dem Kondensator noch eine Zusatzinduktivität geschaltet werden. Eine 15 cm lange Spule aus 3 Windungen Kupferrohr hat bei einem Durchmesser von 7,5 cm eine Induktivität von etwa 0,3 µH. Ein Teil der in der Induktivität gespeicherten Energie wird bei der Explosion als breitbandige elektromagnetische Energie abgestrahlt.

Der Energieinhalt einer Spule beträgt

$W = 0{,}5\ L\ I^2$.

Als Explosionsdraht wurde 20–50 cm langer Messingdraht (zur Spule aufgewickelt) mit einem Durchmesser von 0,1–0,3 mm verwendet. Die gesamte Versuchsanordnung ist in *Abb. 70* dargestellt. Links im Bild ist der Hochspannungsgenerator, der in Kapitel 1 zur Tesla-Spannungserzeugung benutzt wird, dargestellt. Dessen Aufbau, einschließlich des Spannungsvervielfa-

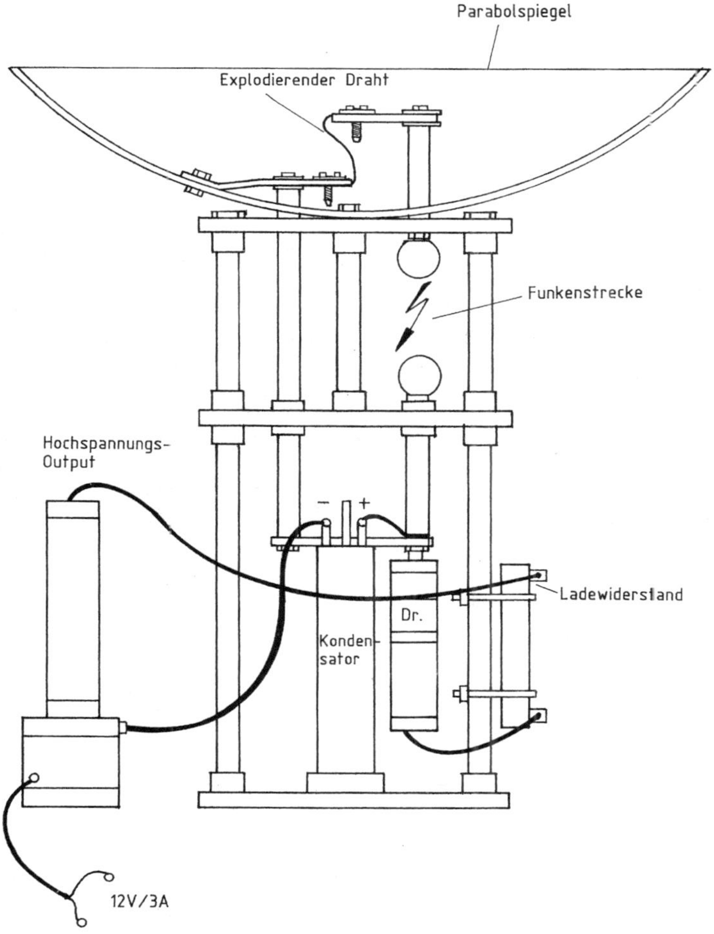

Abb. 70: Gesamtaufbau des EMP-Hochleistungsgenerators entsprechend der Schaltung in Abb. 68

chers, ist in *Abb. 71* zu sehen. Die Induktivität der Ladedrossel sollte etwa 2 mH betragen. Der Ladewiderstand dient nur zur Sicherheit. Er sollte 50–100 kΩ groß sein und hochspannungsgeeignet. Die Belastbarkeit muss mindestens 50 W betragen.

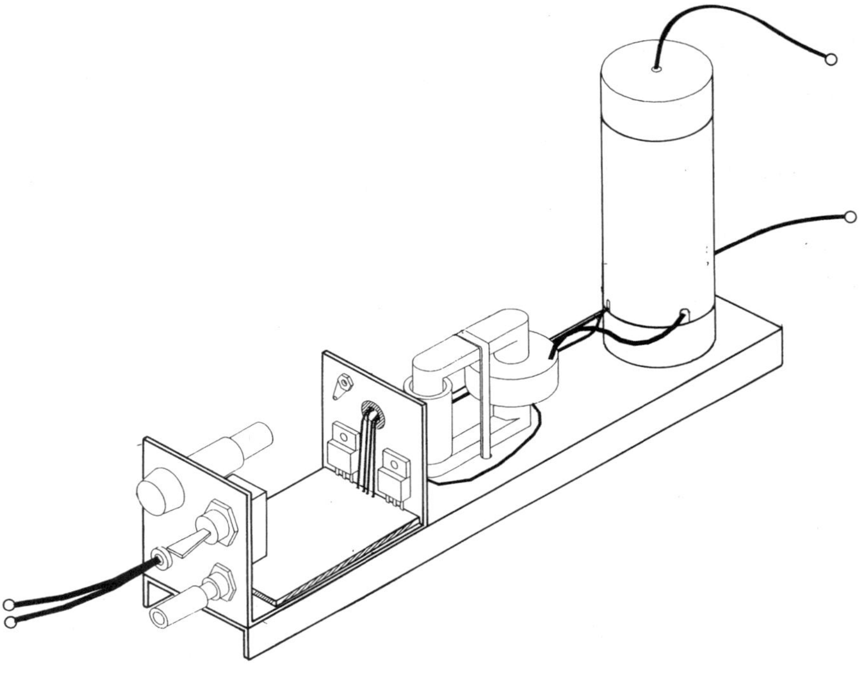

Abb. 71: 50-kV-Spannungsvervielfacher mit Solid-State-Teslagenerator und Diodenkaskade

Das Ladegerät sollte 50 kV bei einem Strom von 2 mA bereitstellen. Mit 2 mA kann der 0,5-µF-Kondensator in 5 Sekunden auf 50 kV aufgeladen werden. Für Zielübungen eignen sich empfindliche elektronische Geräte sowie Glüh- oder Leuchtstofflampen.

Durch den Knall des explodierenden Drahtes entsteht auch eine akustische Schockwelle, wie sie z. B. bei der Nierensteinzertrümmerung zur Anwendung kommt.

18 Mikrowellen-Impulsgenerator

Wie bereits erörtert, können mit hoher Mikrowellenenergie elektronische Einrichtungen des täglichen Lebens wie z. B. KFZ-Einspritzelektronik, PCs, Telefone und Funksysteme nicht nur gestört, sondern auch zerstört werden. Selbst bei guter Abschirmung vagabundiert die Mikrowellenstrahlung über die Zuleitungskabel in das Gerät. Wie *Abb. 72* zeigt, kann schon mit bescheidenen Mitteln ein zerstörerischer Mikrowellenimpuls generiert werden. Ein Radar-Magnetron kann einige kW impulsweise abstrahlen, wenn es über einen Kondensator mit der vorgeschriebenen Anodenspannung beaufschlagt wird.

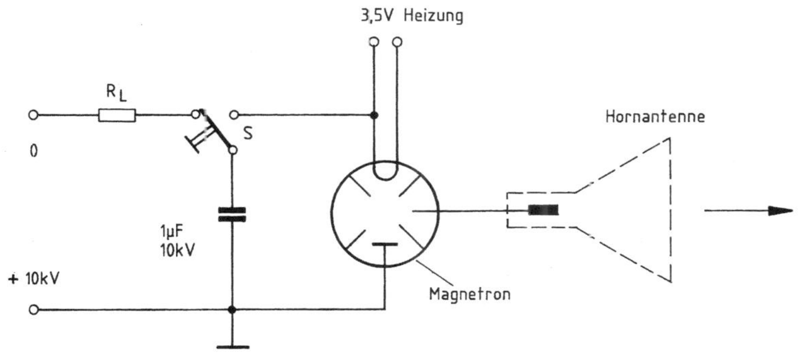

Abb. 72: Mikrowellen-Impulsgenerator

Mittels einer Horn- oder Parabolantenne kann die Mikrowellenenergie gebündelt und abgestrahlt werden. Aus der Explosionszeichnung in *Abb. 73* sind die wesentlichen Teile eines Magnetrons zu ersehen.

In *Abb. 74* und *Abb. 75* ist dargestellt, wie die Polizei flüchtende Autos mittels Mikrowellen-Strahlenkanone anhalten kann.

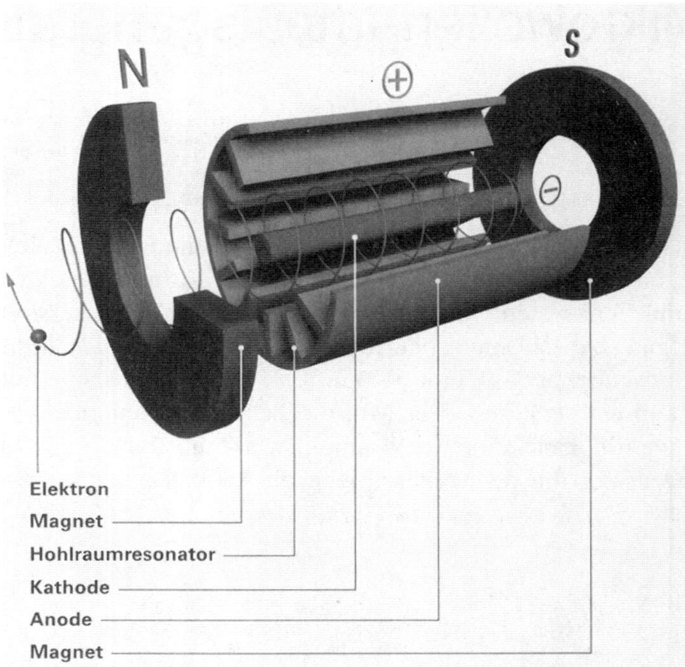

Abb. 73: Explosionszeichnung eines Magnetrons

Abb. 74: Autostopp mit Mikrowellenenergie

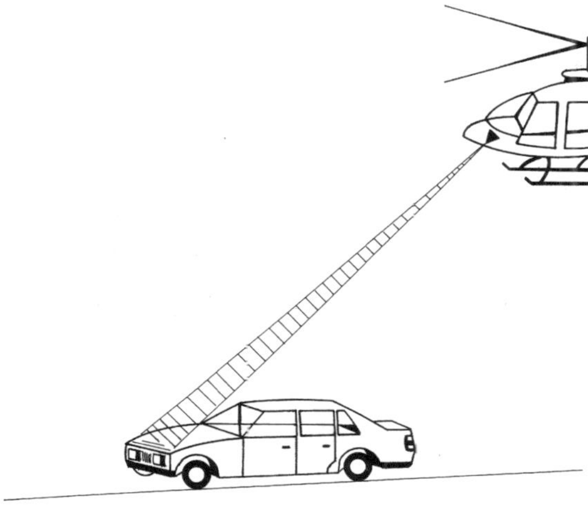

Abb. 75: Autostopp aus der Luft mit Mikrowellenenergie

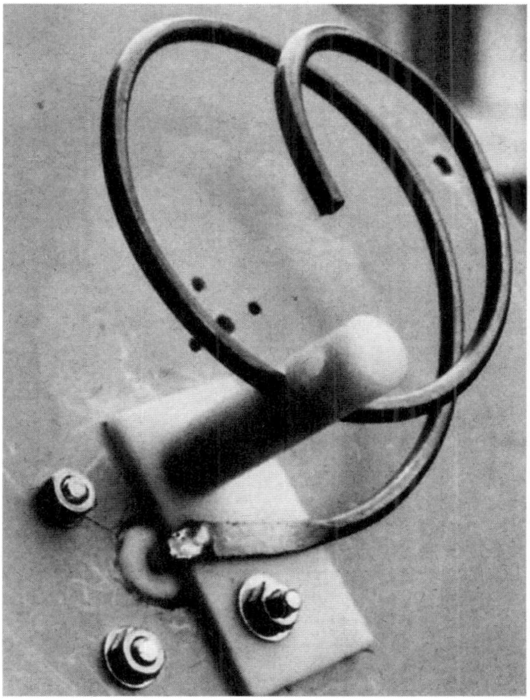

Abb. 76: Wendelantenne zur Abstrahlung von Mikrowellenenergie

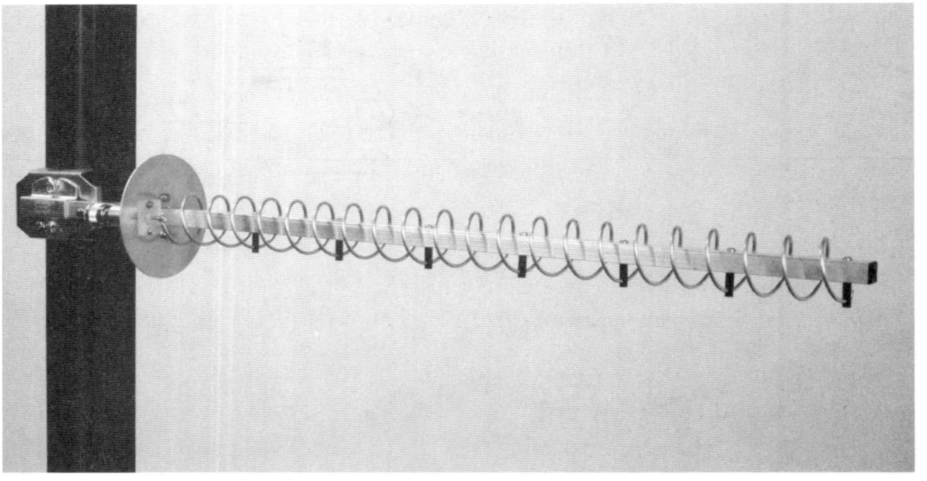

Abb. 77: Wendelantenne mit starker Richtwirkung

Abb. 78: Elektronische „Stilllegung“ eines US-Sportwagens

Wenn die Chips der elektronischen Benzineinspritzung gestört werden, bleibt das Auto stehen. Alten Autos ohne elektronische Benzineinspritzung ist so nicht beizukommen.

Der Mikrowellenstrahl wirkt über etwa 50–70 m. Wichtig ist natürlich die Zielgenauigkeit, da sonst auch von der Fahndung nicht betroffene Fahrzeuge lahm gelegt werden.

Außer Parabol-, Horn- oder Rohrantennen kommen auch Wendelantennen, wie in *Abb. 76* und *77* gezeigt, zum Einsatz. *Abb. 78* zeigt ein Foto aus den USA wie ein Sportwagen vom Polizeihubschrauber aus lahm gelegt wird.

19 Mikrowellen zur Demo-Auflösung

Wenn Mikrowellen nicht impulsweise, sondern dauernd (im Dauerstrich) abgestrahlt werden, können damit Demonstranten vertrieben werden. In *Abb. 79* ist ersichtlich, wie dies realisiert wird. Die mobile Mikrowellenkanone bestrahlt die Demonstranten mit Mikrowellen. Dadurch wird das Wasser in deren Haut erhitzt. Das brennende Gefühl zwingt die Getroffenen zur sofortigen Flucht. Erst nach 4 Minuten Dauerbestrahlung soll es zu Hautverbrennungen kommen. Außer Hautverbrennungen entstehen angeblich keine dauerhaften Schäden – von einer möglichen Trübung der Augenlinsen mal abgesehen. Künftige Demonstranten sollten jedenfalls auf der Hut sein und sich nur mit einem Aluminiumfolien-Anzug und einem Metallhelm (z. B.

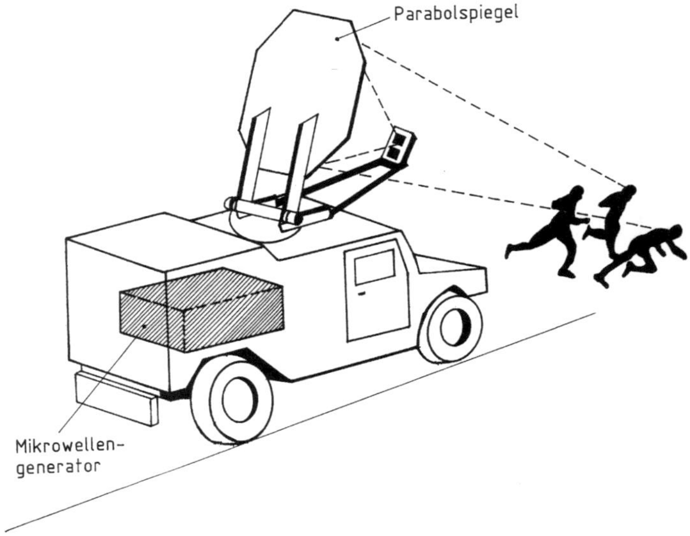

Abb. 79: Mit Mikrowellenantenne ausgerüsteter Anti-Demo-Wagen

Motorradhelm) mit metallverspiegeltem Augenausschnitt auf die Straße wagen. In *Abb. 80* ist ein Modell des Anti-Demo-Kampfwagens zu sehen.

Abb. 80: Mikrowellen-Anti-Demo-Kampfwagens

20 Militärische Mikrowellen-Anwendung

Bei den Großmächten ist die Entwicklung von Strahlenwaffen so weit fortgeschritten, dass bereits Versuche zum Abschuss von Flugzeugen und Raketen stattfinden. In *Abb. 81* wird das Versuchsmodell einer US-Strahlenkanone zur Luftverteidigung gezeigt.

Abb. 81: Versuchsmodell einer US-Strahlenkanone (siehe auch Farbtafel F4 nach S. 64)

21 Anhang

Abschließend werden noch einige nostalgische Teslageneratoren beschrieben:

21.1 Elektromechanischer Teslagenerator

Einen einfachen Einstieg in die Welt der Teslaströme bietet der im Folgenden beschriebene elektromechanische Teslagenerator. Die Applikation stammt von Otto Eberl und liegt viele Jahre zurück.

Hochfrequente Schwingungen hoher Spannung können nach der Anordnung von Nikola Tesla dadurch erzeugt werden, dass man die bei der Entladung eines Kondensators in einem Schwingkreis entstehenden Schwingungen im so genannten Teslatransformator hochtransformiert. Das Verhalten solcher hochgespannter Schwingungen und ihre Wirkungen gehören zu den interessantesten Demonstrationen im Physikunterricht. Es ist dabei bemerkenswert, dass der menschliche Körper, der Gleichstrom von mehr als 5 mA nicht verträgt, gegen diese Ströme völlig unempfindlich ist. Die Schwingungen verlaufen fast nur auf der Oberfläche von Leitern. Im Körper des Menschen, in dem Ströme elektrolytisch, also durch Ionenbewegung, geleitet werden, können deshalb keine Schäden entstehen, weil diese Ionen infolge der Frequenz der Ströme nur innerhalb der Zellen kurze Bewegungen vollführen, die keine zerstörerischen Spuren hinterlassen.

Bei den üblichen Teslageneratoren wird ein kräftiger Funkeninduktor zum Aufladen von Kondensatoren benutzt, die sich über eine Funkenstrecke F wieder entladen (siehe *Abb. 82*). Dabei geht diese Entladung nicht mit einem einzigen Funkenübergang zu Ende, sondern sie pendelt in einem kurzen gedämpften Schwingungszug hin und her. Dieser Schwingungszug durchfließt zugleich wenige Windungen eines dicken Kupferdrahtes, in deren geometrischer Mitte eine Sekundärspule mit sehr vielen Windungen dünnen Drahtes angeordnet ist, in der durch Transformation die eigentlichen Teslaschwingungen erzeugt werden.

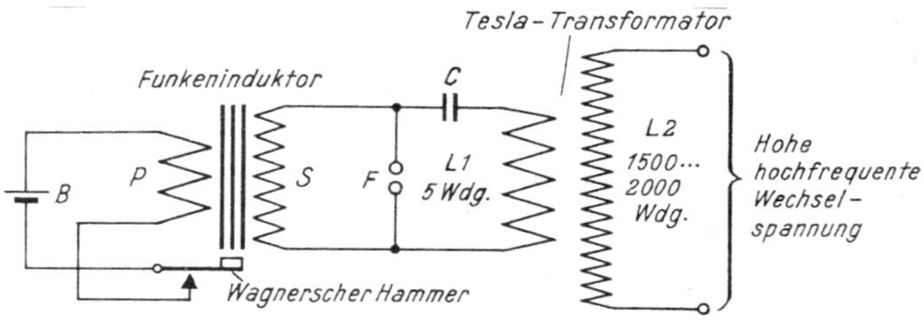

Abb. 82: Grundschaltung eines Teslagenerators mit Ansteuerung durch einen Funkeninduktor

Wir können uns eine einfache Apparatur zur Erzeugung von Teslaströmen nach *Abb. 83* leicht selbst herstellen. Zur Erzeugung der Primärspannung und eines kräftigen Funkens wird der gleiche Mechanismus benutzt, der als Wagner'scher Hammer in der elektrischen Klingel arbeitet. Er wird diesmal aber nicht mit Schwachstrom, sondern mit 220 V Wechselspannung betrieben und liefert damit eine ausreichende Energie für den Teslatransformator. Eine besondere Funkenstrecke ist nicht notwendig, da der Unterbrecherfunke des Wagner'schen Hammers genügt. Er wird zudem noch durch die mit dem bei jeder Unterbrechung zusammenbrechenden Magnetfeld in der Spule entstehenden Induktionsströmen derart verstärkt, dass je nach Unterbrecherfrequenz Spannungsspitzen von 800...1.000 V entstehen.

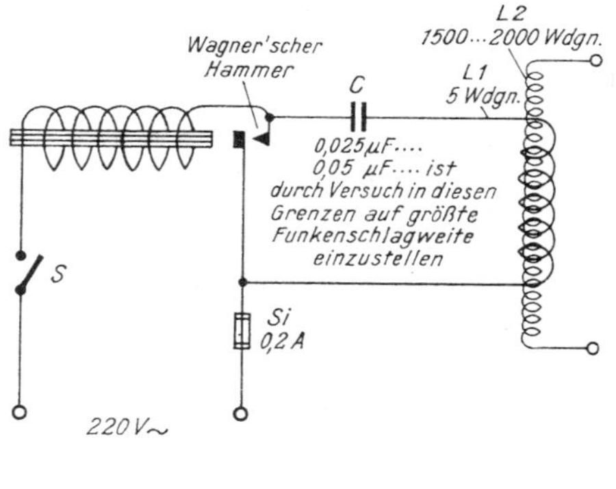

Abb. 83: Einfacher elektromechanischer Teslagenerator

Bauanleitung

Zuerst fertigen wir uns aus einem alten Transformatorkern, den wir etwa entsprechend den Maßen in *Abb. 84* auswählen und zurechtschneiden, den Kern für den Wagner'schen Hammer. Die Daten dieser Bauanleitung beziehen sich auf die in Abb. 84 eingezeichneten Maße. Bei abweichender Größe des Transformatorkerns sind sie entsprechend zu verändern, wobei das Optimum durch Versuche zu finden ist. Der zum Mittelschenkel des Transformatorkerns passende Wickelkörper wird für unser Gerät mit etwa 4.000 Windungen (0,2 mm CuL) bewickelt. Von dieser Arbeit hängt das Funktionieren der ganzen Anordnung wesentlich ab. Es ist also möglichst Windung an Windung zu legen. Jede Lage ist vor dem Aufbringen der nächsten sauber abzudecken, wobei besonders auf die Lagenenden zu achten ist, die gegen das Durchrutschen späterer Windungen zu sichern sind. Es ist von Vorteil, jede fertige Lage mit einem Isolierband zu isolieren oder die fertige Spule sorgfältig in Paraffin auszukochen. Anfang und Ende der Wicklung sind durch Ver-

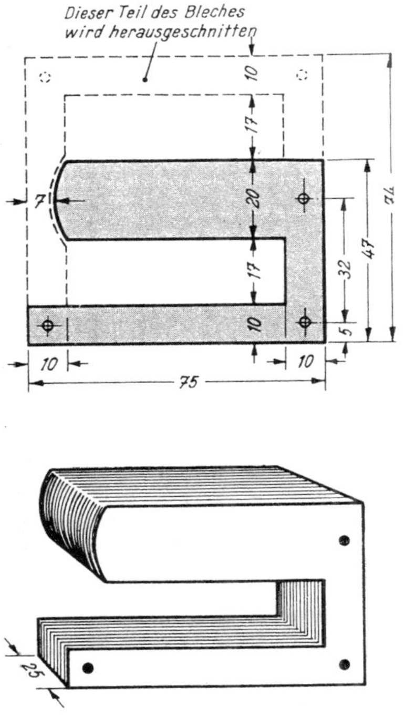

Abb. 84: Zurechtgeschnittener Trafokern

wendung kräftigerer Anschlussdrähte zu verstärken, Lötstellen mit besonderer Sorgfalt auszuführen.

Die fertige Spule ist noch mit einigen Lagen Transformatorpapier abzudecken. Dann wird sie auf ihren Kern geschoben und auf Stromaufnahme am Netz geprüft. Um eine übermäßige Funkenbildung zu vermeiden, die zur raschen Zerstörung der Unterbrecherkontakte und auch zu weitreichenden Rundfunkempfangsstörungen führen würde, sollte die Spule nicht mehr als 150 mA aufnehmen. Der Wert kann leicht durch Zu- oder Abwickeln von Windungen eingehalten werden.

Das freie Ende des Kerns hält mit zwei Winkelstücken eine Hartpapierplatte, die zur Befestigung des Wagner'schen Hammers dient (*Abb. 85*), dessen frei schwingendes Ende gerade vor dem Kern mit der Spule liegen soll. Kontakt und Gegenkontakt befinden sich zwischen diesem Ende und der Befestigung der Feder. Die Verdrahtung geht aus Abb. 83 hervor. Der Kondensator C ist ebenfalls auf der Hartpapierplatte anzuordnen.

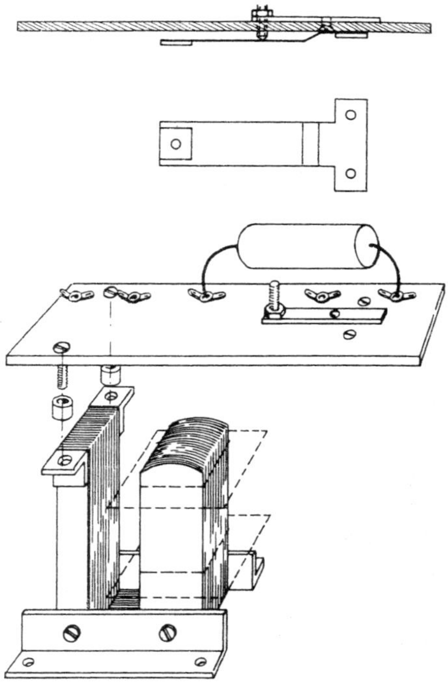

Abb. 85: Teile des Wagner'schen Hammers

Das ganze Unterbrechungsgerät wird gemäß *Abb. 86* eingebaut, das zur Dämpfung der mechanischen Schwingungen auf Gummifüßen steht. Gleichzeitig trägt das Gehäuse den Netzschalter und die Sicherung sowie die Primärspule des Teslatransformators. Diese besteht aus 5 Windungen etwa 1,5 mm starken isolierten Kupferdrahtes, die an drei Stellen zusammengebunden werden. Sie wird direkt in die Schaltung eingelötet, nachdem ihre Enden durch eine Bohrung in das Gehäuse eingeführt wurden.

Abb. 86: Blick ins Innere der Holzkiste

Die Sekundärspule des Teslatransformators ist auf einem Papp- oder Isolierstoffzylinder von etwa 250 mm Länge und 35 mm Durchmesser aufgebracht. Bei Verwendung eines Pappzylinders sollte dieser eine Wandstärke von mindestens 2 mm haben und mit mehreren Schellackanstrichen gut isoliert werden. Der Zylinder ist Windung neben Windung mit 1.500...2.000 Windungen dünnen Drahtes (0,2 mm CuL) zu bewickeln. Die Enden der Wicklungen sind durch je zwei Bohrungen festzulegen, die Wicklung ist wieder mit einem gleichmäßigen Schellackanstrich zu isolieren. Beide Enden des Spulenkörpers erhalten Abdeckscheiben aus Isoliermaterial, die in ihrer Mitte einfache Steckbuchsen tragen, an die die Wicklungsenden angelötet werden. Zur Befestigung der Abdeckscheiben dienen auf den inneren Durchmesser des Zylinders gedrehte Holzpfropfen, die eingeklebt sind. Die Halterung der

Sekundärspule und ihre Befestigung zeigt *Abb. 87.* Bei den Abmessungen ist darauf zu achten, dass sich die Sekundärspule genau in die Mitte der Primärspule einschieben lässt, um auf diese Weise den Teslatransformator zu bilden.

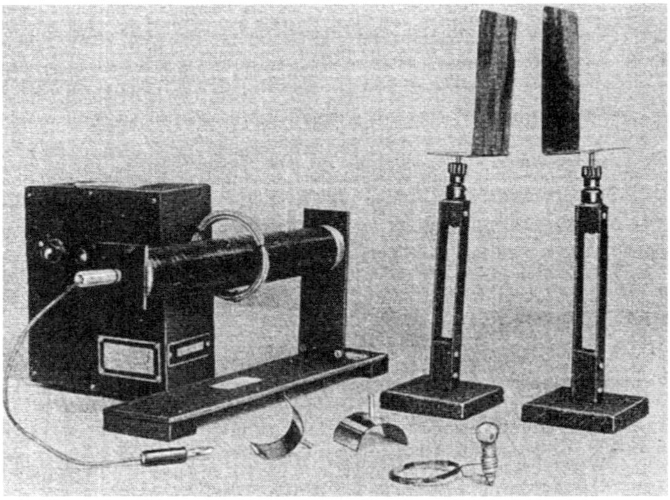

Abb. 87: Zusätzliche Teile zur Demonstration verschiedener Wirkungen der Teslaströme

Zusatzeinrichtungen

Eine Reihe von Zusatzeinrichtungen, die auf Abb. 87 zu sehen sind, ermöglicht die Demonstration verschiedener Wirkungen der Teslaströme. Aus Holz oder Hartpapierplatten sind die beiden Stative gefertigt, auf denen isolierte Klemmen mit Steckerbuchsen sitzen. Auf diese können die Kondensatorplatten oder die halbzylindrischen Stützen für Gasentladungsröhren aufgesteckt werden.

Zum Nachweis von Induktionsströmen dient ein Absorptionskreis, der aus 5 Windungen 1,5 mm starken isolierten Drahtes besteht, die zu einem Kreis von 40...45 mm Durchmesser gewickelt sind. Beide Drahtenden werden an ein Glühlämpchen für 6 V und 0,3 A gelötet.

Einige Versuche mit Teslaströmen

Wird der Absorptionskreis der Primärspule des Teslatransformators genähert, dann leuchtet das Lämpchen hell auf, sobald beide Spulenebenen parallel liegen. Beim Verdrehen einer Spule erlischt es wieder. Die dabei aufgenommene Leistung kann man aus der Helligkeit des Lämpchens auf etwa 1,8 W schätzen.

Werden beide Kondensatorplatten auf ihren Isolierstützen mit den Enden der Sekundärspulen verbunden, dann bildet sich zwischen ihnen ein im Dunkeln besonders schön sichtbares blaues Leuchtfeld, in dem bei größerer Annäherung der Platten zahlreiche feine Entladungsfunken sichtbar werden. Glimmröhren, wie sie in die bekannten Spannungsprüfer eingebaut sind, leuchten schon bei einer Annäherung von 30–40 cm an die Kondensatorplatten auf. Ebenso normale Glühlampen, die überall dort, wo wir sie mit der Hand berühren, noch einen intensiven Leuchtfleck zeigen. Leuchtstoffröhren leuchten ebenso wie Neonröhren unter dem Einfluss der Teslaströme, besonders wenn wir sie auf die halbzylindrischen Stützen auflegen, die in Abb. 87 unten zu sehen sind.

Alle Kanten von Metallteilen und vor allem Spitzen zeigen lebhafte Sprüherscheinungen, die vom Abströmen der hochgespannten Schwingungen herrühren. Aus diesem Grunde müssen wir alle Zusatzeinrichtungen sorgfältig abrunden und glätten.

Bei dem beschriebenen Gerät konnte ein Funkenüberschlag zwischen Spitzen bei etwa 40 mm Entfernung festgestellt werden. Daraus ist auf eine Spannung von ungefähr 40.000 V zu schließen.

Bei allen Teslageneratoren ist es wichtig, dass Primär- und Sekundärkreis des Transformators in Resonanz stehen. Ist diese Bedingung erfüllt, dann sind mit einer Leistung von 10 W Funkenüberschläge von 30 cm und mehr zu erwarten.

Bei diesen Versuchen darf aber nicht übersehen werden, dass sie zu erheblichen Funk- oder Fernsehstörungen führen können. Sie sind deshalb nur kurzzeitig und allein für Lehrzwecke durchzuführen.

Die folgende Bauanleitung stammt ebenfalls aus den Pionierzeiten des Teslatrafobaus.

21.2 Teslatransformator

Vom Bastler selbst gebaut!
Autor: Georg Heydt

Beim THW bereitet es immer Schwierigkeiten, den Helfern der NE-Freileitungsgruppen, unter Umständen auch der Schaltanlagengruppen, durch Versuche die Erscheinungen vor Augen zu führen, die auf Grund der Isolationsfähigkeit und der Überschlagfestigkeit von Isolatoren hinsichtlich der Glimm-, Gleit- und Büschelentladungen in Luft bzw. beim so genannten Korona-Effekt auftreten.

Einmal mangelt es an der entsprechenden Quelle zur Erzeugung verhältnismäßig hoher Spannungen, zum anderen sind Versuche mit Hochspannung für den in der Durchführung derartiger Versuche nicht geübten Ausbilder lebensgefährlich.

Eine Erfindung, die Ende des vorigen Jahrhunderts von dem Ingenieur Nikola Tesla gemacht wurde, gibt uns aber die Möglichkeit, zahlreiche dieser Erscheinungen und auch noch verschiedene andere Effekte mit einfachsten Mitteln recht lehrreich vorzuführen, wobei lediglich beachtet werden muss, dass es sich nicht um einen 50-periodischen Wechselstrom handelt, sondern dass wir es mit Hochfrequenzentladungen zu tun haben.

Abb. 88 zeigt uns eine Anordnung, welche aus einer geeigneten Hochspannungsquelle (Funkeninduktor, Wechselstromtransformator) besteht, durch welche sich eine Kondensatorbatterie C1 und C2 auflädt, bis die Funkenstrecke F von der Spannung durchschlagen wird. In der Zuleitung zur Funkenstrecke liegt gleichzeitig die Primärspule des Teslatransformators. Wir haben also im Grunde genommen einen so genannten Thomson'schen Schwingungskreis mit verhältnismäßig großer Kapazität und einer aus wenigen Windungen dicken Drahtes bestehenden Selbstinduktion vor uns, in dem bei Überschlag der Funkenstrecke F die Kondensatorbatterie sich oszillatorisch zu entladen beginnt.

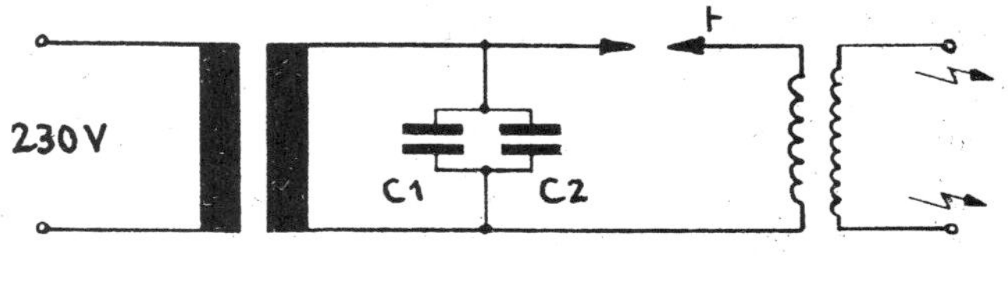

Abb. 88: Grundschaltung des Teslatransformators

Als Sekundärspule des Teslatransformators bedient man sich einer Spule mit sehr vielen Windungen, die in loser Kopplung auf Resonanz arbeitet. Für bestimmte Fälle, die wir später besprechen werden, kann auch die lose Kopplung aufgehoben werden und eine direkte Kopplung der einen Seite der Sekundärspule mit der Primärspule erfolgen. Die primär bereits verhältnismäßig hohen Entladungsspannungen geben in einem solchen Teslatransformator ungemein hohe hochfrequente Sekundärspannungen, wenn die Windungszahl der sekundären Wicklung größer ist als die der primären.

Die Selbstherstellung der für die Schaltung nach Abb. 88 benötigten Apparate ist mit wenig finanziellem Aufwand und mit etwas Geschick leicht möglich. Wir wollen uns zunächst auf den Teslatransformator, auf die Kondensatorenbatterie und die veränderliche Funkenstrecke beschränken, weil anzunehmen ist, dass die Beschaffung oder leihweise Überlassung eines Funkeninduktors als Hochspannungsquelle oder eines Wechselstromtransformators für 10 kV Sekundärspannung keine allzu großen Schwierigkeiten bereitet.

Als Funkeninduktor eignet sich am besten ein Funkeninduktor mit 60–100 mm Funkenlänge, der über einen Unterbrecher aus dem Wechselstromnetz betrieben wird.

Abb. 89 zeigt uns zunächst den Teslatransformator, der unter Verwendung einer Hartpapierplatte als Grundplatte, von 3 Stück Rillenisolatoren, wie wir sie als Abspannisolatoren an Freileitungen kennen, einiger Meter 4-mm-Kupferdraht für die Primärspule und 0,1–0,15 mm Kupferlackdraht für die Sekundärspule sowie eines Plexiglasrohres, 40 mm Ø, 550 mm Länge, und eines Aluminiumguss-Türdrückerknopfes von 60 mm Ø hergestellt wurde.

Als Erstes wird eine Hartpapier- bzw. eine Pertinaxgrundplatte von 42 x 27 cm ausgeschnitten und mit einer schmalen Holzleiste umrandet. Als Füße verwenden wir vier beliebig kleine Stütz- oder Rollenisolatoren. In der Schnittstelle der Diagonalen wird in der Hartpapierplatte eine Bohrung von 40 mm Ø und 10 mm Tiefe angebracht, die später die Sekundärspule aufnimmt.

Die Sekundärspule ist am besten auf ein Plexiglasrohr von 550 mm Länge und 40 mm Ø (Wandstärke etwa 3–4 mm) aufzubringen. In 100 mm Abstand vom unteren Ende werden zwei 1-mm-Ø-Bohrungen in das Rohr eingebracht, um das Ende des dünndrähtigen Spulendrahtes für die Sekundärspule festzulegen. Nun wird mittels einer langsam laufenden Drehbank oder eines Provisoriums, das man sich mit einer Bohrmaschine herstellt, oder auch mit der Hand Windung neben Windung auf die Sekundärspule mit 1.700 Win-

Abb. 89: Mechanischer Aufbau des Teslatransformators

dungen, beispielsweise eines 0,13-mm-Ø-Lackdrahtes, aufgebracht. Bei diesen Dimensionen endet die Spule genau 100 mm vom oberen Ende.

Hier wird vorsichtig ein 1-mm-Loch gebohrt und das Ende des Drahtes im Innern der Spule zu der auf Abb. 89 sichtbaren Kugel hochgeführt. Um ein Aufschnellen des Drahtes zu verhindern, wird die Spule sofort nach Fertigstellung mit farblosem Zaponlack überzogen. Selbstverständlich kann man auch jeden anderen farblosen Lack oder Bakelitlack verwenden.

Der Knopf eines Aluminium-Türdrückers wird an der Übergangsstelle zum Knopfstiel so abgesägt, dass wir hier eine Bohrung von 40 mm einbringen können. Dann wird der Knopf vorsichtig 10 mm weit über das Plexiglasrohr geschoben, wobei die Verbindung mit dem Ende der Sekundärspule durch Umlegen eines blank gemachten Drahtendes über die Kante des Rohres hergestellt wird.

In die Kugel bringen wir, wie in Abb. 89 sichtbar, noch eine 4-mm-Bohrung ein, um mittels Bananensteckern Anschlüsse an die Kugel herstellen zu können. Das am unteren Ende herausgeführte Drahtstück der Sekundärwicklung wird kurz am Spulenkörper mit 0,5 m Kupferdraht verlötet, der in die untere 1-mm-Bohrung des Plexiglasrohres mit Lack festgelegt wird. Wie in der Abbildung sichtbar, führt diese Ableitung zu einer Schraubklemme, die mit Bleiglätte-Glyzerinkitt in zwei aufeinander gekittete Rillenisolatoren eingesetzt ist.

Die Verbindung der beiden Isolatoren erfolgt durch ein zylindrisches Stück Isoliermaterial. Am Fußende wird wieder mit Bleiglätte-Glyzerinkitt eine 5-mm-Maschinenschraube eingekittet, die zur Befestigung an der Grundplatte dient.

Bleiglätte-Glyzerinkitt stellt man sich her, indem man im Gipsbecher etwa zwei Esslöffel gelber Bleiglätte, die wir uns in der Drogerie besorgen, mit Glyzerin zu einem zähen Brei anrührt, mit dem man Schrauben und Klemmen in Isolatoren einkittet. Der Kitt muss mindestens 24 Stunden erhärten, ehe eine mechanische Belastung der Klemmen oder Schrauben erfolgen darf. Um die Verbindung besser zu ermöglichen, wird an die Klemmschraube und an die Maschinenschraube aus Eisenblech eine 10 mm starke verwundene Fahne angeschweißt.

Die Primärspule hat 6,5 Windungen. Sie wird freitragend über einen zylindrischen Körper oder ein Rohr von 110 mm Außendurchmesser gewickelt. Um eine stabilere Form zu erzielen, wird sie durch drei Isoliermaterialkämme, die um 120° versetzt über die Windungen geschoben werden und mit 10 mm Windungsabstand gehaltert.

Abb. 94 zeigt uns die freitragende Spule ganz links in ihrer fertigen Form. Die Spulenenden werden, wie aus Abb. 89 und 94 ersichtlich, gebogen, sodass sie im Abstand von 70 mm von der Spule, wie aus Abb. 89 ersichtlich, in Topfklemmen gehaltert werden können, die man wiederum, wie bereits beschrieben, in Rillenisolatoren einkittet. Für die Verbindung der Anschlüsse wird entweder in die Topfklemme eine 4-mm-Bohrung eingebracht oder eine Schraubklemme am Ende des Drahtes mit unter die Topfklemme eingeklemmt.

Der untere Abstand der Primärspule von der Grundplatte soll bei der Spule Nr. 1, die wir jetzt beschrieben haben, 150 mm betragen, sodass die Primärspule im unteren Drittel konzentrisch die Sekundärspule umschließt.

Die verstellbare Funkenstrecke ist in ihrer Konstruktion aus den *Abb. 90* und *91* zu ersehen. Auf einem Hartholzklotz von 300 x 80 mm Grundfläche und 50 mm Höhe wird zunächst auf 10 mm Pertinax der links sichtbare Isolatorenfuß befestigt. Im hier gezeigten Falle fanden alte kleine Stützisolatoren einer ausgebauten Batterieleitung Verwendung.

Abb. 90: Verstellbare Funkenstrecke

Der zweite, rechts sichtbare, Isolator muss nun beweglich angeordnet werden, sodass die in Abb. 91 sichtbaren 20 mm starken und 15 mm langen Zylinder der Funkenstrecke in ihrem Abstand variiert werden können. Durch zwei Pertinaxschienen oder Isolierstoffschienen wird das Fußklötzchen des Isolators in einer Gleitrinne angeordnet. Am Ende dieser Rinne ist in einem Isolierstoffstück die Führungsmutter der Spindel eingebaut, deren Ende an dem beweglichen Isolatorenfuß in einer aufgeschlitzten Unterlegscheibe gehaltert ist.

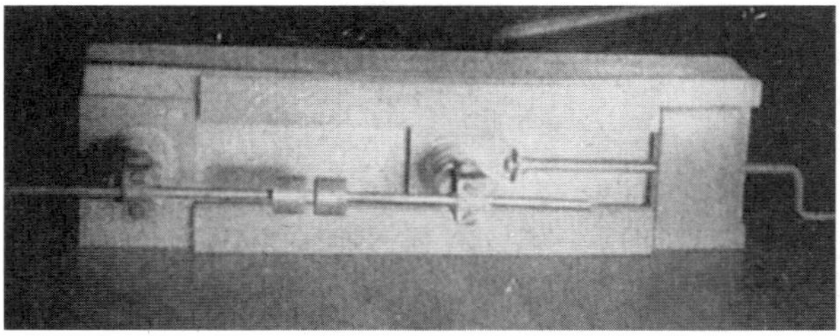

Abb. 91: Zylinderförmige Elektroden der Funkenstrecke

Wird nun die Kurbel gedreht, so schiebt die Spindel den rechten Isolator auf den linken zu oder zieht ihn zurück. Die Spindel stellen wir aus 5 mm Rundmessing her, auf welches wir ein möglichst feingängiges Gewinde aufschneiden. Die Funkenstrecke selbst besteht aus 20 mm Rundmessing von je 15 mm Länge, in welches zentrisch gebohrt je ein 5 mm starkes Stück Rundmessing eingeschraubt oder eingelötet wird. Die Schraubverbindung ist besser, weil wir bei starkem Kontaktabbrand die Möglichkeit haben, die Funkenstrecke auszuwechseln.

Weichlötung ist wegen der Erhitzung der Kontaktstücke nicht möglich, sondern wir müssen die Rundmessingstäbe hart einlöten. In die Befestigungsschellen der Isolatorenköpfe werden zwei 4-mm-Löcher gebohrt, um wiederum mit Bananensteckern die elektrische Verbindung herstellen zu können.

Die oszillatorische Entladung der Kondensatorenbatterie gibt einen blendend weißen, außerordentlich geräuschvollen Funken, der uns bei der Beobachtung der Entladungsvorgänge auf der Sekundärseite des Teslatransformators stört. Die Funkenstrecke wird daher durch ein Isolierstoffrohr von 50 mm Innendurchmesser (undurchsichtig), wie aus Abb. 90 ersichtlich, abgedeckt.

Das Rohr wird an beiden Seiten durch eingeklebte Isolierstoffscheiben abgeschlossen, die einen 5,5-mm-Schlitz erhalten, der bis 5 mm über die Mitte hochgeführt ist. Dies ist notwendig, um ein Drehen der Lichtschutzkappe während des Entladungsvorgangs zu vermeiden. Sie muss durch ihren eigenen Schwerpunkt immer in der gleichen Lage hängen.

Als Kondensatorenbatterie verwenden wir drei Stück parallel geschaltete Leidener Flaschen, die wir entweder aus zylindrischen Glasgefäßen, wie in Abb. 92 rechts, oder aus Kunststoffbüchsen oder -eimern, wie in Abb. 92 links sichtbar, herstellen. Die Kapazität der Batterie soll etwa 7.500 pF (Pikofarad) betragen. Selbstverständlich kann man auch anstelle der Leidener Flaschen Plattenkondensatoren verwenden. Für beide gilt folgende Formel zur Berechnung der Kapazität:

$$C = \frac{F \cdot \varepsilon \cdot 1{,}1}{4\pi \cdot a} = 0{,}0875 \cdot \frac{F \cdot \varepsilon}{a} \text{(pF)}$$

In der Formel bedeutet F die Größe des Belags in cm^2, a die Wandstärke des Glases bzw. des Kunststoffbehälters und ε die Dielektrizitätskonstante.

Die Beläge werden aus Stanniol hergestellt und am besten mittels des abgetrennten Eiweißes eines rohen Hühnereies auf das vorher mit Benzin gut gereinigte Glas mit einem weichen Lappen aufgetragen. Man muss dabei vor-

Abb. 92: Leidener Flaschen

sichtig verfahren, um Blasenbildung zu verhindern. Sollte dennoch eine Luftblase bleiben, so hilft ein kleiner Schnitt mit einer Rasierklinge in die Blase und erneutes Andrücken.

Der Boden der Flasche soll möglichst flach sein. Zuerst schneidet man ein rundes Stück Stanniol, das am Rad 10 mm lange Einschnitte erhält, von 134 mm Durchmesser. Dieses wird vorsichtig auf den inneren Boden der Flasche geklebt, sodass die eingeschnittenen Streifen an der Innenwand seitlich 10 mm hochgezogen sind. Nun wird in der Länge von 114 x π + 10 mm und in 270 mm Breite ein Blatt Stanniol vorbereitet, die Flasche in der entsprechenden Höhe innen dünn mit Eiweiß bestrichen und anschließend das Stanniol möglichst blasenfrei eingeklebt. Bei der äußeren Belegung verfährt man ebenso.

Zur Stromabnahme am äußeren Belag wird ein Stück Aluminiumband federnd, wie aus der Abbildung ersichtlich, mit einer Klemmschraube am oberen Rand des äußeren Belags befestigt. Die Abnahme des Stroms von der inneren Belegung erfolgt durch eine 550 mm lange und 8 mm starke Messingstange, für deren oberes Ende wir uns eine Klemme von 30 mm Länge und 12 mm Durchmesser drehen, die zwei 4-mm-Bohrungen zum Anstecken von Bananensteckern enthält.

Wer die Konstruktion recht vollständig gestalten will, kann noch Klemmschrauben mit kugelförmigem Kopf drehen, um auch einfache Drähte feststecken zu können.

Dieser innere Pol der Leidener Flasche wird dadurch gehaltert, dass wir am unteren Ende zwei Federbügel anbringen, die leicht auf dem Stanniol aufliegen. Um bei stärkerer Beanspruchung ein Zerkratzen oder Durchbrennen des Stanniols zu verhindern, füllt man nach Einsetzen des Pols in die Mitte der Flasche bis über die Federbügel etwa 20 mm hoch trockene Eisenfeilspäne ein. Der Pol wird in der Mitte der Flasche konzentrisch durch eine Kunststoffscheibe, die über einem Stift, der durch die Stange festgebohrt ist, in 260 mm Höhe gehaltert.

Die Herstellung einer Leidener Flasche aus einem Kunststoffbehälter erfolgt in gleicher Weise. Die in Abb. 92 gezeigte Flasche hat einen unteren Außendurchmesser von 160 mm und einen oberen von 180 mm bei einer Gesamthöhe von 300 mm. Sie hat eine Belegung von 200 mm Höhe. Bei Verwendung dieser Flaschenform benötigen wir vier bis fünf Stück zur Zusammenstellung der Kondensatorenbatterie.

Für die Abnahme der hochfrequenten Sekundärspannung des Teslatransformators stellt man sich zwei Stative her, die gut isoliert sein müssen. *Abb. 93* zeigt die Stative, hergestellt aus zwei alten Stützisolatoren, in deren Bohrung ein 10-mm-Isolierstab von 500 mm Länge eingeschraubt wurde. 15 mm vom oberen Ende wird er quer durchbohrt, um Spitzenelektroden aus 4-mm-Schweißdraht aufnehmen zu können. Zentrisch zu seiner Achse wird eine 4-mm-Bohrung mit Innengewinde eingebracht, sodass mittels zweier rundköpfiger Klemmschrauben ein fester Kontakt hergestellt werden kann. In den runden Köpfen der Klemmschrauben ist eine 4-mm-Bohrung für den Anschluss mittels Bananensteckern vorgesehen.

Für viele Versuche, die wir durchführen wollen, kann der Fall eintreten, dass die in Abb. 89 gezeigte Primärspule einen zu geringen Innendurchmesser hat und bei höherer Spannung ein Überschlag von der Primärspule zur Sekundärspule entsteht. Die Entladungsfunken sind außerordentlich heiß und kräftig und würden dann die Isolation der Sekundärspule zerstören. Aus diesem Grunde werden wir uns für weitere Versuche entsprechend *Abb. 94* noch zwei zusätzliche Spulen wickeln, die auf Isolierstoffkörper aufgebracht sind.

Abb. 93: Stative zum Anschluss an die Sekundärspannung des Teslatransformators

Die in der Bildmitte sichtbare Spule hat einen Innendurchmesser von 120 mm bei 1,5 mm Wandstärke. Es handelt sich um einen Kunststoff, wie wir ihn heute in jedem Haushaltartikelgeschäft als Messgefäß oder Behälter für wenig Geld erwerben können. Auf ihm ist eine Primärspule von 11 Windungen des gleichen Kupferdrahtes aufgebracht, den wir für die zuerst erwähnte Primärspule verwandten. Auch hier wird der Windungsabstand von

Abb. 94: Primärspulen auf Isolierkörpern zur Verhinderung eines Überschlags von der Sekundärspule auf die Primärspule

1 cm durch Kunststoffkämme, in diesem Fall allerdings in 90° Abstand, gehalten.

Die Spule kann, wie aus *Abb. 95* ersichtlich, ohne weiteres gegen die erstgezeigte Primärspule ausgewechselt und in die Topfklemme eingeklemmt werden.

Abb. 95: Teslagenerator mit auf Isolierkörper gewickelter Primärspule

Wollen wir Überschlagsversuche an Isolatoren entsprechend Abb. 98 durchführen, so wird allerdings auch diese Spule nicht ausreichen, und wir verwenden eine über der Mitte der Primärspule konzentrisch angeordnete Primärspule von *Abb. 96* mit 9,5 Windungen aus einpoligem NYY-Draht 16 mm^2, flexibel. Der Innendurchmesser der ersten Windung soll etwa 160 mm, der der obersten Windung 180 mm betragen. Verwendung fand ein Kunststoffeimer von 5 Liter Inhalt, dessen Boden entfernt wurde. Die Gesamthöhe des Eimers beträgt 220 mm. Die Spule ist so zu wickeln, dass sie in der Mitte des leicht konischen Mantels liegt und dass zur Oberkante und zur Unterkante mindestens 70 mm Isolierstoff frei bleiben. Die Spule

Abb. 96: Primärspule mit 9.5 Windungen auf Isolierkörper

Abb. 97: Funkenüberschläge an der Sekundärspule

wird mit Pattex auf dem Kunststoffeimer festgelegt und sitzt nach zweitägigem Trocknen absolut fest.

Zum Abschluss sollen noch zwei Bilder von Überschlägen der Sekundärspule gezeigt werden. *Abb. 97* zeigt einen Überschlag zwischen den Enden der Sekundärspule, *Abb. 98* einen Überschlag an einem Freileitungsstützisolator, wobei allerdings die zuletzt beschriebene große Primärspule Verwendung finden muss, da sonst Überschläge zwischen der Primär- und der Sekundärspule auftreten.

Abb. 98: Überschläge an einem Freileitungsstützisolator

Die folgenden Bauvorschläge stammen aus den USA:

21.3 Der große Teslagenerator (USA)

Seit den ersten Experimenten mit riesigen Spulen, die am Anfang des 20. Jahrhunderts von Nikola Tesla gebaut worden sind, ging von den Teslaspulen mit ihren blitzähnlichen Entladungen eine große Faszination aus. Im Folgenden wird eine Teslaspule beschrieben, die etwa eine viertel Million Volt erzeugen kann. Leuchtende Korona-Entladungen, die einen halben Meter lang werden können, vermitteln einen spektakulären Eindruck der intensiven elektrischen Felder. Es ist möglich, Leuchtstoffröhren in 1–2 m Entfernung zum Leuchten zu bringen.

Aus der Schaltung in *Abb. 99* geht hervor, dass der Trafo T1 die Spannung des Wechselstromnetzes auf 12.000 V übersetzt. Es wird ein Transformator für Neon-Hochspannungs-Leuchtstoffröhren verwendet. Ein Hochspannungs-Glasplattenkondensator C1 ist direkt über die Hochspannungs-Sekundärwicklung von T1 geschaltet.

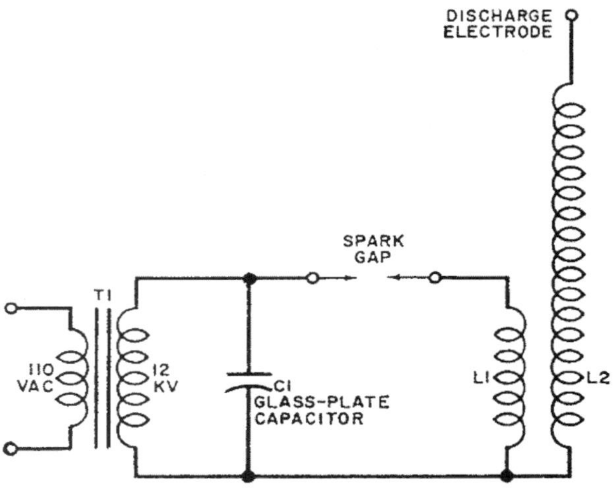

Abb. 99: Grundschaltung des großen US-Teslagenerators

Die Entladung von C1 erfolgt über die Funkenstrecke in die Spule L1. Jedesmal, wenn die Funkenstrecke zündet, fließt ein hoher Strom durch L1. Je größer der Kondensator C1 gewählt wird, desto größer ist der Strom durch L1. Die Entladungen über die Funkenstrecke erzeugen starke Leistungsimpulse, die viele Oberwellen enthalten.

Abb. 100 und *Abb. 101* zeigen den Gesamtaufbau des großen Teslagenerators. Die Wicklungen L1 und L2 bilden einen eisenfreien Aufwärtstransformator, wobei L1 die Primärwicklung ist, während L2 die Hochspannungs-Sekundärwicklung ist. Abhängig von der Größe von C1 können sich über L2 Spannungen von 75.000–250.000 V aufbauen.

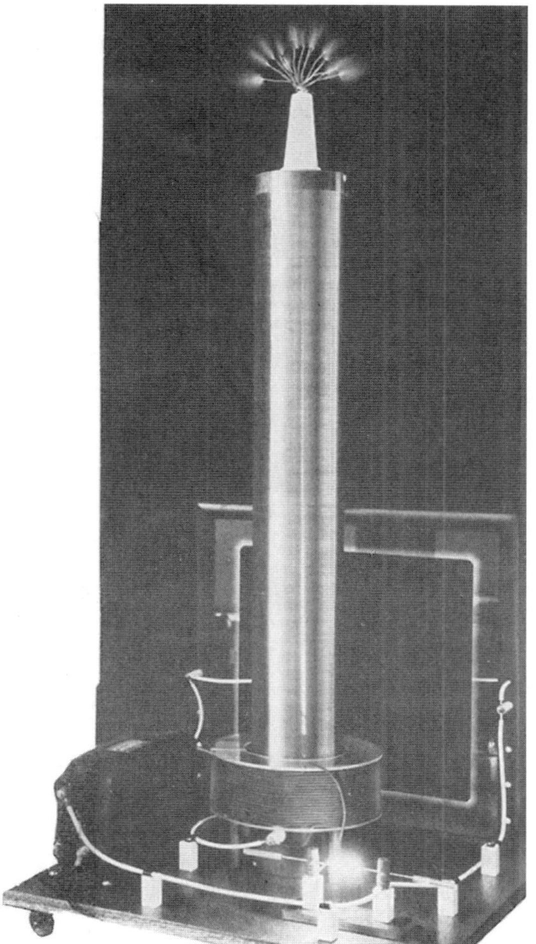

Abb. 100: Großer US-Teslagenerator mit Büschelentladung

Abb. 101: Großer US-Teslagenerator mit selbst gebautem quadratischem Glaskondensator

Wenn mit Spannungen größer als 100.000 V gearbeitet werden soll, muss die Grundplatte eine Größe von 1 m x 1 m aufweisen, um einen größeren Abstand zwischen den Bauelementen zu erreichen.

Der Neontransformator T1 ist das einzige teure Bauelement. Er ist für 12.000 V bei 30 mA ausgelegt. Die Primärspule L1 und alle Anschlussleitungen müssen aus gutem Hochspannungskabel hergestellt werden.

Das Wickeln der Spule: Für die große Spule L2 kann ein Hartpapier-Spulenkörper mit einem Außendurchmesser von 12 cm und einer Länge von 1 m verwendet werden. Alternativ können Pappe, Holz oder andere isolierende Werkstoffe verwendet werden. Es ist sinnvoll, mehrere Schichten Acryl-Kunststoffspray aufzusprühen, bevor der Draht aufgewickelt wird. Die Wicklung selbst wird mit 2.000 Windungen 0,4 mm Ø Kupferlackdraht ausgeführt. Auf beiden Seiten sollte ein Rand von je 5 cm frei bleiben. Befestigen Sie die Drahtenden mit Nylonschrauben. Am oberen Ende vorhandene

Schrauben aus Metall würden Korona-Entladungen erzeugen, die den Spulenkörper in Brand setzen könnten. Alternativ kann die obere Spulenabdeckung mit Epoxidklebstoff befestigt werden, falls ein stabiler Spulenkörper verwendet wird.

Das Wickeln der Spule ist nicht annähernd so schwierig, wie es den Anschein hat. Die Arbeit sollte in zwei Stunden zu schaffen sein. Um eine zusätzliche Isolierung und einen Schutz vor Feuchtigkeit zu erreichen sowie um die Windungen an ihrem Platz zu halten, sollte die ganze Wicklung mit Acryl-Kunststoff eingesprüht werden. Hier müssen Sie nicht allzu zaghaft zu Werke gehen, Sie können durchaus eine ganze Spraydose verbrauchen. Bringen Sie mehrere dünne Schichten auf, lassen Sie die vorhergehende Schicht trocknen, bevor Sie die nächste Schicht aufsprühen.

Der Aufbau der Primärwicklung: Der Wickelkörper für L1 wird aus Polystyrol hergestellt. Kunststoff besitzt hervorragende Isolationseigenschaften, es kann aber auch Holz oder sogar Pappe verwendet werden. Wenn Kunststoff verwendet wird, dann kann er mit Aceton dauerhaft verschweißt werden. Ungeachtet des verwendeten Werkstoffs sollte der Wickelkörper einen Außendurchmesser von wenigstens 20–25 cm aufweisen, um einen Funkenüberschlag zwischen L1 und L2 zu vermeiden. Die Spule L1 selbst besteht aus 20 Windungen aus 1 mm Ø starker kunststoffisolierter Litze.

Die Funkenstrecke: Die Funkenstrecke in *Abb. 102* besteht aus zwei Bananensteckerbuchsen, die an Abstandsisolatoren angebracht sind. Die Elektroden sind Messing- oder Kupferstäbe mit einem Abstand von 2–3 cm.

Abb. 102: Funkenstrecke des großen US-Teslagenerators

Die Herstellung des Kondensators: Der Kondensator besteht aus zwei 35 cm x 35 cm Kupferfolien, die auf ein quadratisches Stück Fensterglas (Seitenlänge 50 cm) geklebt sind. Obwohl für die Kondensatorplatten Aluminiumfolie verwendet werden könnte, sind Kupferfolien zu bevorzugen, weil die Anschlussdrähte direkt angelötet werden können.

Glas besitzt hervorragende dielektrische Eigenschaften, eine äußerst hohe Durchschlagspannung sowie eine große Dielektrizitätskonstante. Die berechnete Kapazität von C1 beträgt etwa 2.7 nF.

Obwohl die Ausgangsspannung der Teslaspule in der Größenordnung von 150.000 V liegen kann, beträgt die Strombelastbarkeit nur einige 100 µA. Dennoch kann dieser Strom einen gefährlichen Schlag und HF-Verbrennungen verursachen.

Der Neontransformator liefert 12.000 V bei 30 mA. Diese Spannung bzw. der Strom ist tödlich. Achten Sie sorgfältig darauf, dass der Teslagenerator vom Netz getrennt ist, wenn Einstellungen vorgenommen werden.

Um die Funkenstrecke einzustellen, öffnen Sie sie zuerst auf etwa 4 cm, wobei sie bei dieser Einstellung nicht zünden wird. Dann bewegen Sie die Elektroden allmählich zusammen, bis der Punkt erreicht ist, an dem die Funkenstrecke zündet. Trennen Sie die Einheit jedesmal vom Netz, wenn Sie die Einstellung verändern.

Mit dem beschriebenen 2,7-nF-Kondensator kann eine Ausgangsspannung von 100.000 V erreicht werden. Um die Ausgangsspannung zu vergrößern, bauen Sie einfach einen oder zwei weitere Glaskondensatoren und schalten diese parallel zu C1. Mit zwei parallel geschalteten Kondensatoren sollte die Teslaspule 150.000 V erzeugen, während mit drei Kondensatoren 200.000 V zu erreichen sind. Im Bereich über 200.000 V kann es zu einem Durchschlag zwischen der Spule L2 und dem Kondensator C1 kommen. *Abb. 103* zeigt die Einzelheiten der Sekundärspule und *Abb. 104* die Verbindung zwischen Primärspule und Glaskondensator. Die Abmaße des Glaskondensators gehen aus *Abb. 105* hervor (Maßangaben in Inch).

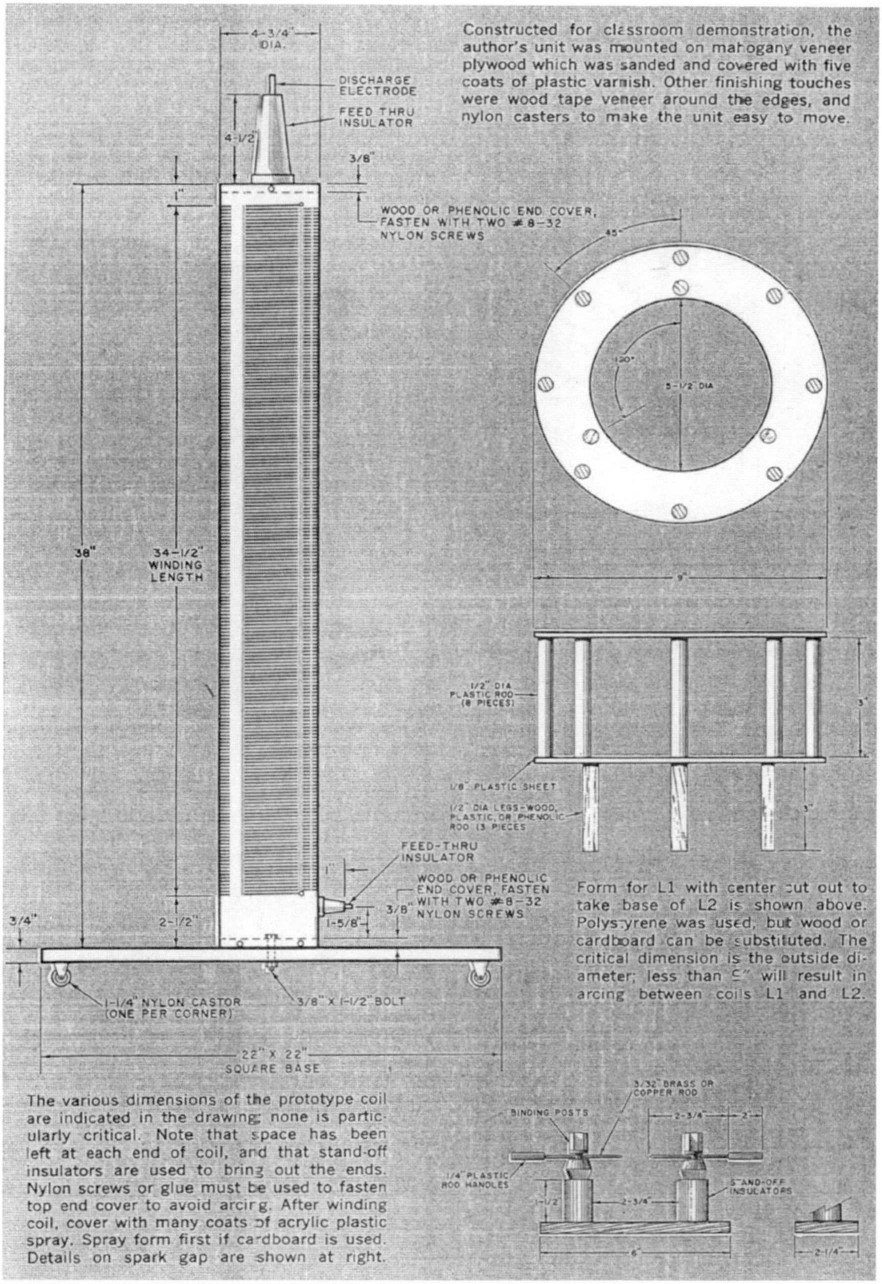

Abb. 103: Einzelheiten der Sekundärspule

Abb. 104: Verbindung zwischen Primärspule und Glaskondensator in Inch

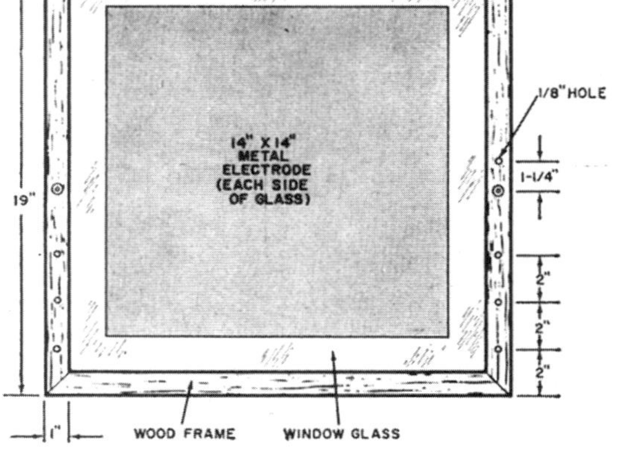

Abb. 105: Abmaße des Glaskondensators in Inch

21.4 Der kleine Teslagenerator (USA)

Diese Version eines röhrenbetriebenen Teslagenerators ist ein kleiner Bruder des großen Teslagenerators. Sie ist leicht zu bauen und kann bis zu 30.000 V erzeugen. Die Schaltung ist in *Abb. 106* angegeben. Als Trafo zur Hochfrequenzerzeugung sollte im Gegensatz zur US-Applikation ein Zeilentrafo verwendet werden.

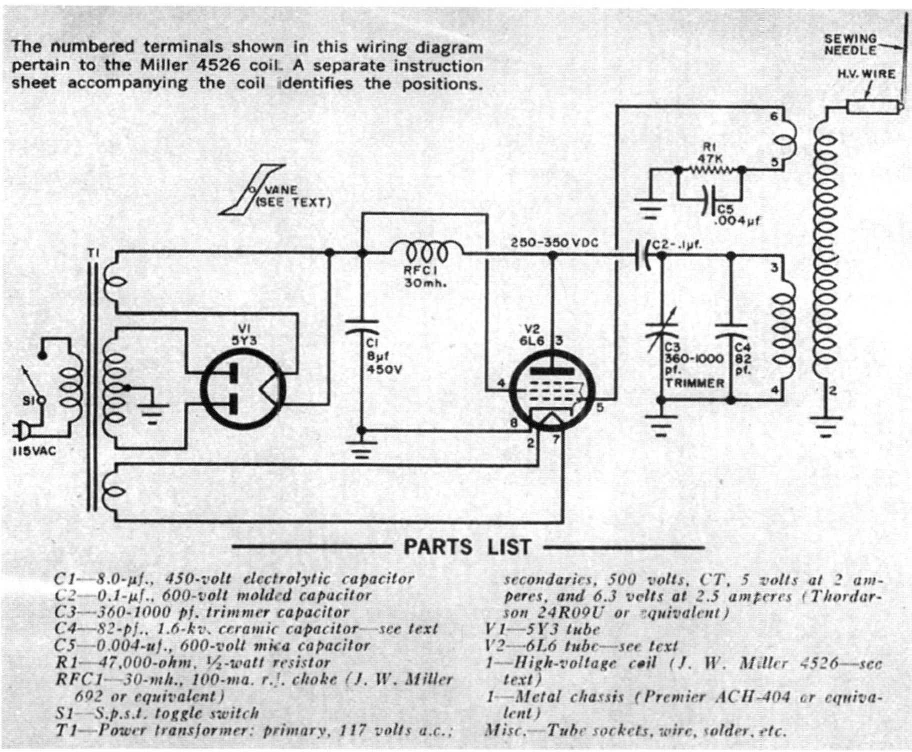

Abb. 106: Schaltung des kleinen US-Teslagenerators

In *Abb. 107* wurde ein uralter exotischer HF-Trafo zur Schwingungserzeugung benutzt. Am HF-Ausgang ist eine Nähnadel angelötet, um die Effekte der Spitzenentladung zu zeigen. Die Stromversorgung liefert etwa 250–350 V. Damit kann eine Ausgangsspannung zwischen 12.000 und 15.000 V erreicht werden. Mit dem Kondensator C3 wird die Primärwicklung der Hochspannungsspule abgestimmt. Durch die Einstellung von C3 kann eine Büschelentladung auf der Nadelspitze erzeugt werden. Falls der Abstimmbereich von C3 nicht ausreicht, um bis zur maximalen Ausgangsspannung abzustimmen, kann der Wert von C4 verändert werden.

Die Büschelentladung der kleinen Teslaspule erreicht eine Länge von etwa 2,5 cm, wobei sie in einem abgedunkelten Raum am besten zu sehen ist. In der Tat erscheint eine Büschel-Korona an jeder scharfen Kante der HF-Spule.

Abb. 108 zeigt einen Blick ins Innere des Chassis.

Abb. 107: Mechanischer Aufbau des kleinen US-Teslagenerators

Butter in Brennspiritus ca 2 gramm

Natrium hydroxid dazu 2 Minuten erhitzen
(Rohrreiniger)
Natrium hydroxid das sich nicht gelöst hat

abschütten etwas Wasser mit Salzäure dazu

stinkt das zeug nicht noch einmal erhitzen

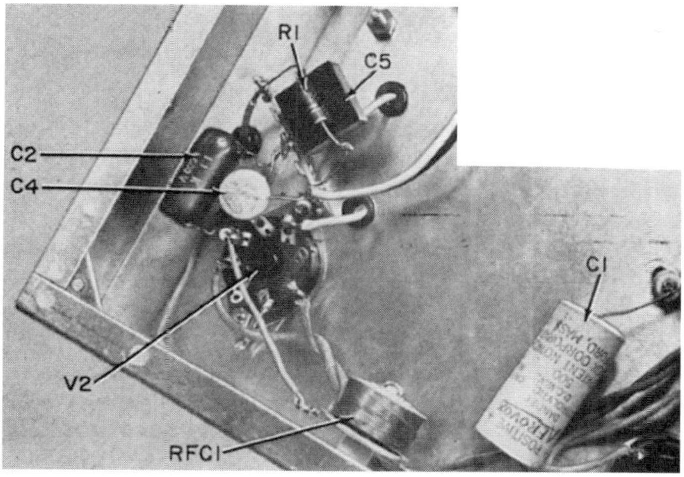

Abb. 108: Blick ins Innere des Chassis

21.5 Technik gegen Pseudowissenschaft

von Leslie Green (Electronics World)

„Die Menschen sind beklagenswert unwissend in bezug auf natürliche Dinge – sie müssen dazu gebracht werden, mit dieser Art des Lernens aufzuhören, die nur aus Büchern kommt und die sich nur auf leere Argumente von Wahrscheinlichkeit und Vermutung stützt.“

William Gilbert, „Of Magnets, Magnetic Bodies, and the Great Magnet of the Earth“, 1600

In alten Zeiten gab es noch Wissenschaft, so wie wir sie heute nicht kennen. Die Ideen wurden mittels Meinungen verbreitet, die durch keinerlei Tatsachen begründet waren. Heutzutage finden wir es amüsant, dass die katholische Kirche darauf bestand, dass die Erde der Mittelpunkt des Universums ist. Aber in früheren Zeiten kam jeder in Schwierigkeiten, der sich der Meinung der Kirche widersetzte. Galileo wurde beispielsweise für dieses Vergehen 1633 wegen Ketzerei verurteilt.

Das zweite Newton’sche Axiom sagt aus, dass $F = ma$ gilt. Das heißt, eine Masse wird unbegrenzt beschleunigt, wenn auf sie eine konstante Kraft einwirkt. Dies wissen sogar die Schulkinder. Jeder Erwachsene weiß jedoch, dass er an einem Karren stärker ziehen muss, damit dieser schneller fährt. Diese Erkenntnis des gesunden Menschenverstands war Aristoteles bekannt und wurde von ihm gelehrt. In der Tat stimmen moderne Autohersteller mit Aristoteles überein, indem sie in Autos, die größere Höchstgeschwindigkeiten erreichen sollen, größere Motoren einbauen.

Selbstverständlich wird schließlich akzeptiert, dass Newton Recht hatte. Das Problem ist, dass in unseren Beispielen des Karrens und der Autos die Reibung nicht berücksichtigt worden ist.

Trotzdem kann es eine mutige Tat sein, neuen Ideen zum Durchbruch zu verhelfen. In der Geschichte von Wissenschaft und Technik finden sich viele Beispiele von Forschern, die lediglich ihre Entdeckungen oder Theorien über die Natur vorlegten und deswegen scharf kritisiert worden sind.

Wenn es möglich ist, irgendjemandem ein einfaches Experiment zu zeigen, welches die Idee deutlich demonstriert, dann gibt es niemals ein echtes Problem. Das Problem tritt auf, wenn das Experiment ein undefinierbares Ergebnis besitzt oder wenn die Ursache-Wirkung-Beziehung nicht deutlich wird. Es ist noch schlimmer, wenn der einzige Beweis der Theorie aus der Mathematik kommt, insbesondere dann, wenn dies nicht mehr im Bereich der

Schulmathematik liegt. Noch schlimmer ist es, wenn jemand überzeugt werden muss, Forschung zu finanzieren, deren Ergebnis ungewiss ist.

Ein schlechtes Beispiel

Im Folgenden wird der Fall von Oliver Heaviside und der Telegrafie über große Entfernungen um 1887 betrachtet. Heaviside argumentierte, dass die Induktivität in den Drähten nicht nur eine feine Sache ist, sondern dass noch weitere Induktivitäten hinzugefügt werden sollten. William Preece, ein Elektrotechniker der Post, vertrat die entgegengesetzte Ansicht. Nun war Preece ein sehr wichtiger Mann, der für seine Dienste geadelt worden war. Heaviside wurde zwar von einer ausgewählten Gruppe von Wissenschaftlern respektiert, war aber andererseits sein ganzes Leben lang ein armer Mann. Raten Sie mal, wer die ganze Zeit tonangebend war! Erst 1899 wurde die von Heaviside vorgeschlagene zusätzliche Induktivität verwendet, obwohl das Patent von Pupin angemeldet worden war. Dieses Patent brachte Pupin übrigens 1.000.000 Dollar ein.

Heavisides Problem bestand darin, dass er zwar Recht hatte, aber niemanden davon überzeugen konnte und er aus diesem Grund nicht von seinen Ideen profitieren konnte. Heutzutage würden wir sagen, dass ihm Menschenkenntnis und Geschäftssinn fehlten. Ein möglicher Grund, dass er niemanden überzeugen konnte, bestand darin, dass er seine eigene Terminologie verwendete. Um jedoch seine Erklärungen zu verstehen, hätte man zuerst die verwendete Terminologie verstehen müssen.

Ein weiterer möglicher Grund für sein Scheitern waren seine persönlichen Angriffe auf Preece, eine respektierte und wichtige Person. Heavisides öffentliche Verurteilungen der Theorien und der experimentellen Arbeit von Preece erfolgten so heftig und so häufig, dass sich Verleger weigerten, die Artikel von Heaviside zu veröffentlichen. Auf Dauer war diese Anti-Preece-Kampagne für ihn absolut schädlich.

Moderne Ansichten

In der modernen Wissenschaft wird keine physikalische Theorie ohne Messungen als bestätigt betrachtet. Die Messungen sollten vorzugsweise durch andere Laboratorien reproduzierbar sein. Deshalb müssen die experimentellen Anforderungen ausführlich genug dargelegt werden, damit eine Wiederholung möglich ist. Eine Schwierigkeit besteht darin, dass die Komplexität moderner Experimente sehr groß sein kann.

Im Jahre 1977 wurde über ein Experiment berichtet, das sich mit einer Anisotropie in der kosmischen Mikrowellen-Hintergrundstrahlung beschäftigt, die durch ein U2-Flugzeug in der oberen Atmosphäre gemessen wurde. Die Anisotropie bedeutet, dass die Strahlung nicht in allen Richtungen dieselbe ist. Die Anisotropie der kosmischen 4-K-Strahlung weist auf etwas hin, was bildhaft als eine „Äther-Drift" beschrieben werden kann. Wenn man aber liest, dass der Betrag der Anisotropie kleiner als 0.004 K ist, dann ist es schon erstaunlich, dass die experimentellen Bedingungen ausreichend perfekt gewesen sind, damit dies ein glaubwürdiges Ergebnis ist. Eines ist sicher: Es würden nur sehr wenige Wissenschaftler ein Interesse haben, dieses Experiment zu wiederholen, und noch weniger würden die Mittel dafür besitzen.

In unserer modernen Welt muss jede neue Theorie ein ausreichendes finanzielles Potenzial besitzen, damit jemand bereit ist die Zeit und vor allem das Geld aufzubringen, um das Experiment zu reproduzieren. Es ist nicht leicht, die notwendigen Mittel zu erhalten, um finanziell uninteressante Experimente von unbedeutenden Wissenschaftlern zu wiederholen.

Stellen wir uns folgende einfache Frage: Arbeitet der Wechselstromgenerator in Ihrem Auto richtig?

Um diese Frage experimentell zu beantworten, könnten Sie Ihr Auto mit eingeschalteten Scheinwerfern im Leerlauf laufen lassen und die Batteriespannung mit einem Digitalvoltmeter messen. Wenn die Spannung 13.0 V beträgt, dann würden Sie wissen, dass entweder der Wechselstromgenerator oder der Ladestromkreis fehlerhaft ist. Wenn die Spannung 14.0 V betragen würde, dann wäre der zufriedenstellende Betrieb des Wechselstromgenerators bestätigt. Selbstverständlich würde man bei einem derartigen Experiment zuerst die Eichung des verwendeten Digitalvoltmeters überprüfen, um unnötige Reparaturen zu vermeiden. Das Experiment ist einfach und völlig überzeugend.

Stellen wir zum Vergleich die folgende Frage: Zieht ein spitzer Blitzableiter die Blitze auf ein Gebäude? Die experimentelle Arbeit auf diesem Gebiet war so schwierig, dass viele erhitzte Kontroversen über die Größe, die Form und den Einsatz von Blitzableitern nicht nur über Jahrzehnte, sondern über Jahrhunderte geführt wurden.

Eine derartige Kontroverse wird durch ein gutes Experiment leicht entschärft. Die streitenden Parteien sollten dann nach einer Lösung in Form von Experimenten suchen, anstatt sich persönlichen Verleumdungen zuzuwenden. Dies ist der Unterschied bei wissenschaftlichen Streitfragen wie z. B. in der

Technik und unwissenschaftlichen Streitfragen wie z. B. in der Kunst. Niemand wird jemals ein Schönheitsmessgerät erfinden können, um beispielsweise den künstlerischen Wert eines Gemäldes zu bestimmen.

Wenn Sie z. B. auf einer Website die Beschreibung einer Theorie über die Phasenbeziehungen zwischen den elektrischen und magnetischen Feldern innerhalb eines Photons finden, sind Sie sicher skeptisch, denn jede überzeugende Schilderung der internen Struktur des Photons würde ohne Zweifel einen Nobelpreis in Physik für den Autor nach sich ziehen.

Auf der genannten Website wird die Struktur des Photons ohne jeden experimentellen Beweis dargestellt, sondern nur mit wenig überzeugenden Argumenten. Der Autor besteht darauf, dass er Recht hat, wobei er die Ungläubigen herausfordert, ihm nachzuweisen, dass er nicht Recht hat. Wenn er dann eine gewisse Zeit ignoriert und folglich auch nicht widerlegt worden ist, schließt er daraus, dass die Theorie richtig sein muss, da ihn niemand erfolgreich herausgefordert hat.

Diese Veröffentlichungen von nicht überprüftem Material sind eine neue Spielart des Internets, für die es kein historisches Beispiel gibt. Normalerweise wäre vorher zumindest ein Redakteur davon zu überzeugen, dass die Veröffentlichung in irgendeiner Weise wertvoll ist.

Pseudoexperimente

Von Pseudowissenschaftlern werden gerne Experimente durchgeführt, die zwar einfach und billig sind, für die es aber keine Kontrollversuche gibt. Außerdem werden deren Ergebnisse in keinem objektiven Sinn gemessen. Betrachten wir z. B die Pyramidenkraft. Es wurde vorgeschlagen, dass man eine benutzte Rasierklinge schärfen kann, indem man sie auf die Spitze einer Pyramide stellt. Zweifellos könnten einige Menschen davon überzeugt werden, dass die Klinge schärfer wird, wenn sie über Nacht auf der Pyramide gelassen wird.

Das Problem besteht jedoch darin, dass die Schärfe der Klinge subjektiv gemessen wird. Die Testperson rasiert sich mit dieser Klinge und bestätigt, dass sie schärfer geworden ist. Der erste Schritt zur Verifizierung ist ein Kontrollversuch. Es werden zwei Klingen verwendet: Eine wird auf der Pyramide angeordnet, während die andere an irgendeinem anderen Platz aufbewahrt wird. Der nächste Schritt ist die Ausführung eines Doppelblindversuchs. Die Person, welche die Tests ausführt und die Ergebnisse aufzeichnet, darf nicht wissen, welche die auf der Pyramide geschärfte Klinge und welche die Kontrollklinge ist. Dies ist notwendig, um persönliche Vorurteile auszuschließen, welche die Ergebnisse beeinflussen können.

Außerdem sollte im Idealfall irgendeine statistische Analyse der Ergebnisse vereinbart werden. Es ist allzu leicht, einfach eine Mittelwertsgerade durch verrauschte Datenpunkte zu ziehen, um den gewünschten Anstieg oder die gewünschte Krümmung zu erhalten. Folglich sollte die Analyse der Daten nur durch einen Computer und unter Verwendung eines zuvor festgelegten Regressionsalgorithmus ausgeführt werden. Die Auswahl des richtigen Regressionsalgorithmus kann auch dann noch die Ergebnisse des Experiments beeinflussen.

All diese experimentelle Technik ist notwendig, wenn die Experimente keinen starken Beweis liefern. Statistische Ergebnisse können durch Interpretationen und persönliche Vorurteile leicht angezweifelt werden.

Es ist wichtig, darauf hinzuweisen, dass es keine gute wissenschaftliche Praxis ist, eine Theorie für unsinnig zu erklären, nur weil sie bekannte wissenschaftliche Prinzipien verletzt. Wie sollen irgendwelche neuen wissenschaftlichen Prinzipien entdeckt werden, wenn nur nach Übereinstimmungen mit bekannten Grundgesetzen gesucht wird? In dieser Hinsicht ist die Popularisierung des Gedankenexperiments durch Einstein potenziell ein Schritt zurück.

Die Misserfolge einer experimentellen Technik sind jedoch ein berechtigtes und wichtiges Ziel der Kritik. Wenn beispielsweise behauptet wird, dass ein Teil der Ausrüstung einen Zweiton-Intermodulationstest nicht bestanden hat, sollte als Erstes die Frage gestellt werden, welche Prüfeinrichtungen verwendet worden sind und wie festgestellt worden ist, dass die Intermodulation nur durch die Summierung der Ausgangssignale der zwei Signalgeneratoren nicht erreicht worden ist. Es ist in der Tat sehr einfach, Intermodulation zu erzeugen, wenn die Ausgangssignale von zwei Signalgeneratoren addiert werden.

Als Verfechter der Genauigkeit würde man immer noch wissen wollen, welche Wirkung die Summierung der Generatorausgangssignale durch Intermodulationsprodukte erzeugt hat, selbst wenn die Ausrüstung den Zweitontest bestanden hat. Der Grund ist offensichtlich: Es ist durchaus möglich, dass die durch die Addition der Ausgangssignale der Generatoren erzeugten Intermodulationstöne die in der geprüften Ausrüstung erzeugten Töne auslöschen und dadurch zu einer fehlerhaft bestandenen Prüfung führen!

Eine Pseudowissenschaft ?

Jemand möchte gern wissen, ob moderne Hi-Fi-Systeme eine exakte Technik oder eine Pseudowissenschaft sind. Zweifellos gibt es hierüber eine erhitzte Debatte. Es sind folglich in Anbetracht des Zorns der alles besser wissenden Experten mit dem goldenen Gehör unerschrockene Ingenieure notwendig, um neue Ideen auf diesem Gebiet voranzubringen.

Es ist nachweisbar wahr, dass Klirrprüfungen nicht allein maßgebend sind, um die Qualität eines NF-Verstärkers zu beurteilen. Es ist aber davon auszugehen, dass eine Spezifizierung der Eigenschaften, die THD+N (die harmonische Gesamtverzerrung), SFDR, die Flachheit des Frequenzgangs, die 1-dB-Bandbreite, das Rauschen, das Brummen, die Impulsgenauigkeit, den Ausgangspegel für die 0.1-dB-Kompression, die Eingangs- und Ausgangsimpedanz (über die Frequenz), das Eingangs-Gleichtaktunterdrückungsverhältnis (Eingangs-CMRR) über die Frequenz, die Zweiton-Intermodulationsverzerrung einen Verstärker ausreichend genau definieren würde. Die Prüfung würde damit zu einem objektiven Prozess gemacht werden.

Wenn schon die Hi-Fi-Technik eine derartige leidenschaftliche Debatte erzeugt, dann ist bei der Beschäftigung mit atomaren Phänomenen einiges mehr zu erwarten. Die ausgeführten Messungen sind von Natur aus schwierig und teuer. Selbst der brillanteste Wissenschaftler kann sich keinen supraleitenden Teilchenbeschleuniger in die Garage stellen, um damit zu experimentieren. Folglich ist die Arbeit auf wichtigen, aber teuren wissenschaftlichen Fachgebieten nur in Einrichtungen möglich, denen es durch eine hervorragende Öffentlichkeitsarbeit gelingt die nötigen Mittel zu beschaffen.

Im Folgenden betrachten wir den Fall der Betastrahlung. Sie tritt in einem ungestörten Kern auf, der sich plötzlich aus unerklärbarem Grund verändert und während eines Umwandlungsprozesses ein Betateilchen ausstößt. Nun ist ein Betateilchen ein Elektron, deshalb kann zuerst die Frage gestellt werden, was ein Elektron in einem Kern zu suchen hat. Zweitens kann dieses Elektron sogar mit etwa 90 % der Lichtgeschwindigkeit ausgestoßen werden. Je mehr man darüber nachdenkt, desto verwirrender erscheint dies alles.

Während ein Atomradius in der Größenordnung von 200 pm (2 Å) liegt, liegt ein Kernradius in der Größenordnung von 10 fm, ist also 20.000-mal kleiner. Es liegt dann in der Vorstellungskraft des Lesers, wie ein vermeintlich stationäres Elektron, das wahrscheinlich zuvor im Kern gar nicht vorhanden war, sich plötzlich aus dem Quark-Plasma (welches den Kern bildet) zusammenfügt und auf einer Strecke von weniger als 20 fm von 0 auf 0.9c beschleunigt wird.

Wenn Sie zu tief in die moderne Physik mit den Nullpunktsfluktuationen, der spontanen Paarerzeugung, der Supraleitfähigkeit auf der Grundlage der Cooper-Paare von Elektronen (die sich viele Atomradien entfernt voneinander befinden), der Hawking-Strahlung von schwarzen Löchern, den Superstrings, die einen 11-dimensionalen Raum einnehmen, der Quark-Bindungskraft, die mit dem Abstand größer wird, usw. blicken, dann können Sie froh sein, dass Sie sich mit Elektronik und nicht mit diesem als moderne Physik bekannten „geheimnisvollen Flohzirkus" befassen.

In unserer modernen Welt werden Experimente selten aufgrund wissenschaftlicher Neugier ausgeführt. Das Geld wird für Forschung ausgegeben, von der unmittelbare materielle Vorteile erwartet werden. Dies ist verhängnisvoll, denn die Technikgeschichte zeigt, dass die größten Fortschritte durch die wissenschaftliche Neugier hervorgebracht worden sind.

Der moderne professionelle Ingenieur sollte in groben Zügen über jedes neue wissenschaftliche Phänomen informiert sein.

Wie kann man es messen? Wie kann man es verbessern? Wie kann man es verwenden? Was ist es wert? Es mag zynisch klingen, aber es ist wirklich eine Frage, ob Sie Wissenschaft als Beruf oder nur als Hobby betreiben.

21.6 Ein Wort über den Dilettantismus ...

Von Reinhart Baumgart

Das Wort ist zum Schimpfwort geworden, es steht quer zum so genannten Zeitgeist: „Dilettant", das möchte keiner mehr sein, „dilettantisch" will niemand handeln. Wo jemand oder etwas so genannt wird, da riecht es nach Blamage, Halbheit, Fahrlässigkeit.

Ein Dilettant, das sagt die italienische Herkunft des Wortes, „erfreut sich", „ergötzt sich". Er kann auch „Liebhaber" oder „Amateur" genannt werden: lauter altmodische Worte – zurückgeblieben wie scheinbar auch die Sache, die sie benennen. Wer etwas nur aus Liebe und zum Vergnügen macht, der arbeitet nicht, der leistet nichts, nichts Rechtes jedenfalls, nur Linkisches, der trägt zum Fortschritt in der Technik, Kunst und Wissenschaft nichts bei. Was diese Landschaftsmaler, Sonntagsdichter, Sonntagsjäger oder Kurzwellenfans auch taten: immer galt es als Plagiat, Karikatur, Imitation des Echten. Es fehlte da an Schulung, an Ernst und Mühe, am Druck der Notwendigkeit, an Perfektion.

Im vorigen Jahrhundert konnten sie isoliert vor sich hin bastelnd Wissenschaft und Technologien noch voranschieben helfen, denn in ihren Anfängen ist alle Wissenschaft dilettantisch, auf Glück, Eigensinn, eine energische Unverschämtheit des Denkens und Experimentierens eher angewiesen, als auf Schulung und Disziplin. Heute denken einzelne, vor sich hin dilettierende Forscherköpfe offenbar zwangsläufig ins Leere. Nur Teams, Kettenversuche, Koordination werfen noch Nutzen ab. Nur Fachwissen sichert die Expansion und den Profit in der Wirtschaft.

Es steckt also, stößt man durch seine harmlose, oft jämmerliche Oberfläche, in allem Dilettantismus ein rebellischer, ja utopischer Kern, eine kindliche Erinnerung, eine Hoffnung auf paradiesische Zustände. Denn, dass einer, wie Kinder, etwas nur für sich tut, zum Spaß, ohne Profit oder anderen Nutzeffekt, zwanglos, nicht einmal für „die Gesellschaft", das gilt als Skandal. So wahr Wissen Macht ist: so wahr ist Dilettantismus nicht Ohnmacht, aber doch Spiel. Der Mensch aber, behauptet Schiller, der Utopist, ist „nur da ganz Mensch, wo er spielt".

Dies wird gern übersehen, und nicht jeder möchte erwachsen werden im Sinne von hoffnungslos vernünftig oder vernünftig hoffnungslos. Kein Wunder, wenn vieles, was Dilettanten machen, wie Ersatz aussieht – Ersatz nicht nur dafür, dass man kein Boris Becker oder Dieter Bohlen sein kann und darf, Ersatz vor allem für das am meisten Entbehrte: Arbeit, die glücklich macht. Dem Bibelfluch des „im Schweiße deines Angesichts" zu entkommen, dem entfremdeten Schuften im Kapitalismus. Derart gefährliche Freiheit zu realisieren, aber abseits der Gesellschaft, meist nur an schummrigen Feierabenden und an verregneten Wochenenden – darin besteht heute die Würde und die Lächerlichkeit des Dilettantismus.

21.7 Bausätze und Bauelemente aus den USA www.amazing1.com (Katalog-Abruf)

High Voltage Parts

Capacitors for Tesla Coils
.005M/10KVAC - Cylindrical (1 3/8" x 4 1/4") $59.95
.02M/10KVAC - Cylindrical (2 3/8" x 7 1/2") $229.95
.1M/20KVAC - Cylindrical (6 5/8" x 14") $449.95

Capacitors for Multipliers
001/10KV - .001mfd 10 KV Ceramic Axial $3.00
.001/15KV - .001mfd 15 KV Ceramic Radial $3.95
.0047/20KV - .0047mfd 20 KV Ceramic Axial $24.95

Transformers 50/60 Hz/Current Limited
4KV/.03A - Open Core Floating Coil $49.95
6KV/.02A - Open Core Floating Coil $59.95
9KV/.06A - Cased- Ctr Point Grnd $169.95
12KV/.06A - Cased-Ctr Point Grnd $199.95
15KV/.120A - Cased-Ctr Point Grnd $495.95

Pole Transformers
Heavy duty 14.4KV 5 KVA 2 Bushing Oil Filled Unit 220 110VAC Input. Good for TESLA Coils up to 12 Foot Discharges!! Includes Shipping & Handling (USA ONLY)
14.4KV/.5A $599.95

Toroid Terminals
TO8 - 8 x 2" Spun Torus For BTC30.. .... $59.95
TO12 - 12 x 3" Spun Torus For BTC4 .... $79.95

Spark Gap Switches and Accessories
SPARK1 - Fan Cooled 3 Point Tungsten Spark Gap for Coils up to 3 ft. Discharge-Incl BTC4 Plans $149.95
TUNG141B - 1 X 1/4" Tungsten Rod with mounting block lug $14.95
TUNG38 - 2 X 3/8" Pure Tungsten Rod $29.95

HV Diodes for Multipliers 100 nanosec
VG12 - 15 KV 10 ma 100 ns Rectifier $2.95
VG22 - 22 KV 10 ma 100 ns Rectifier $3.95
VG30 - 30 KV 10 ma 100 ns Rectifier $4.95

High Voltage/High Meg Resistors
1000M - 1000meg 10 KV Flat $12.95
100MT - 100meg 10 KV Tiger Type $14.95
100M - 100meg 1/2 Watt Carbon $3.00

High Frequency Ferrite Transformers
Includes Circuit Schematics
28K077 - Used in Light Saber Kits, Neon and Miniature High Voltage Applications $9.95
28K089 - Used in Small Neon, Tesla, and High Voltage Applications $19.95
FLYTCL - 10 KV For TCL5, GRA3, JACOB etc $29.95
FLYPVM - 15 KV For Plasma Drivers etc $39.95
FLYPVM+ - 20 KV For High Voltage Multipliers, Storage Energy Chargers, etc $49.95
CD25B - 25KV Pulses for Stun Guns, Ignitors $16.95
CD45 - 45KV Pulses higher output of above $18.95

$ave! Build Your Own HV Capacitor
GLC1 Plans $6.00

Capacitors for Energy Storage

2000 JOULES!!! 1000mfd@2000 Volts. 8x4x7.5" welded can weighing only 9.5#. Ipmax 4Ka. Ldis 170 nh. Excellent for *rail/coil guns*. Original cost $550.00!!
1000M/2KV..Brand new Maxwell $149.95

750M/330V - Cylindrical 3 x 1" Photoflash 82 J . $12.95
1200M/400V - Cylindrical 6 x 3" 95 J $19.95
2400m/400 - Cylinderical 8 X 3" 190 J $29.95
32M/4500V - 10 X 3 X 4" Oil Filled Cans 325J ..... $POR

Ion and Electric Field Detector

Hand held device indicates the presence of electric fields, ions and other related phenomena. Battery operated with sensitivity control. A must for those experimenting with HV and static fields.
IOD1 - Plans..$8.00 IOD1K - Kit/Plans $59.95
IOD10 - Assembled $99.95

Video of Tesla Coil in Operation

System produces 6 to 10' discharges from a voltage magnifier. 60 min VHS covers other subjects.
VIDTES - Includes Free Plan Choice $29.95

EMP/HERF Generator

Produce multi-gigawatt pulses

Plans and data show how to build up to a 400 Joule shock pulser using disruptive switching of a LC circuit and other excitation methods. All parts are available along with data on several ready to use systems.
EMP1 Plans and data $20.00

Attention!! **Qualified Researchers Only**
Rental units available of EMP pulsers and Marx generators..Call 603 673 6493 for three page brochure

Attention!! *High Voltage and Hovercraft Experimenters*

Low cost thumb sized modules may be battery powered and used for experimental research in:
Plasma Guns, Shock Wands, Anti-gravity Hovercraft, Tesla Coils, Ion Guns Force Fields, Electrical Pyrotechnics High DC Voltage Power Supplys.
MINIMAX1 - 1000 Volt With IOG9 Plans $17.95
MINIMAX3 - 2 to 3000 Volt With IOG9 Plans $19.95
MINIMAX5 - 7000 Volt With IOG9 Plans $34.95

Bag of five 2 to 3000 volt units-minor repair
MINIBAG1 - Includes basic schematic $19.95

Faraday Cage Construction

For operating large coils near sensitive equipment.
FAR1 Plans $6.00

Information Unlimited, PO Box 716 Amherst, NH 03031-0716 Orders 1-800-221-1705

300,000 Volts DC!!

Attention Physicist, Experimenter, Special Projects! These devices are not static machines, but powerful sources of usable current of up in the milliamps.

Use for anti-gravity, *BIFIELD BROWN*, force fields, hovercraft, plasma blasters drillers ion motors, lightning generation, high ion source ozone and air purification electrification, particle acceleration, atom smasher capacitor charging etc.

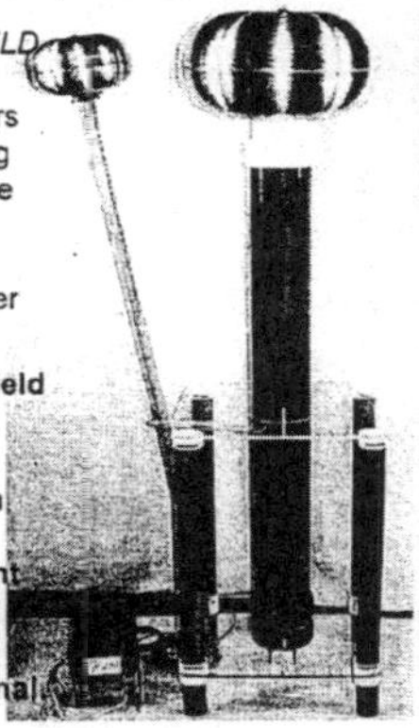

- **Optional 12VDC For Field**
- **115VAC For Lab**
- **Variable DC Output**
- **Adjustable Shutdown**
- **Analog Volt Meter**
- **Table Top, Lightweight**
- **Dry or Oil Filled Stack**
- **14" Oblated Terminal with discharge terminal**

HVOLT100V - Adj 25 to 100KV@1ma **$699.95**
HVOLT200V - Adj 25 to 200KV@.8ma **$1499.95**
HVOLT300V - Adj 25 to 300KV@.4ma **$2499.95**

Low Cost 100,000 Volt DC Supply

Low cost amateur experimenters source of HVDC for many applications

- **100,000 volts at .2ma**
- **Built in dry filled multiplier.**
- **Operates on 12vdc or 115vac**

HVOLT1 - Plans...................... **$8.00**
HVOLT1K - Kit/Plans........... **$149.95**
HVOLT10 - Assembled........ **$249.95**

500,000 Volt Van de Graf

Uses safe static electricity to generate 15" crashing lightning bolts yet harmless enough for those "hair raising" experiments!

- Floor Model Size - 36" High
- 14" Aluminum Collector
- PVC Column, Teflon Pulleys
- 115 VAC (220 VAC, Available)
- Assembles With Pliers/ Screwdriver
- 16 Page Experiment Book
- Weights 15 Pounds

VDG5K - 500KV Kit, 1hr assy time **$349.95**
VDG2K - 200KV Kit, Smaller Version **$149.95**

Available Support Equipment

LJAR - Classic Leyden Jar Capacitor **$39.95**
ESCOPE - Electroscope **$29.95**
FLASHSTICK - Flashes to static electricity............ **$9.95**

High Energy Pulsers

in Live Action on our web site at
www.amazing1.com

Experiment with and Construct Rail Guns, Magnetic Launchers, Coil and Sleeve Guns, Super High Gravity Pulses, Explode Wires and Water, Antigravity, Levitation Mass Warping, Magnetic Can Crushing, Plasma Propulsion High Energy Radio Frequency Guns (Herf), EMP, Lattice Snapping, Muscle and Organ Stimulation and all Types of Electrical Pyrotechnics, Plus Much More!!

- ***Lossless Inductive Reactance Charging***
- ***Programmable Energy Control***
- ***Up to 16 Kilojoules at 5 Kilovolts/115 VAC at 150W***
- ***Triggered 3/8" Tungsten Electrode Spark Switch***
- ***Calibrated Direct Reading Panel Voltmeter***

High Energy Pulser Plans

Includes all data for our *MASS1* Mass driver, *CANCRU1* Can crusher and *WIREXPLOD1* Wire exploder/Blast art.

HEP9 - Plans to 1-16 Kj @ 1-6 Kv Charger/Ignitor.. **$25.00**
HEP9K - Kit/Plans above pulser only **$499.95**
HEP90 - Assembled above pulser only **$649.95**
Above photo shows burst impact of MASS10

Mass Driver system fires a 4 ounce object to a high velocity. System include *HEP90* high energy pulser 1KJ of energy storage, accelerator coil and projectile.
MASS1K - with HEP9K Kit and above parts **$849.95**
MASS10 - Assembled with 1000 Joules storage....**$999.95**

Can Crusher/Mass Warping

A can is crushed into the shape of an hour glass demonstrating the awesome power of magnetics. This is a very popular demo in science museums as users get to crush and keep their own can. *Kids love this!!* System includes *HEP90* high energy pulser, 1KJ of energy storage and warping coil.
CANCRU1K - with HEP9K Kit and above parts..**$799.95**
CANCRU10 - Assmbld with 1000 Joules storage..**$949.95**

Wire Exploding And Blast Art

Generate pyrotechnical explosive blasts for many applications. Create a new artistic concept. System includes *HEP90* high energy pulser, 1KJ of energy storage and shielded explosion chamber.
WIREXPLOD1K - With HEP9K Kit and above parts **$799.95**
WIREXPLOD10 Assmbld with 1000 Joule storage.**$949.95**

Plasma Electrothermal Gun

Plasma Gun Shoots a High Velocity Projectile using above *HEP90 pulser system. Uses the plasma shock wave from an Exploding Wire..*
PPRO1 - Plans show complete system with gun **$20.00**

Call for availability of additional energy storage capacitors and preassembled banks

For Museums, Attention Getting Displays, Action Science Projects and Serious Research. We will assist in installation and setup. Call for details

Information Unlimited, PO Box 716 Amherst, NH 03031-0716 Orders 1-800-221-1705

21.8 Deutsche Lieferanten für elektronische Bauelemente und Geräte

Matronic, Hochspannungskondensatoren und Hochspannungstransformatoren
Scharnhorst Str. 8
86165 Augsburg
Tel.: 08 21 / 79 11 69

Oppermann, Elektronische Bauelemente,
Postfach 1144
31593 Steyerberg
Tel.: 05 764 / 21 49

Helmut Singer Elektronik,
Im Feldchen 16
52070 Aachen
Tel.: 02 41 / 15 53 15

Bürklin,
Schillerstraße 40
80336 München
Tel.: 089 / 55 87 50

Strixner + Holzinger, Halbleitervertrieb GmbH,
Schillerstr. 25-29
80336 München
Tel.: 089 / 55 16 50

RS-Components,
Nordendstraße 72
64546 Mörfelden-Walldorf
Tel.: 06 105 / 401-234

Conrad Elektronik,
Klaus-Conrad-Straße 1
92240 Hirschau
Tel.: 01 80 / 53 12 111

Pollin-Electronic
Max-Pollin-Str. 1
85104 Pförring
Tel.: 08 403 / 920-920

Von allen Firmen können umfangreiche Kataloge angefordert werden.

21.9 Mini-Teslagenerator

40 kV-Mini-Teslagenerator

40 kV-Mini-Teslagenerator (115 x 100 x 40 mm) entsprechend Abb. oben zu € 99, über den Autor (Adresse Seite 124 oben) beziehbar.

Anschrift des Autor:
Günter Wahl
Bahnhofstr. 26
86150 Augsburg
Tel.; 08 21 / 15 35 28
Handy: 01 72 / 82 01 273
E-Mail: wahlg@t-online.de

21.10 Tesla-Infos übers Internet:

HC&RS Home Labor Page:	http://www.hcrs.at
Mirror-Seite:	http://www3.htl-hl.ac.at/homepage/hcrs
Groß-Teslatrafo:	http://www2.htl-hl.ac.at7~smetana/teslatr.htm

www.k-meyl.de
www.webring.org
www.pupman.com
www.privat.schlund.de/s/skluge/toc.htm
http://pages.vossnet.de/wilson/tesla1.htm
www.geocities.com/CapeCanaveral/Hangar/3108/calculat.html
www.magnolia.net/~tank/tesla.htm
www.execpc.com/~ccurran/
www.teslasystems.com
www.lod.org.
www.Richmond.infi.net/~rhull

Zu Tesla selbst:
http://members.xoom.com/_XOOM/tastraum/tesla.html
www.bena.com/lucidcafe/library/96jul/tesla.html

Band 3

Hightech-Elektronik
Experimente

Vorwort

Es gibt immer wieder Projekte, Schaltungen und Experimente, die vom Schleier des Geheimnisvollen umgeben sind. Dies trifft auch auf einige der in diesem Buch behandelten Themen zu.

So erfährt der neugierige Hobby-Elektroniker und Freizeit-Wissenschaftler, mit welchen Bausteinen in den Siebzigerjahren Atombomben gezündet wurden.

Wie Hochspannung zur Abschreckung von Dieben eingesetzt wird, ist ebenfalls Gegenstand einer ausführlichen Betrachtung.

Wer gegen lärmende Lautsprecherboxen im Hip-Hop-Sound vorgehen will, findet in diesem Buch das richtige Rezept, diese Nervensägen drahtlos zu eliminieren. Wie das Kapitel Induktionserhitzer zeigt, haben sich im Raumfahrt-Zeitalter auch die Kochverfahren verbessert.

Tesla-Freaks finden einen Hochleistungs-Teslagenerator in Röhrentechnik. Weiterhin darf auch ein geheimnisvoller Multiwellengenerator für die alternative Medizin nicht fehlen. Abschließend ist im Anhang noch einen interessanter Bericht eines US-Wissenschaftlers zum Thema EMP-Waffen enthalten.

Wer sich mit dem Selbstbau überfordert fühlt oder mehr ins Detail gehen will, erhält im Anhang den Katalog der Firma Information Unlimited. Diese Firma liefert zu den vorgestellten Projekten detaillierte Beschreibungen, Bausätze und Fertiggeräte.

Wichtige Hinweise

- Die in diesem Buch beschriebenen Geräte und Experimente sind potenziell gefährlich. Sie können Sach- und Personenschäden bis hin zum Tod verursachen. Die Gefährdung ist nicht auf die unmittelbare

Umgebung des Aufbaus beschränkt, sondern betrifft auch Personen und Sachen in größerer Entfernung.

- Die sichere Durchführung der beschriebenen Experimente erfordert neben großer Umsicht auch besondere Sachkenntnis und Fähigkeiten, die dieses Buch nicht vollständig vermitteln kann.
- Sicherheitshinweise und ähnliche Aussagen geben lediglich die Erfahrung des Autors wieder und sind keinesfalls als Sicherheitsgarantien zu verstehen.
- Der Autor weist darauf hin, dass der Aufbau und/oder die Inbetriebnahme bestimmter Geräte und Experimente möglicherweise gegen gesetzliche Bestimmungen oder technische Normen verstößt.
- Die in diesem Buch enthaltenen Angaben wurden nach bestem Wissen des Autors gemacht. Eine Garantie für die Richtigkeit kann jedoch nicht gegeben werden. Eine Haftung für Folgen, die sich aus falschen Angaben ergeben, ist ausgeschlossen.
- Autor und Verlag übernehmen keinerlei Haftung für Schäden oder Folgeschäden, die aus dem Nachbau der in diesem Buch beschriebenen Geräte und Experimente oder allgemein aus der Verwertung des Inhalts entstehen können.

Inhalt

1 Experimente mit der Krytronröhre KN 22 (EG & G)

In den Siebzigerjahren wurden Atombomben noch mit Thyratronröhren gezündet. Diese speziellen Röhren werden Krytrons genannt. Im Grunde sind es nur schnelle Schalter. Sie arbeiten mit Betriebsspannungen von 400 bis 5.000 V und Anstiegs- und Abfallzeiten von 40 ns und 5 ns.

Sie eignen sich als sehr schnelle Schalter mit kleiner Schaltverzögerung und geringem Überschwingen. Die Hauptanwendungsgebiete liegen im Pockelzellen-Bereich bzw. in der Lasertechnik. Sie werden in den USA hergestellt.

Die „Regenbogenpresse" fällt noch heute auf die frühen „Atombombenzünder" herein und versucht das Thema sensationslüstern aufzubauschen.

Die KN22 enthält in ihrem Glasgehäuse ein Nickelisotop zur Vorionisation. Deshalb befindet sich auf der Röhre ein Radioaktivitätshinweis mit dem Strahlenpropeller.

Der normale BILD-Zeitungsleser und ein paar verschlafene Schlapphüte schließen deshalb messerscharf auf „Atombombenzünder". Dabei enthält jede Gasentladungsröhre wie zum Beispiel auch Energiesparlampen radioaktive Isotope.

In den Siebzigerjahren wurden die Krytrons tatsächlich als Atombombenzünder verwendet, doch heute stehen sie im Museum und werden schon lange nicht mehr als Zünder eingesetzt. Wegen seiner Empfindlichkeit auf radioaktive Strahlung wurde das Krytron zunächst vom unempfindlicheren und leistungsfähigeren Sprytron abgelöst. Über den momentan aktuellen Stand der Zündertechnik lässt sich wenig sagen. Es

Abb. 1.1: Krytronröhre vor dem Hintergrund einer Atombombenexplosion

dürfte jedoch als sicher gelten, dass Halbleiterschalter mit den entsprechenden Datenprofilen die Röhrenzünder verdrängt haben.

Das in *Abb. 1.1* gezeigte Krytron vor dem Hintergrund einer Atombombenexplosion hat einen Durchmesser von nur 1 cm bei einer Länge von 2 cm. Diese Röhren waren in den Siebzigerjahren die entscheidenden Bauteile einer Atombombe. Die Krytrons ermöglichten die zeitgenaue Zündung des konventionellen Sprengstoffs, der die nukleare Kettenreaktion auslöste.

Aus *Abb. 1.2* ist zu ersehen, wie die Krytrons über die beiden Halbschalen aus konventionellem Sprengstoff verteilt sind. Die Zündung aller Krytrons muss absolut gleichzeitig erfolgen, um die Plutoniumhohlkugel zu einem Metallklumpen zusammenzupressen und damit die atomare Kettenreaktion einzuleiten. Wenn die Implosion unsymmetrisch wäre, würde das Plutonium an den Unterdruckpunkten herausspritzen. Die

Krytrons müssen also ein intaktes Timing aufweisen, das heißt, alle mit einem explodierenden Draht (Exploding Wire) verbundenen Krytrons müssen etwa gleichzeitig zünden. Dabei wird pro Krytron ein auf etwa 5 kV aufgeladener 1-µF-Kondensator entladen. Dann fließt ein impulsförmiger Entladestrom von 500 bis 1.000 A. Der in Sprengstoff eingebettete Exploding Wire besteht meist aus Gold oder Platin mit einem Durchmesser von ca. 0,02 bis 0,05 mm. Wenn das Timing stimmt, läuft die Zündung in Bruchteilen einer Mikrosekunde ab. Der Exploding Wire explodiert dabei in einigen Nanosekunden.

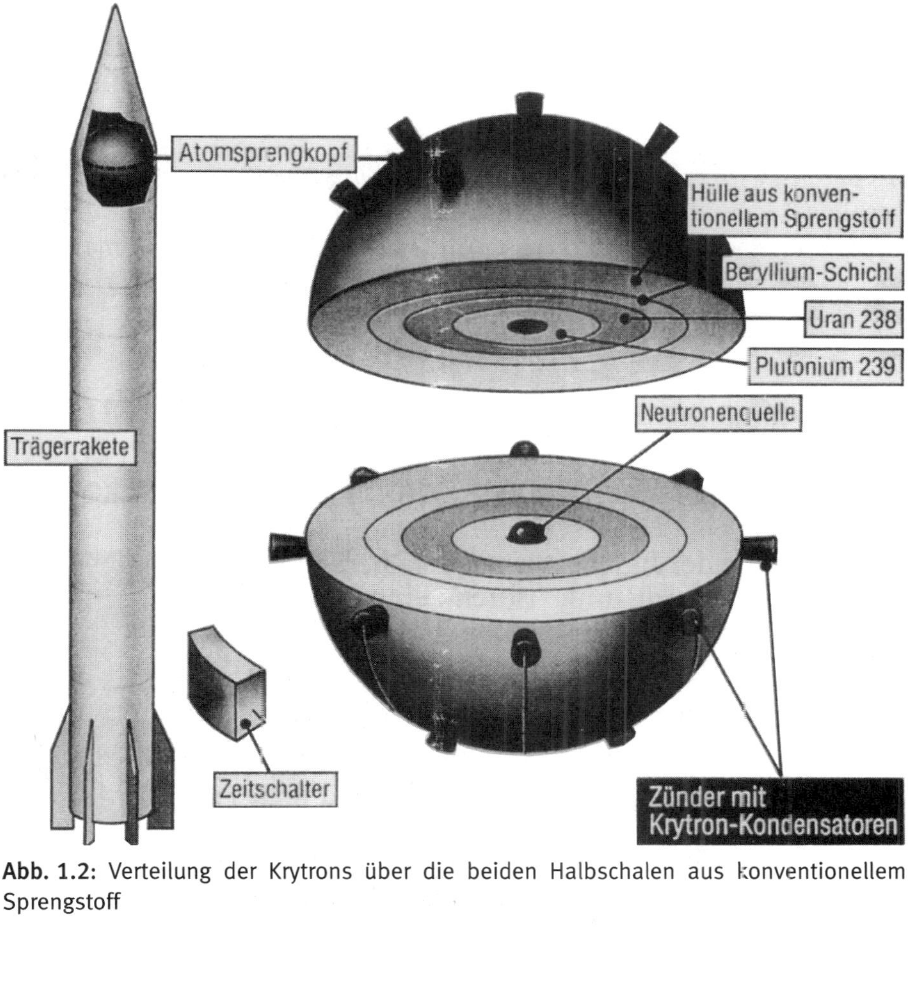

Abb. 1.2: Verteilung der Krytrons über die beiden Halbschalen aus konventionellem Sprengstoff

Abb. 1.3: Modell einer Atombombe

In *Abb. 1.3* wird ein Modell der Bombe gezeigt. Deutlich sind die helle Berylliumkapsel, welche die Plutonium-Hohlkugel umschließt, und die Hälfte des Sprengstoffmantels zu sehen. Die Krytron-Zünder sind auf diesem Modell nicht zu sehen.

In *Abb. 1.4* wird eine Krytron-Demo-Schaltung des US-Herstellers EG & G gezeigt. Der Exploding Wire liegt in der Kathodenleitung. Als minimale Betriebsspannung gibt der Hersteller 400 V an, während die maximale

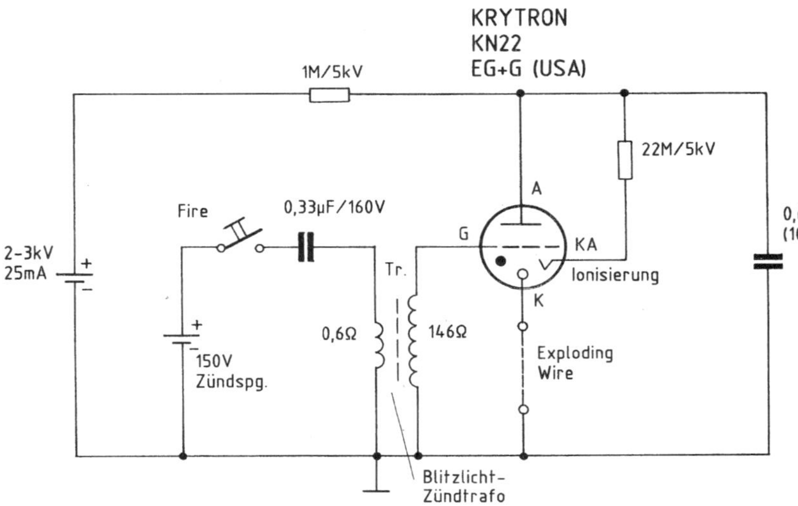

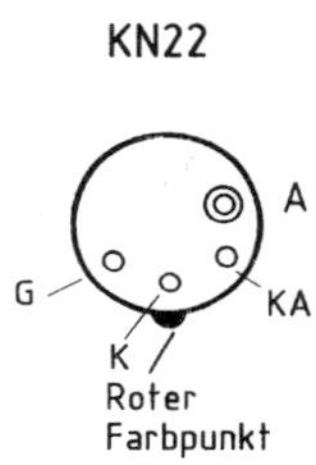

Abb. 1.4: Krytron-Demo-Schaltung mit Exploding Wire

Betriebsspannung nicht über 5 kV liegen sollte. Als Spitzenstrom sind 100 A für eine Impulsdauer von 40 ns angegeben. Der Triggerimpuls am Gate sollte größer als 750 V sein. Die Zündung erfolgt mit einer Verzögerung von 40 ns. Die KA-Elektrode erzeugt die Vorionisation und braucht etwa 0,3 mA. Die Abkürzung KA bedeutet „Keep Alive". Die KA-Elektrode leuchtet im Betrieb wie eine Glimmlampe. Der Zündtrafo wurde aus einem alten Blitzlicht ausgebaut. Der Blitzlichttrafo hat primärseitig 0,6 Ω und sekundärseitig 146 Ω Gleichstromwiderstand. Statt eines hauchdünnen Exploding Wires wurde eine Glühlampe mit 6 V/10 W zur Demonstration vorgesehen.

Bei der Zündung des Krytrons leuchtet der Heizfaden der Glühlampe kurz auf. Er brennt dabei aber nicht durch. In *Abb. 1.5* ist der Demo-Auf-

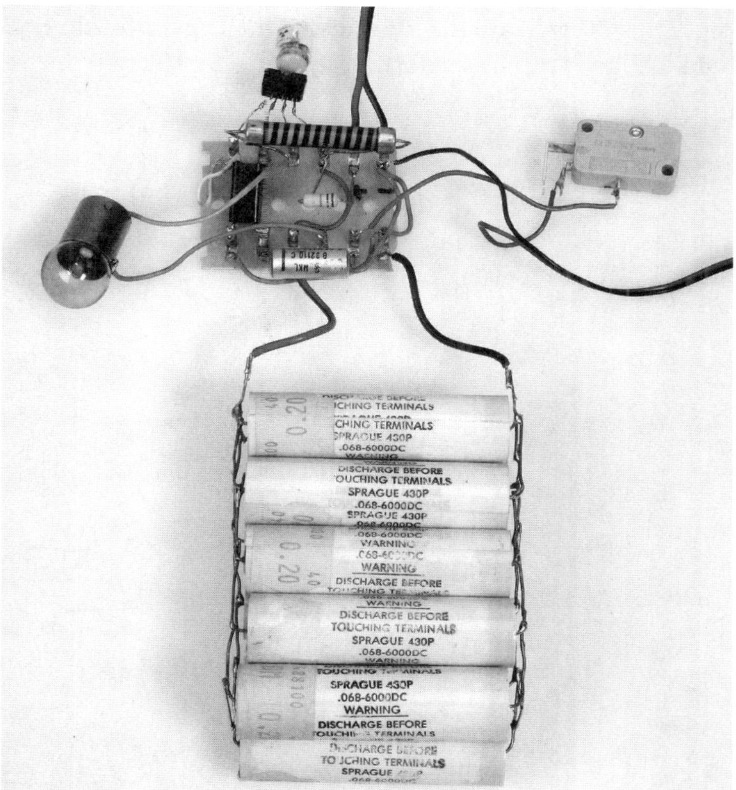

Abb. 1.5: Krytron-Demo-Schaltungsaufbau

bau der Exploding-Wire-Schaltung zu sehen. Da die Glühlampe nur etwa 40 ns mit etwa 100 A beaufschlagt wird, brennt der Glühfaden nicht durch. Im Moment der Zündung leuchtet das Krytron ebenfalls kurz auf. Mit dem richtigen Zünddraht, der in Sprengstoff gebettet ist, wird eine zuverlässige Zündung ausgelöst. Wenn nun alle über den Umfang verteilten Krytrons gleichzeitig zünden, führt das zu einer Implosion des Plutoniummantels und damit zu einer nuklearen Kettenreaktion.

Die Firma EG & G veröffentlicht in ihren Applikationsschriften unter anderem noch einen exotischen Impulsgenerator mit extrem kurzen Anstiegs- und Abfallzeiten. Diese Schaltung wird in *Abb. 1.6* gezeigt. Der Umgang mit Betriebsspannungen von 1 bis 5 kV ist ungewohnt. Über den Zweck dieses Impulsgenerators schweigt sich die Firma EG & G aus. Folgende Daten weist der Generator aus: Ausgangsimpulsamplitude: 3.600 V, Anstiegszeit: 30 ns, Abfallzeit: 3 ns, Ausgangsimpulsbreite: 0,4 bis 1,2 µs (einstellbar), Impulswiederholrate: 1 bis 50 Hertz.

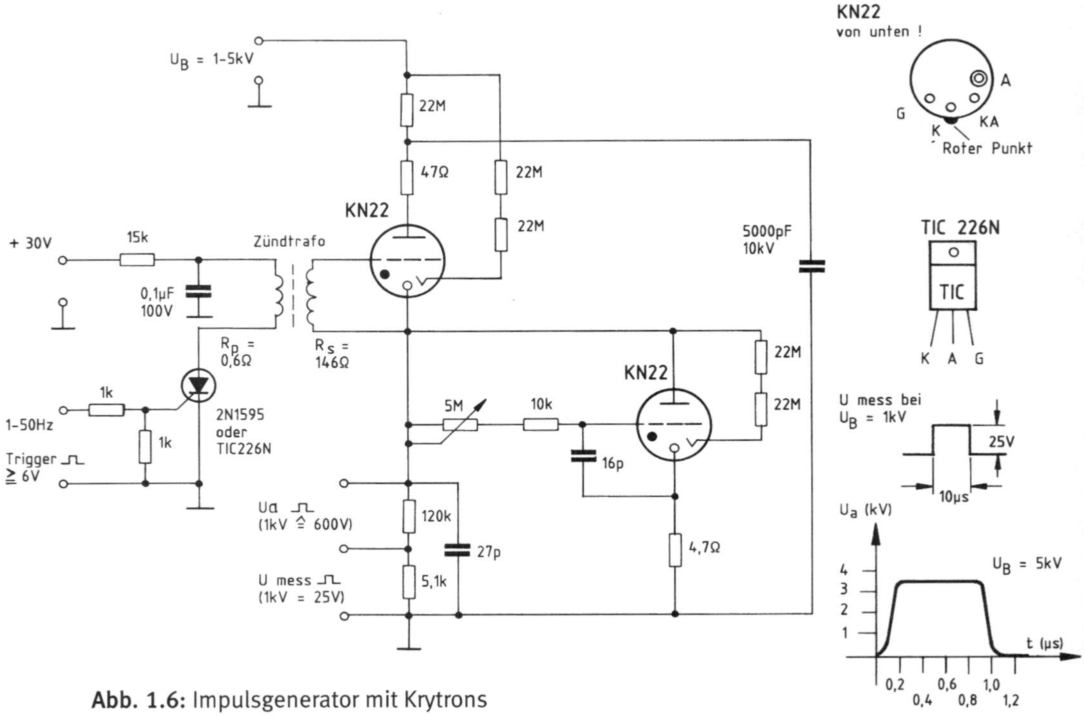

Abb. 1.6: Impulsgenerator mit Krytrons

Bei verringerter Anodenspannung kann das KN22 bis zu 1.200 Impulse pro Sekunde schalten. Dazu muss die Schaltung jedoch abgeändert werden. *Abb. 1.7* zeigt den Aufbau des Impulsgenerators. Wegen der hohen Betriebsspannung sind entsprechende Hochspannungswiderstände vorgesehen. Zur Zündimpulserzeugung diente wieder ein aus einem Fotoblitzlichtgerät ausgebauter Zündtrafo.

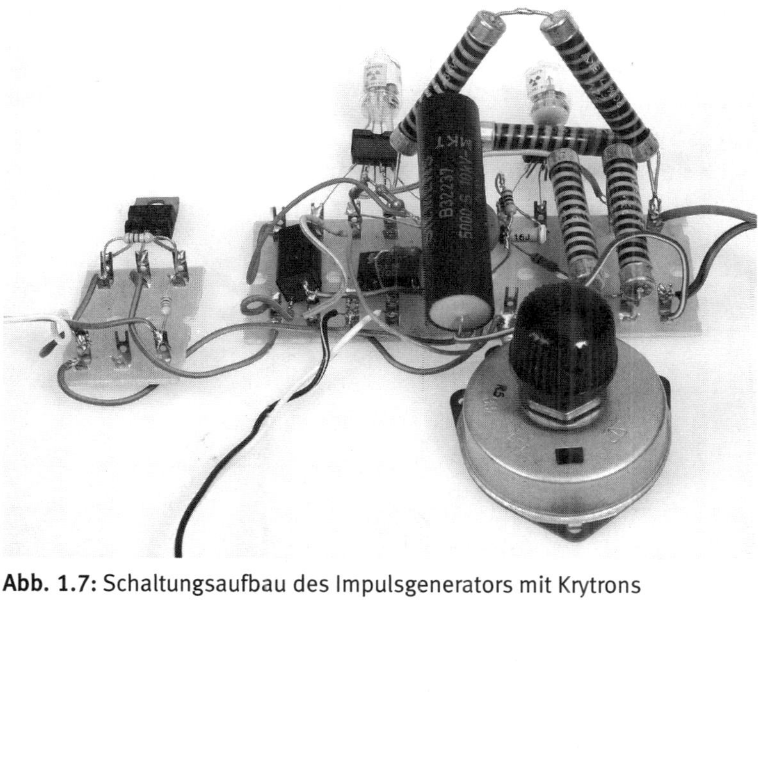

Abb. 1.7: Schaltungsaufbau des Impulsgenerators mit Krytrons

2 Solid-State-Teslamodul

Die in *Abb. 2.1* gezeigte Schaltung besitzt Eigenschaften, die sie zu einem wertvollen Werkzeug für Hochspannungsexperimente macht.

Das Solid-State-Teslamodul arbeitet bei 11 bis 15 V Betriebsspannung. Bei einer Volllast von 3 A sollte ein kräftiger 12-Volt-Akku vorgesehen werden. Die Ausgangsfrequenz liegt bei etwa 60 kHz. Die Ausgangsspannung eignet sich zur Ansteuerung von Spannungsvervielfacher-Kaskaden sowie von Gasentladungsröhren aller Art. Mit Spannungsvervielfa-

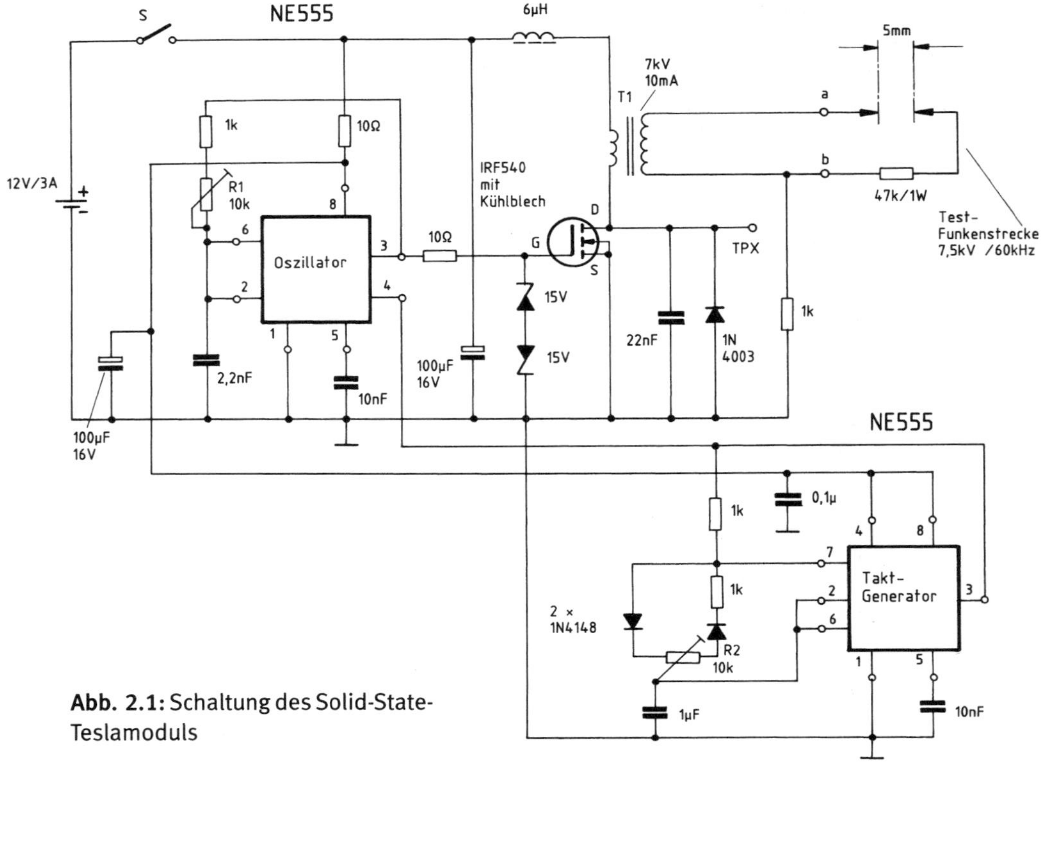

Abb. 2.1: Schaltung des Solid-State-Teslamoduls

cher-Kaskaden können bis zu 100 kV Gleichspannung bereitgestellt werden. Damit eignet sich das Modul auch für kleine Modell-Antigravitationsraumschiffe und Ozonluftreiniger.

Diese Art der Spannungserzeugung mittels Vervielfacher-Kaskaden wurde bereits bei der ersten Kernspaltung verwendet, die das Nuklearzeitalter einleitete. In Kapitel 7 wird die Anschaltung einer derartigen Vervielfacher-Kaskade gezeigt. Das Solid-State-Teslamodul erzeugt eine 60-kHz-Wechselspannung mit einer Amplitude von ca. 7 kV. Der 22-nF-Kondensator am Drainanschluss des IRF-540-MOS-Transistors befindet sich mit der Primärwicklung des Transformators T1 in Resonanz, wenn die Frequenz mit R1 richtig eingestellt ist.

Der Oszillator NE 555 ist als astabiler Multivibrator geschaltet, dessen Ausgangsfrequenz mittels des Trimmers R1 einstellbar ist. In *Abb. 2.2* ist

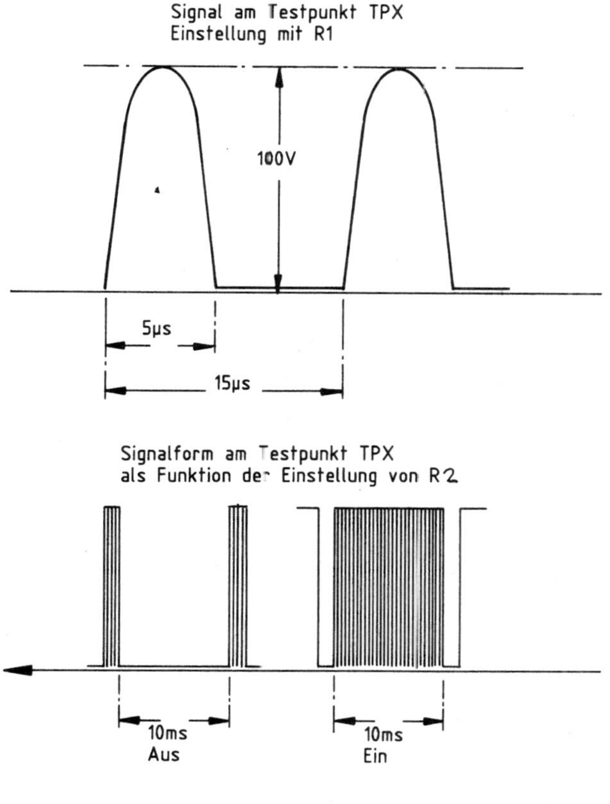

Abb. 2.2: Signalformen am Testpunkt TPX

die Signalform am Testpunkt TPX zu sehen. Der zweite NE 555 ist als Taktgenerator mit einer Auszeit und Einzeit von 100 ms geschaltet. Die 60 kHz werden also im 100-Hz-Takt ein- bzw. ausgeschaltet. Wie in Abb. 2.1 gezeigt, ist am Ausgang eine Schutzfunkenstrecke mit 5 mm Elektrodenabstand vorgesehen. Dies verhindert einen Durchschlag innerhalb der Sekundärwicklung von T1.

Der Trafo T1 kann wie der gesamte Bausatz über die Firma *Information Unlimited* (siehe Anhang) in den USA besorgt werden. Die Eigenresonanz der Primärseite kann entsprechend *Abb. 2.3* durch Zwischenlegen eines 0,1- bis 0,3-mm-Abstandsscheibchens verändert werden. *Abb. 2.4* zeigt den Aufbau des Solid-State-Teslamoduls.

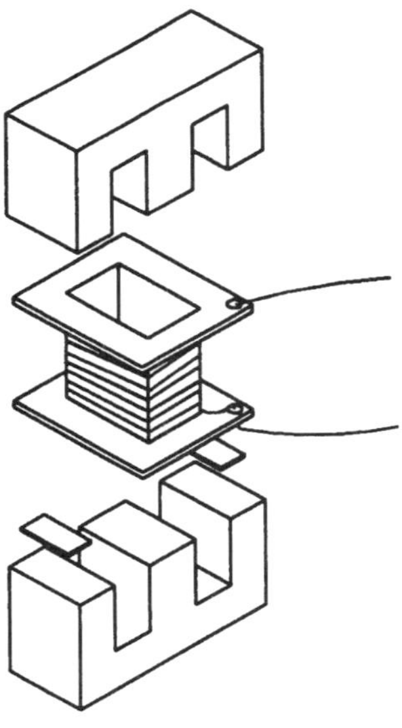

Abb. 2.3: Veränderung der Eigenresonanz durch Zwischenlegen eines Abstandsscheibchens

Abb. 2.4: Aufbau des Solid-State-Teslamoduls

3 Hochspannungselektrifizierung von Objekten und Fahrzeugen

Die in *Abb. 3.1* gezeigte Schaltung erzeugt 20.000-Volt-Impulse mit relativ niedriger Energie, in etwa vergleichbar mit einem Kfz-Zündsystem. Obwohl diese Impulse nicht lebensgefährlich sind, können sie sehr schmerzhaft sein. Der Hochspannungsoszillator mit dem Transistor MJE 3055 erzeugt am Ausgang von Transformator Tr.1 ca. 2.000 V bei einer Belastung mit ca. 5 mA. Die Spannungsverläufe an Testpunkt A und Testpunkt B sind aus *Abb. 3.2* zu ersehen. Links im Bild ist die Impulsspannung am Kollektor des MJE 3055 zu sehen, während rechts im Bild die Impulsspannung am Trafoausgang dargestellt ist. Durch Zuschalten des 3,9-µF-Kondensators mittels des Schalters S erhöht sich die Ladezeit. Sobald am Überspannungsableiter (SIDAC) die 300-V-

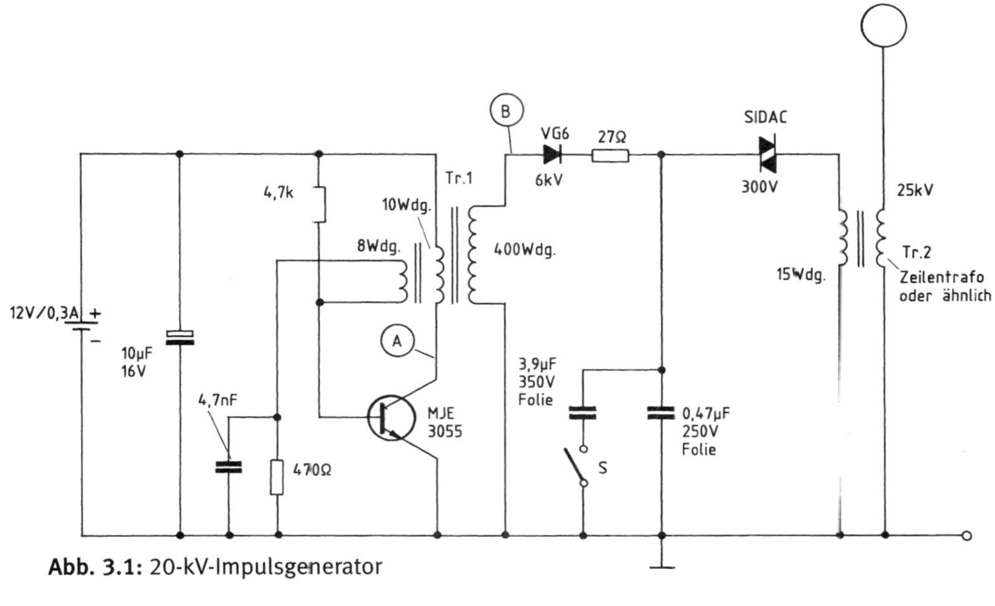

Abb. 3.1: 20-kV-Impulsgenerator

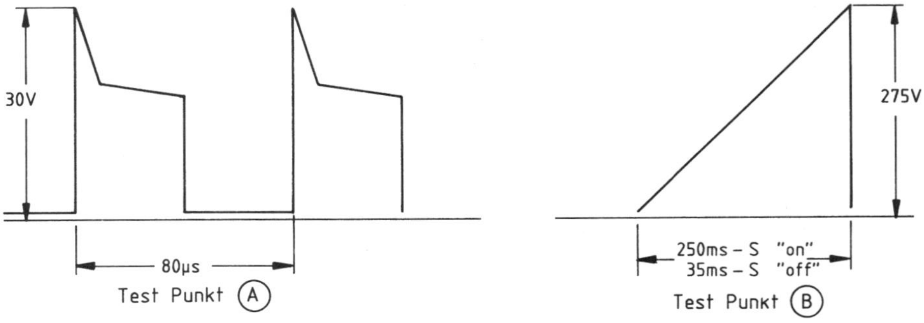

Abb. 3.2: Spannungsverläufe am Testpunkt A und B

Schwellspannung erreicht ist, schaltet dieser schlagartig durch und entlädt den oder die Kondensatoren über die Primärwicklung des Tr. 2.

Als Trafo eignen sich zum Beispiel eine alte Kfz-Zündspule oder ein Zeilentrafo mit modifizierter Primärspule. Je nach der in den Ladekondensatoren gespeicherten Energie ($W = 0{,}5\ CU^2$) beginnt es bei etwa 5 Ws gefährlich zu werden. Besonders gefährdet sind hauptsächlich Personen mit Herzschrittmachern. Im Übrigen ist die Stromschlagempfindung individuell unterschiedlich. Was für eine Person ein leichter Schlag ist, kann für andere Personen bereits lebensgefährlich sein. Selbst wenn die hier vorgestellte Schaltung einen kleinen mittleren Strom erzeugt, der niedriger als der für einen durchschnittlichen Erwachsenen lebensgefährliche Strom ist, können die speziellen Umstände, wie zum Beispiel eine Herzerkrankung oder andere physikalische Parameter die unmittelbare Wirkung und die spätere Reaktion beeinflussen.

Die folgende Tabelle zeigt bestimmte durch elektrische Ströme hervorgerufene Wirkungen. Es ist immer eine entsprechende Spannung erforderlich, damit ein definierter Strom durch einen gegebenen Widerstand, beispielsweise den menschlichen Körper, fließen kann. Wenn mit Geräten gearbeitet wird, die Speicherkondensatoren besitzen, muss berücksichtigt werden, dass während einer bestimmten Zeitdauer ein hoher Spitzenstrom fließen kann, der möglicherweise tödlich sein kann, falls diese Zeit lang genug ist.

In der jüngsten Vergangenheit sind viele Gesetze erlassen worden, nach denen unter Umständen jeder Versuch, sich selbst oder sein Eigentum

0,01 bis 1 mA	Kribbeln bis unangenehm	statische elektrische Schläge
1 bis 5 mA	unangenehm bis schmerzhaft	Zündkerze, Bildröhren
5 bis 20 mA	schmerzhaft bis sehr schmerzhaft	Ölbrenner-Zündung, Insektenfallen, Elektroschocker
20 bis 50 mA	sehr schmerzhaft bis möglicherweise lebensgefährlich	Neonröhren-Transformator, alte Röhrenradios
50 bis 100 mA	möglicherweise lebensgefährlich bis lebensgefährlich	Sender mit niedriger Leistung, Kondensatorladungen für Laser
100 bis 500 mA	lebensgefährlich bis tödlich	Sender mit mittlerer Leistung, Laborstromversorgungen
500 mA bis 1 A und mehr	tödlich, normalerweise keine zweite Chance	elektrischer Stuhl, 220-V-Netzstrom unter bestimmten Umständen

mit Hochspannungsimpulsen zu schützen, dazu führt, verklagt zu werden, falls Verletzungen auftreten.

Wie die Viehzäune unter Beweis stellen, gibt es durchaus Impulsspannungen und Energien, die nicht zu Verletzungen führen können.

Der Aufbau der Elektrifizierungsschaltung wird in *Abb. 3.3a* gezeigt.

Abb. 3.3a: Aufbau des Impulsgenerators

Die folgenden Beispiele sollen zeigen, wie Gegenstände wirkungsvoll elektrifiziert werden können. Folgende Bedingungen müssen erfüllt sein:

- Der Gegenstand muss leitfähig sein, beispielsweise aus Metall bestehen oder einen leitenden Anstrich besitzen. Auch ein nasser Erdboden ist leitfähig.
- Ein Tier oder ein Einbrecher muss die Verbindung liefern, um den Stromkreis zu schließen, das heißt, die Extremitäten müssen wie in *Abb. 3.3b* mit dem unter Hochspannung stehenden Gegenstand und einer leitfähigen Oberfläche, wie zum Beispiel dem Erdboden, in Kontakt gelangen.

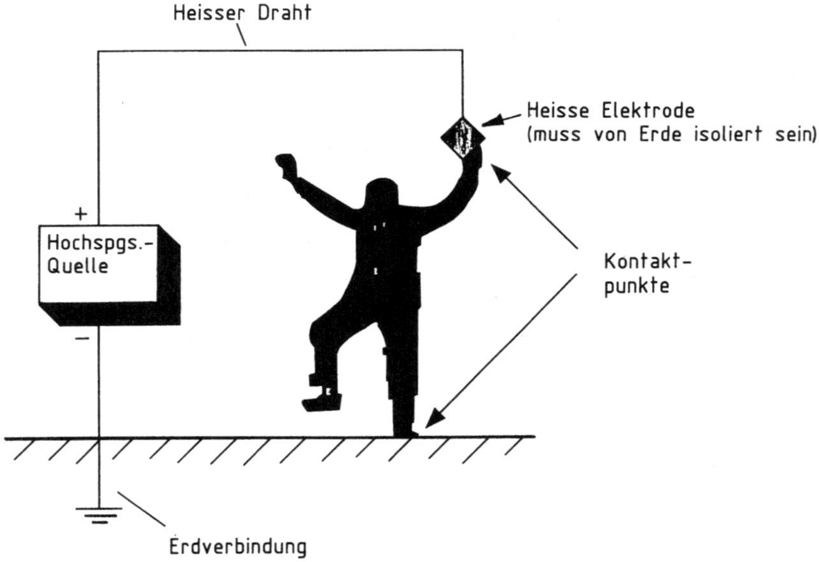

Abb. 3.3b: Hochspannungsstromkreis

Die Stärke des elektrischen Schlags hängt von der Leitfähigkeit der Materialien im Stromkreis ab. Um einen Menschen zu töten, müssen im Stromkreis zwischen 0,5 A und 20 A fließen. Um diesen Strom zum Fließen zu bringen, sind normalerweise mehrere Tausend Volt erforderlich. Elektrische Stühle arbeiten mit derartigen Spannungen.

Impulsenergiequellen für Weidezäune arbeiten auf der Basis von Kondensatorentladungen. Diese können relativ sicher verwendet werden, da nur die Spitzenströme hoch sind, während der Strommittelwert niedrig ist. Die in diesem Kapitel beschriebene Schaltung arbeitet nach dem Prinzip der Kondensatorentladung.

In *Abb. 3.4* wird gezeigt, wie Mülltonnen vor Ratten oder sonstigen Tieren geschützt werden können. Mülltonnen aus Kunststoff müssen zu diesem Zweck mit Alu-Spray leitfähig gemacht werden.

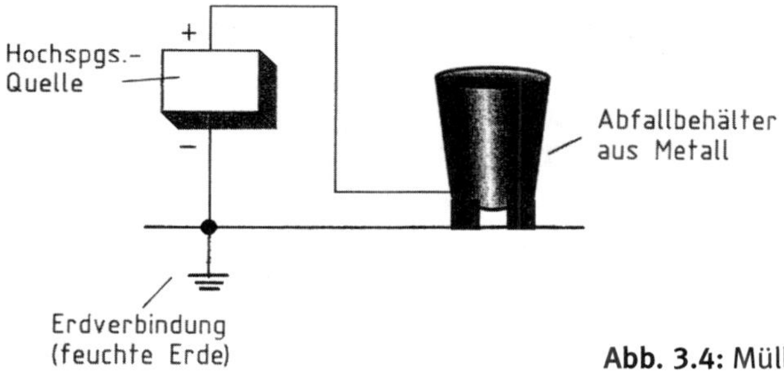

Abb. 3.4: Mülltonnen unter Strom

Wer eine eingegrenzte Fläche seines Gartens gegen streunende Tiere schützen will, kann dies entsprechend *Abb. 3.5* realisieren. Vier Kunststoffpfähle werden mit Schlitzen versehen. In den Schlitzen wird ein blanker Draht verlegt.

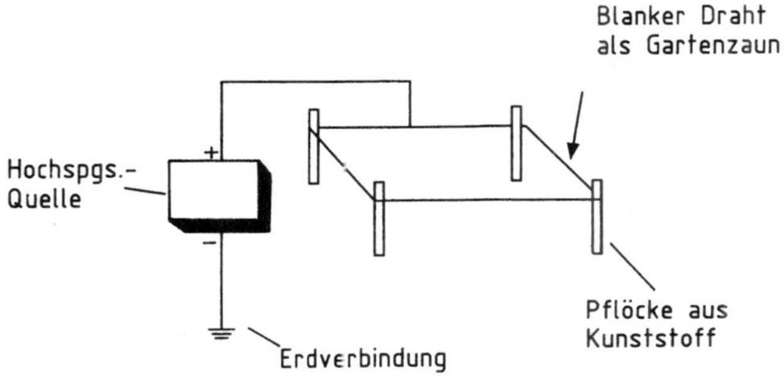

Abb. 3.5: Elektrischer Zaun

Aus *Abb. 3.6* geht hervor, wie ein bestimmter Bodenbereich gegen streunende Tiere elektrisch abgeschirmt werden kann.

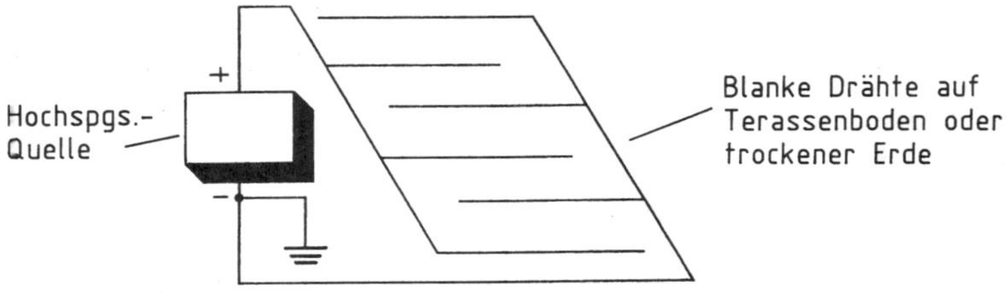

Abb. 3.6: Schutzbereich gegen streunende Tiere

Zur Befestigung der Drähte können kleine Steine verwendet werden. Der Boden muss trocken und nicht leitend sein. Notfalls muss eine isolierende Gummi- oder Kunststoffmatte verwendet werden.

Ein netter Gag wird in *Abb. 3.7* gezeigt: Der Besucher versucht die Türe zu öffnen. In diesem Moment bekommt er einen elektrischen Schlag.

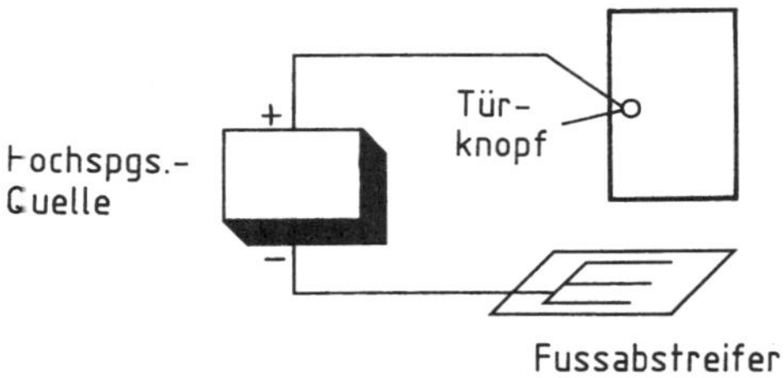

Abb. 3.7: Einbrecherschutz

In *Abb. 3.8* ist veranschaulicht, wie ein Zaun unter Strom gesetzt wird. Der oberste Draht steht unter Spannung, da jeder, der versucht, über den Zaun zu klettern, mit diesem Draht in Kontakt kommt.

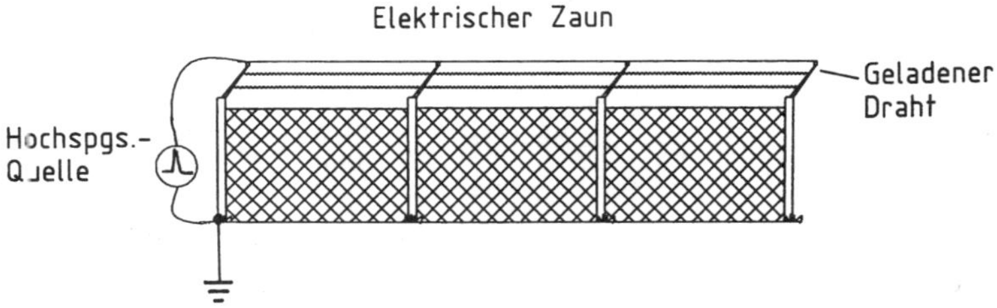

Abb. 3.8: Elektrischer Zaun

In *Abb. 3.9* ist zu sehen, wie ein Kfz-Lenkrad elektrisch aufgeladen wird. Sobald sich ein Dieb ins Auto setzt, aktiviert er einen Druckschalter im Sitz, der das Lenkrad unter Strom setzt. Als Gegenpol dienen hauchdünne Drähte im Sitzkissen.

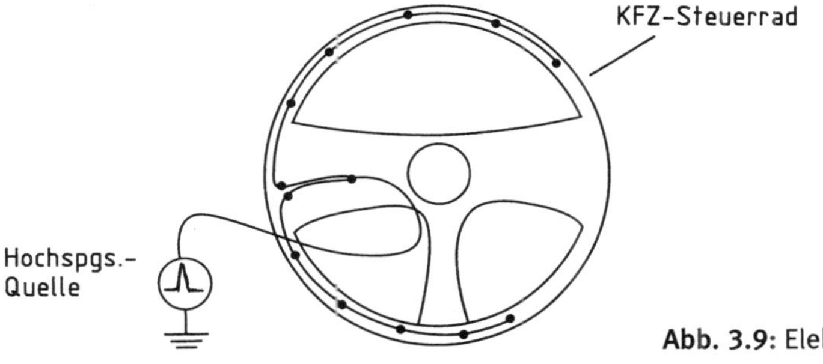

Abb. 3.9: Elektrifiziertes Lenkrad

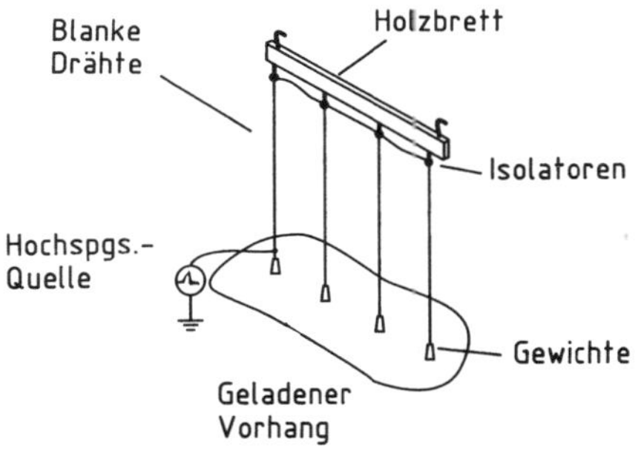

Abb. 3.10: Elektrischer Vorhang

Mit dem in *Abb. 3.10* gezeigten elektrischen Vorhang können Räume und Wege wirkungsvoll gegen Betreten gesichert werden. Die Gewichte hängen an Stahldrähten in 20 bis 30 cm Höhe.

Abb. 3.11 zeigt die Elektrifizierung eines Autos. Der heiße Pol der Hochspannungsquelle liegt auf dem Autochassis. Zur Masseverbindung mit der Erde bzw. dem Boden empfiehlt sich eine Erdungskette oder ein Grafitschwanz. Die Grafitschwänze gibt es in gut sortierten Autozubehörläden. Ihre Aufgabe ist es normalerweise, statische Aufladungen über die Erde abzuleiten. Die Erdleitung muss gut isoliert durch eine Chassisbohrung durchgeführt werden. Der Impulsgenerator muss energiereiche Hochspannungsimpulse im Ampere-Bereich liefern, da

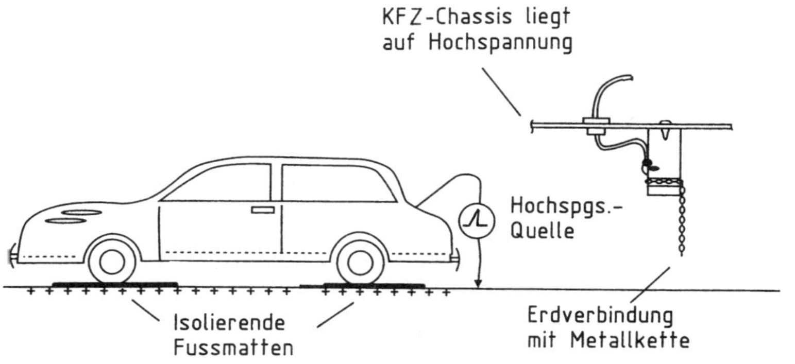

Abb. 3.11: Elektrifizierung eines KFZ

die Reifen durch ihren Grafitgehalt einen Nebenschluss darstellen. In Südamerika, wo es in Verbrecher- und Polizeikreisen nicht gerade zimperlich zugeht, werden viele Autos unter Strom gesetzt. Zwischen dem Autochassis und dem Boden werden sehr schmerzhafte 5-Ws-Impulse erzeugt. In Nordamerika und Europa ist der Auto-Hochspannungsschutz nicht erlaubt.

Der Impulsgenerator aus Abb. 3.1 kann auch zum Betrieb von Funkenstrecken, Blitzröhren und chemischen Zündern verwendet werden. Je nach Übersetzungsverhältnis des Ausgangstrafos werden Hochspannungsimpulse in der Größenordnung von 20.000 V erzeugt. Die erzeugte Energie hängt vom Ladekondensator und dem Ausgangstrafo ab. Bei 5 Impulsen pro Sekunde ist mit einer mittleren Energie von 0,2 Ws zu rechnen. Impulse mit einem Energieinhalt von 5 Ws sind äußerst schmerzhaft, Schläge mit 25 Ws können tödlich sein.

Abb. 3.11a zeigt abschließend noch einen relativ harmlosen Scherz: In einem Schlitz des Gummiballs wird ein Kondensator integriert, welcher bei Berührung ungefährliche Schläge austeilt. Der Kondensator wird mit der ersten Stufe der Schaltung aus Abb. 3.1 aufgeladen.

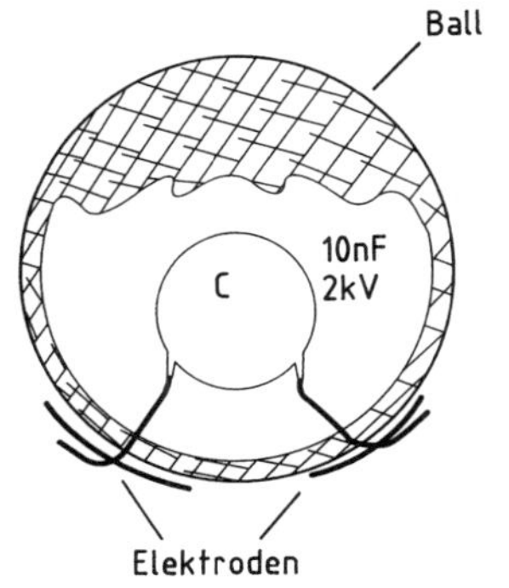

Abb. 3.11a: Gummiball mit Überraschung

4 EMP-Kanone im Kilowatt-Bereich

Die in *Abb. 4.1* gezeigte Schaltung einer Impulskanone arbeitet im Frequenzbereich bis 100 MHz und liefert dabei Spitzenleistungen von einigen Kilowatt. Zum Betrieb ist das Solid-State-Teslamodul aus Kapitel 2 (Abb. 2.1) erforderlich.

Um eine empfindliche Schaltungsanordnung auf Halbleiterbasis zu zerstören, sind gewisse Voraussetzungen zu erfüllen. Die meisten Mikroprozessoren bestehen aus Feldeffekt-Transistoren (FETs), welche bei sehr niedrigen Spannungen arbeiten. Sobald diese Spannungen überschritten werden, entsteht eine nicht mehr reversible Beschädigung. In weniger ernsten Fällen führt dies zu einer Entprogrammierung. Zur

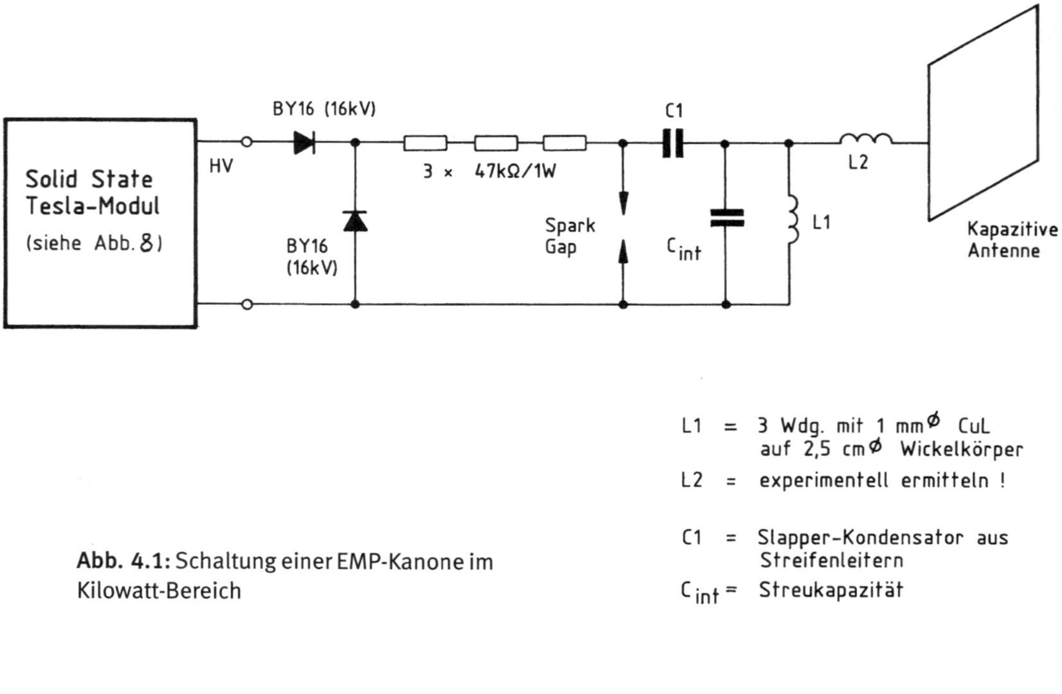

Abb. 4.1: Schaltung einer EMP-Kanone im Kilowatt-Bereich

Erzeugung von Störspannungen müssen über den Leiterbahnen stehende Energiewellen erzeugt werden. Dieser Effekt kann durch Mikrowellen mit schnellen Anstiegszeiten und kurzer Burst-Dauer erzielt werden. Maßgebend ist der Quotient aus Energie und Wellenlänge.

Mikrowellenimpulse können auf verschiedene Arten erzeugt werden. Flusskompressionsgesteuerte Explosivgeneratoren können aus einigen Hundert Kilowatt (kJoule) Spitzenleistungen von mehreren Gigawatt erzeugen. Explosivgeneratoren erfordern die Verwendung von hochbrisantem Sprengstoff. Die Flusskompression erfordert ähnlich wie bei einer Nuklearzündung eine genaue zeitliche Steuerung. Hier bietet sich wieder der Einsatz von Krytrons (siehe Kapitel 1) an.

Bei einem anderen Verfahren werden explodierende Drähte verwendet. Ein explodierender Draht unterbricht schlagartig den Stromfluss in einer LCR-Schaltung (siehe das im Franzis-Verlag erschienene Buch „Neue Experimente mit EMPs, Tesla- und Mikrowellen, ISBN 978-3-7723-4214-1). Dabei wird ein sehr schneller und energiereicher elektromagnetischer Impuls (EMP) erzeugt.

Doch nun zur Schaltung in Abb. 4.1: Mit der gleichgerichteten Hochspannung aus dem Solid-State-Teslamodul wird der Kondensator C1 aufgeladen. Bei Erreichen der Zündspannung an der Funkenstrecke schlägt diese durch. Der Strom durch L1 steigt schnell an. Die Energie schwingt dann wie in einem Reihenschwingkreis hin und her, bis die Funkenstrecke erlischt. Dann beginnt das Spiel von Neuem. Zur einwandfreien Funktion muss der Spalt der Funkenstrecke variierbar sein. Die Funkenstrecke muss auf jeden Fall durchschlagen, bevor die maximale Ladespannung von 5 kV am Kondensator C1 erreicht ist. Für C1 wird ein 50-nF-Kondensator verwendet. In *Abb. 4.2* ist die Funkenstrecke mit den drei vorgeschalteten 47-Ω-Widerständen zu sehen. Der Kondensator C1 ist ein sogenannter Slapper- bzw. Stripline-Kondensator, dessen Eigeninduktivität sehr gering ist. Er erzeugt schnelle Anstiegszeiten und wird gerne für zeitgenaue Sprengstoffzünder verwendet. In *Abb. 4.3* ist der Aufbau der EMP-Kanone ohne das Solid-State-Teslamodul und die Funkenstrecke zu sehen. In die Ausgangsleitung zur kapazitiven Antenne ist eine Spule geschaltet. Diese Induktivität gleicht den kapazitiven Leitungswiderstand und die Endkapazität aus. Mittels eines Dipmeters kann die Resonanzfrequenz von L1/C1 ermittelt werden. Der Wert von L2 muss durch Vergleichsmessungen der ausgesandten Strahlung optimiert werden.

Abschließend werden in *Abb. 4.4* Teile des Aufbaus gezeigt. Oben rechts ist der Slapper-Kondensator von *Information Unlimited* zu sehen. Oben links wird statt der Drahtspule ein locker gewickeltes Kupferband verwendet.

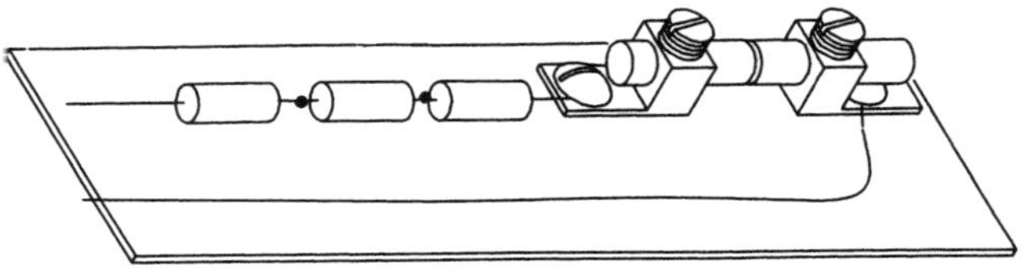

Abb. 4.2: Variierbare Funkenstrecke

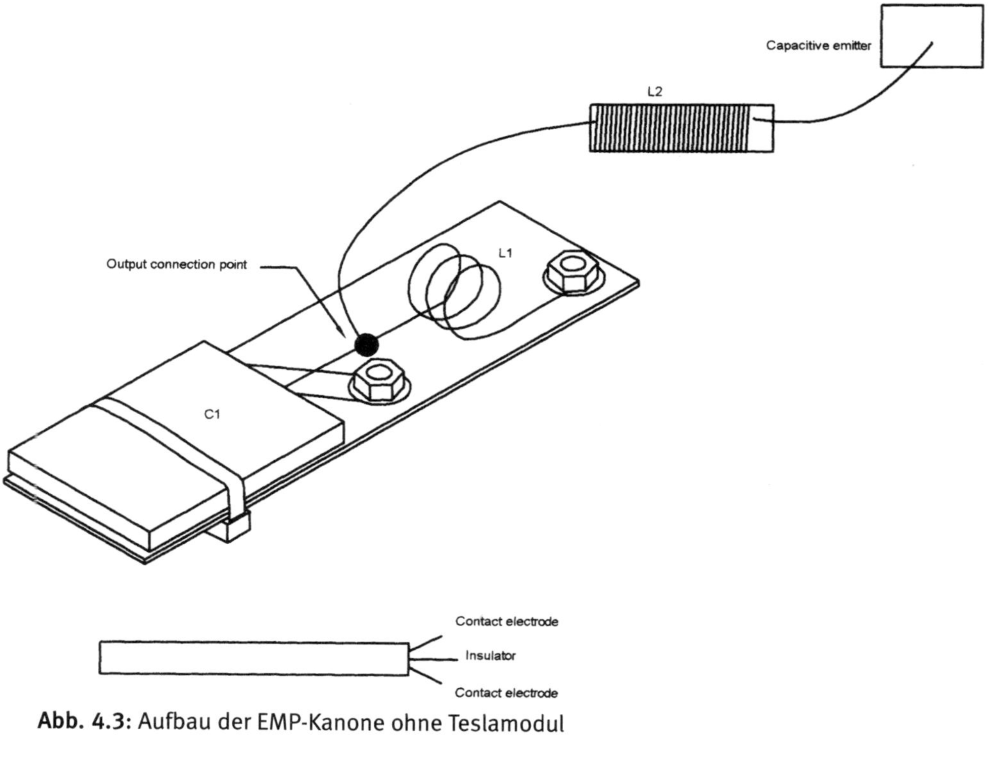

Abb. 4.3: Aufbau der EMP-Kanone ohne Teslamodul

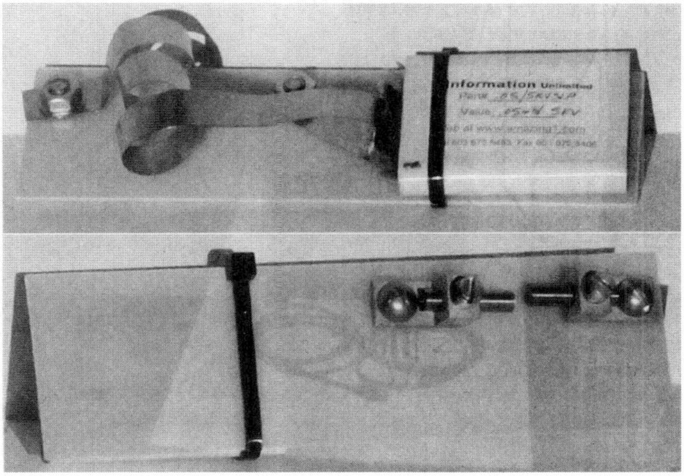

Abb. 4.4: Teile des Aufbaus der EMP-Kanone

5 Hip-Hop-Mikrowellenkiller

In diesem Kapitel wird gezeigt, wie ein leistungsfähiger Mikrowellensender aufgebaut wird, mit dem nervende Stereoanlagen, dröhnende Lautsprecherboxen und sonstige Hip-Hop-Nervensägen zerstört werden können. Die erforderlichen Bauteile können zum Großteil einem Mikrowellenherd entnommen werden. Für den Aufbau des „Hip-Hop-Killers" werden hohe Spannungen benötigt, mit denen vorsichtig umgegangen werden muss. Überdies kann es bei mangelnder Hochfrequenzabschirmung im Nahbereich des Geräts zu gefährlichen Strahlungen kommen.

Grundsätzlich besteht eine derartige Mikrowellenkanone aus drei Einheiten, nämlich dem Hornstrahler inklusive Fokussierungslinse und dem Magnetron einschließlich der Stromversorgung. Die Fokussierungslinse besteht aus Kunststoff und soll den Mikrowellenstrahl zu einer schmalen Keule bündeln. Für den Anfang genügt es, ohne eine Linse zu arbeiten. Das Magnetron muss mittels eines Lüfters gekühlt werden.

Die Schaltung des Hip-Hop-Killers ist aus *Abb. 5.1* zu ersehen. Mit dem Schalter S1 wird der Lüfter eingeschaltet, während mit dem Taster S2 eine 230-V-Klingel und das 230-V-Relais eingeschaltet werden. Die Klingel signalisiert den Einschaltzustand des Magnetrons. Um die Mikrowellenkanone zu testen, wird eine Leuchtstoff- bzw. Energiesparlampe in etwa 3 m Abstand zur Hornantenne gelegt. Eine 230-V-/25-W-Birne sollte in einem Abstand von 1 m schwach glühen. Zur Ausrichtung der Hornantenne auf das genaue Zielobjekt kann ein Laserpointer zu Hilfe genommen werden. Zur Vermeidung von Verbrennungen sollte sich niemand in unmittelbarer Nähe der Austrittsöffnung des Hornstrahlers aufhalten. Erst in einem Abstand von etwa 15 m besteht keine Verbrennungsgefahr mehr. In unmittelbarer Nähe der Austrittsöffnung

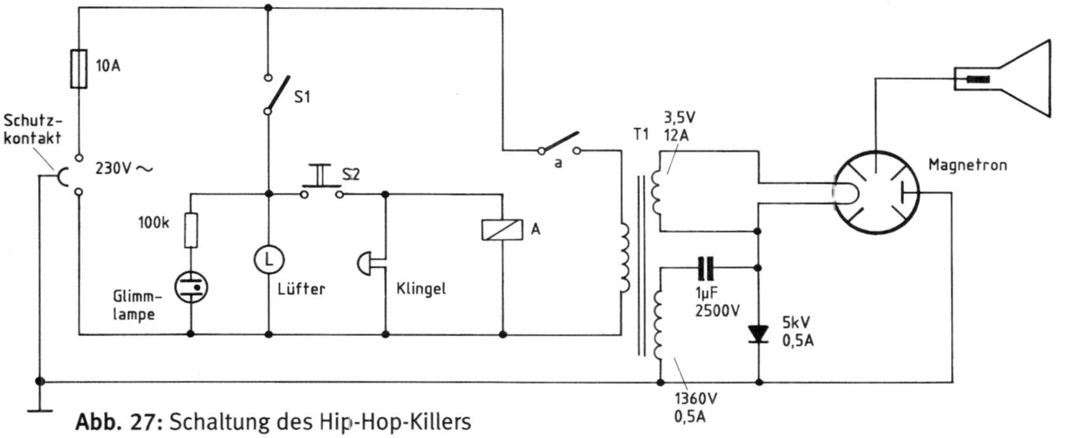

Abb. 27: Schaltung des Hip-Hop-Killers

kann es zur Erhitzung innerer Organe kommen. Ferner kann die Hornhaut der Augen durch Überhitzung geschädigt werden. Besonders gefährlich ist eine Überhitzung der Hoden. Dies gilt im Besonderen für Hochleistungsmagnetrons im Leistungsbereich von 4.000 W aufwärts. Derartige Magnetrons kommen in Großküchen zum Einsatz. Um sich beim Test vor den Mikrowellen zu schützen, empfiehlt es sich, einen Umhang aus Fliegendraht zu schneidern. Der Kopf muss durch einen Motorradhelm aus Metall mit metallisch verspiegeltem Visier geschützt werden. Nach Möglichkeit sollten sich in Strahlrichtung keine größeren Metallteile befinden, da es sonst zu unerwünschten Reflexionen kommen kann.

In *Abb. 5.2* ist eine Hornantenne mit montiertem Magnetron zu sehen. *Abb. 5.3* zeigt den mechanischen Aufbau einer Home-made-Mikrowellenkanone.

Da der Aufbau der Hornantenne doch recht aufwendig ist, empfiehlt es sich, auf ein Fertigteil wie zum Beispiel eine WLAN-Antenne aus der PC-Technik zurückzugreifen. WLAN-Antennen werden im Internet angeboten.

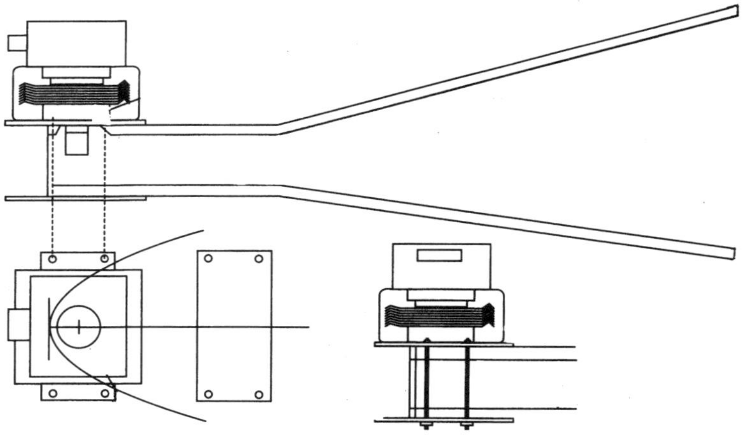

Abb. 5.2: Hornantenne mit Magnetron

Abb. 5.3: Aufbau eines Home-made-Mikrowellengenerators

6 Induktionserhitzer

Im Folgenden wird ein Gerät beschrieben, das als Induktionserhitzer aus der Küchentechnik bereits einen gewissen Bekanntheitsgrad hat. Die Pfannen und Töpfe bestehen bei diesem System aus Gusseisen. Mittels einer spiralförmigen Flachspule als Herdplatte werden im Gusseisen starke Wirbelströme erzeugt, welche zur Erhitzung des Bodenblechs und damit des Kochguts führen.

Im Unterschied zu elektrischen Kochplatten, die Wärmeenergie durch den elektrischen Widerstand der Heizspulen erzeugen, entsteht die Wärmeenergie bei Kochplatten mit magnetischer Induktion durch den magnetischen Widerstand des metallischen Kochgefäßes selbst. Der Wechselstrom mit seinen 50 Hertz, der in der Induktionsspule unter der Keramikoberfläche fließt, erzeugt ein Wechselmagnetfeld, das die Eisenatome – zum Beispiel in der Bratpfanne – abwechselnd in entgegengesetzte Richtungen magnetisiert, und zwar 100 Mal in der Sekunde. Das Eisen leistet Widerstand gegen die Richtungsänderungen der Magnetisierung, sodass viel Energie in Wärmeenergie im Metall der Pfanne übergeht. Das funktioniert nur bei Pfannen und Töpfen aus Eisen und Edelstahl, aber nicht bei Kochtöpfen aus Aluminium, Kupfer, Glas und Keramik. Die Vorteile dieser Kochmethode: Sie ist geräuschlos, und die Kochplatte erhitzt sich nur an der Stelle, wo die Pfanne in direktem Kontakt mit ihr ist.

In unserem Applikationsbeispiel in *Abb. 6.1* geht es um das gleiche Funktionsprinzip. Wird die Spule L1 in kompakter Bauform hergestellt, lassen sich in ihrem Inneren sogar Metalle auf über 800 °C erwärmen. Da das System mit Netzstrom betrieben wird, ist höchste Vorsicht geboten. Die Ausgangsspannung am Graetz-Gleichrichter beträgt etwa 300 V. Ein kapazitiver Spannungsteiler und eine Zener-Diode erzeugen am Pin 1 des IR 2153 die erforderliche Betriebsspannung. Dies gilt natürlich nur für den Fall, dass die Taste gedrückt ist. Die Ansteuerimpulse des ICs an Pin 5 und Pin 7 schalten die MOSFET-Schalter IRF 450 ein und aus. Die

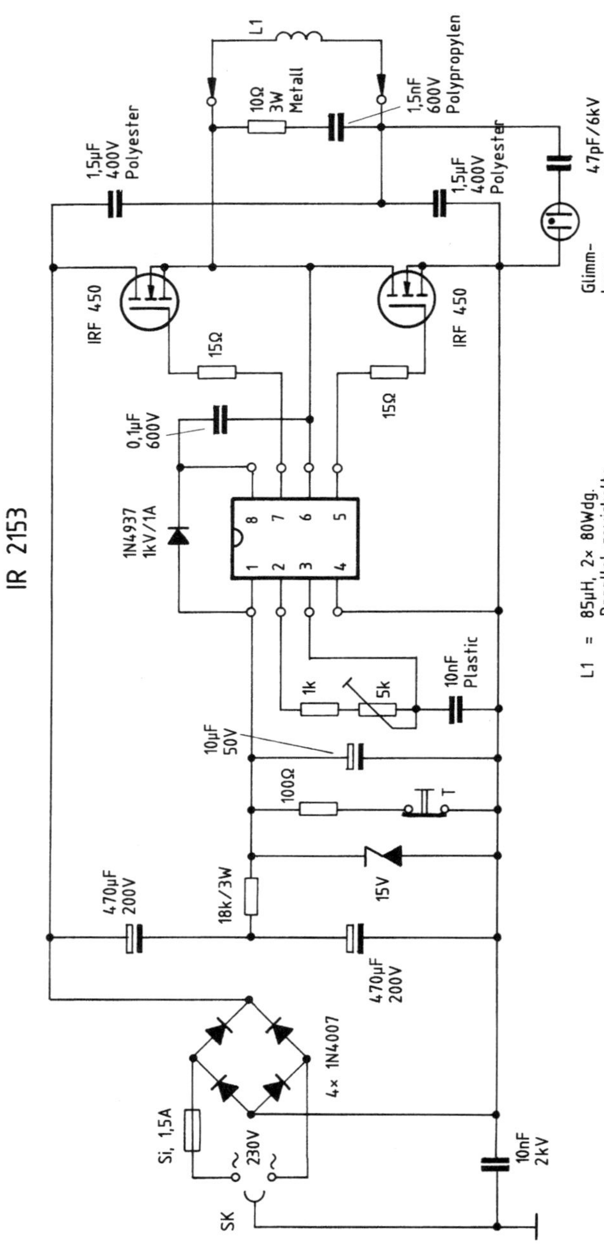

Abb. 6.1: Schaltung des Induktionserhitzers

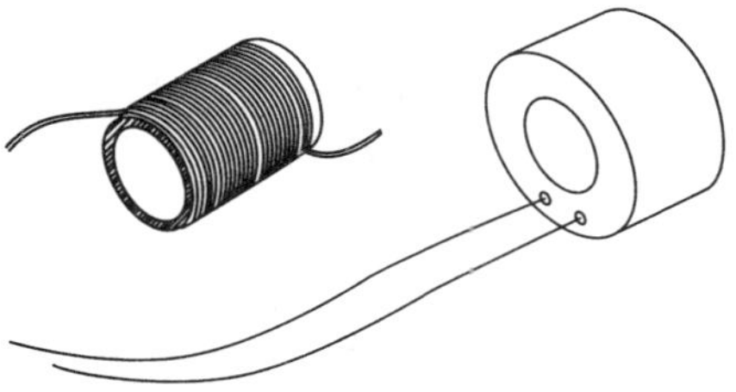

Abb. 6.2: Vergossene Erhitzerspule L1

Abb. 6.2a: Spiralspule aus Küchengerät

Schaltfrequenz kann mittels des 5-kΩ-Potenziometers eingestellt werden. Die MOSFETs müssen ausreichend gekühlt werden.

Das RC-Glied am Eingang zur Spule L1 verzögert die Übergangszeit der Schaltimpulse an den beiden MOSFET-Schaltern. Durch die Begrenzung des Spannungsanstiegs dv/dt kommt es zu keinem vorzeitigen Einschalten des falschen Schalters, der zur Zerstörung der MOSFETs führen würde.

Die 1,5-µF-Kondensatoren erzeugen einen Spannungsmittelpunkt und die notwendige Speicherenergie. Die Arbeitsfrequenz sollte auf 50 kHz (20 µs) eingestellt werden. Die Glimmlampe am Ausgang des Geräts zeigt, dass die Taste T gedrückt ist. Mit einem erdfreien Oszilloskop kann die Rechteckspannung an L1 überprüft werden. Ein Ausführungsbeispiel der Spule L1 wird in *Abb. 6.2* gezeigt. In *Abb. 6.2a* ist eine aus einem Küchengerät ausgebaute Spiralspule zu sehen.

Es sind die verschiedensten Spulenformen realisierbar, wobei die Induktivität nicht unter 80 μH liegen sollte. Ein guter Hobby-Elektroniker kann sich die verschiedensten Spulenköpfe bauen. So ist es zum Beispiel möglich, sich ein kleines Lötbad selbst zu bauen. Wer keine Lust hat, den Induktionserhitzer selbst zu bauen, hat zwei Möglichkeiten zur Auswahl. Er kann sich in der Küchengeräteabteilung eines Kaufhauses ein Gerät für ca. 50,- Euro kaufen und die Spule für seine Zwecke austauschen. Die zweite Möglichkeit besteht im Kauf eines Geräts bei der US-Firma *Information Unlimited* (siehe Anhang).

Abschließend sei zum Selbstbaugerät noch gesagt, dass es für die ersten Tests sinnvoll ist, in eine Ader der Netzzuleitung eine 230-V-/60-W-Lampe zu schalten. Die Lampe erlaubt normalerweise, dass für den Betrieb des Geräts ausreichend Strom fließt. Sollte in der Schaltung ein schwerer Fehler vorhanden sein, wird der Kurzschlussstrom auf den Betriebsstrom der Lampe begrenzt. In *Abb. 6.3* ist das bei *Information Unlimited* erhältliche Gerät inklusive Spule zu sehen.

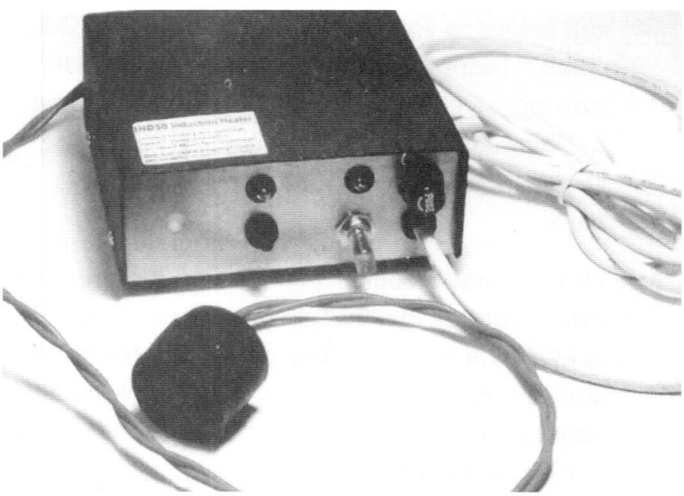

Abb. 6.3: Induktionserhitzer von Information Unlimited

7 50-kV-Hochspannungslabor-Netzteil

Mit dem in *Abb. 7.1* gezeigten Projekt erhält der Hobby-Experimentator ein Gerät für vielseitige Aufgaben. In erster Linie eignet es sich hervorragend zur Aufladung von energiereichen Hochspannungskondensatoren. Die erzeugte 50-kV-Gleichspannung ist mit maximal 5 mA belastbar. Das Gerät ist auch zur Versorgung von Antischwerkraft-Flugmodellen geeignet.

Der erste Schaltungsabschnitt der 50-kV-Versorgung ist mit dem Induktionserhitzer aus *Abb. 6.1* fast identisch. Statt der Spule L1 im Induktionserhitzer tritt nun ein Schwarz-Weiß-Zeilentrafo *(Fa. Oppermann)*, der primärseitig umgewickelt werden muss. An der Sekundärwicklung des Zeilentrafos ist dann eine Vervielfacherschaltung angeschlossen, welche die 50-kV-Gleichspannung erzeugt. Das Gerät ist mit einer Sicherheitsabschaltung ausgerüstet. Falls die Safety Gap (= Sicherheitsfunkenstrecke) durchschlägt, werden über den Transformator Tr. 2 Impulse übertragen, die mittels einer Diode gleichgerichtet und auf das Gate eines Thyristors gegeben werden. Wenn die Spannung am Gate einen mit dem 2-k-Trimmer einstellbaren Wert überschreitet, schaltet der Thyristor durch und schließt die Betriebsspannung des ICs kurz. Erst beim Aus- und Wiedereinschalten der Netzspannung wird der Thyristor zurückgesetzt und das Gerät erneut in Betrieb genommen. Die Funkenstrecke wird auf etwa 2 mm Abstand eingestellt. Das Instrument zur Anzeige der Ausgangsspannung der ersten Vervielfacherstufe ist eine 50-µA-Version. Für den Funktionstest des Geräts empfiehlt sich die Verwendung eines 200-W-Trenntrafos und ein erdfrei angeschlossenes 50-MHz-Oszilloskop.

Die Schwingfrequenz des ICs sollte mit den beiden Potenziometern 10 K/5 K auf 12,5 kHz eingestellt werden. *Abb. 7.2* zeigt den Umbau des

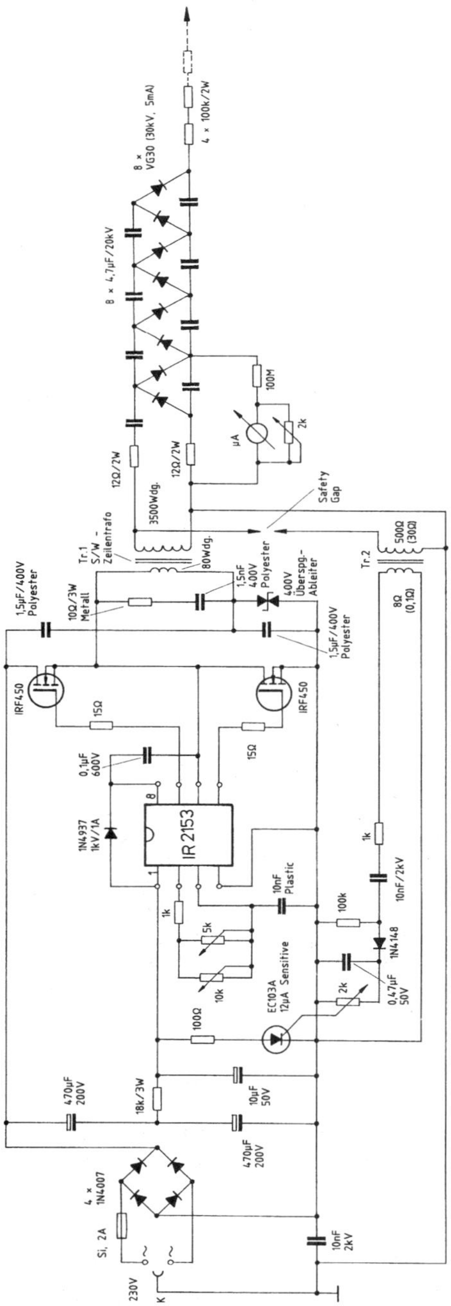

Abb. 7.1: Schaltung des Hochspannungslabor-Netzteils

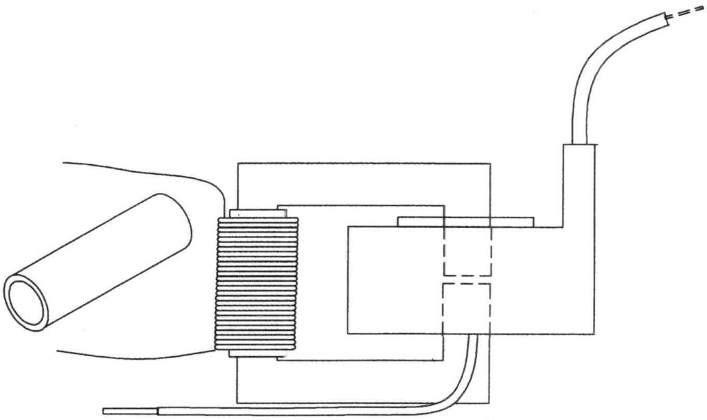

Abb. 34: Umbau des Zeilentrafos

Abb. 7.3: Aufbau des Netzteils ohne Spannungsvervielfacher

Zeilentrafos. Der optimale Luftspalt muss experimentell ermittelt werden. In *Abb. 7.3* ist der Aufbau des Geräts ohne den Spannungsvervielfacher zu sehen. In der rechten Bildhälfte sind der Zeilentrafo, die Funkenstrecke und der NF-Minitrafo zu erkennen.

Die Spannungsvervielfacher-Kaskade in *Abb. 7.4* erzeugt aus der vom Zeilentrafo gelieferten 15-kV-Hochfrequenzspannung eine 60-kV-

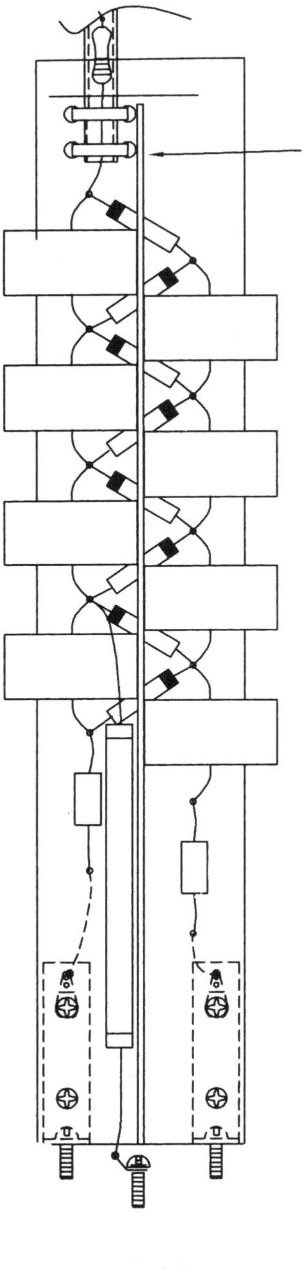

Abb. 7.4: Spannungsvervielfacher-Kaskade

Gleichspannung. Die vier 100-kΩ-Widerstände am Ausgang dienen der Strombegrenzung. Der 100-kΩ-Messwiderstand ist ebenfalls mit einer Schraube verbunden. In *Abb. 7.5* ist der Aufbau nochmals deutlich dargestellt. Das fertige 50-kV-Hochspannungslabornetzteil ist in *Abb. 7.6* zu sehen. Die Vervielfacher-Kaskade ist mit einem Kunststoffrohr gegen Berührung geschützt. Für den Endtest des Geräts wird ein Hochspannungswiderstand von 10 MΩ mit einer Belastbarkeit von 100 W benötigt. Der Widerstand muss eine Spannungsbelastung von 50 kV aushalten. Da ein solcher Widerstand schwer aufzutreiben ist, kann auch ein improvisierter Lastwiderstand aus 180 in Reihe geschalteten 47 kΩ/1 W verwendet werden. Dies ist etwas umständlich, aber funktioniert gut bis zu Ausgangsleistungen von 300 W und maximal 100 kV. Das 50-kV-

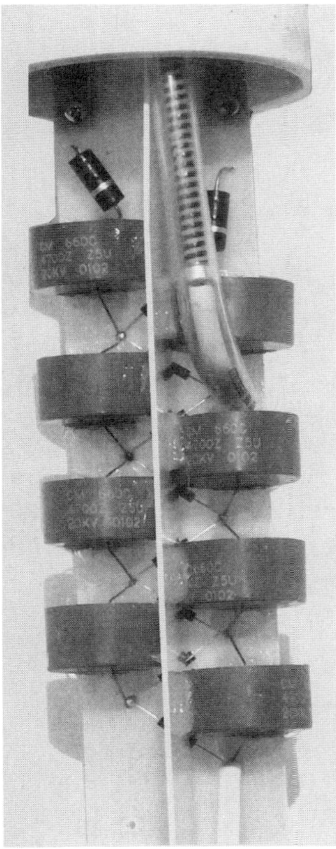

Abb. 7.5: Mechanischer Aufbau der Spannungsvervielfacher-Kaskade

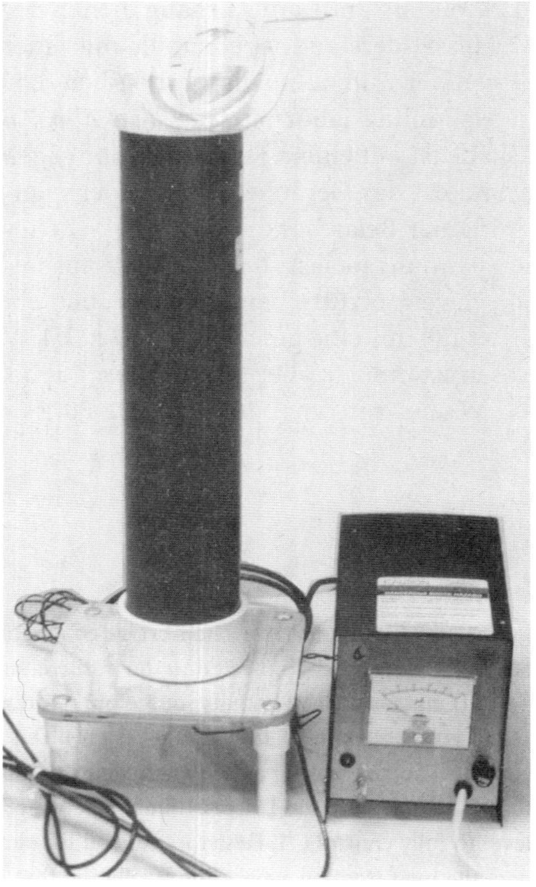

Abb. 7.6: Komplettes Netzteil von Information Unlimited

Hochspannungslabornetzteil ist durch die vier Ausgangswiderstände kurzschlussfest. Das gesamte Gerät kann über die Firma *Information Unlimited* in den USA beschafft werden (siehe Anhang).

8 Teslagenerator in Röhrentechnik

In *Abb. 8.1* ist die Schaltung eines röhrenbetriebenen Teslagenerators angegeben, der sich besonders für die drahtlose Energieübertragung eignet. Seine hohe Ausgangsleistung ermöglicht bis zu 60 cm lange Lichtbögen. Haushaltsübliche Leuchtstofflampen leuchten noch in einem Abstand von 3 m. Wer den Generator permanent betreiben will, sollte ihn in einen Faradayschen Käfig stellen, sonst kommt es zu starken Radiostörungen im Lang- und Mittelwellenbereich.

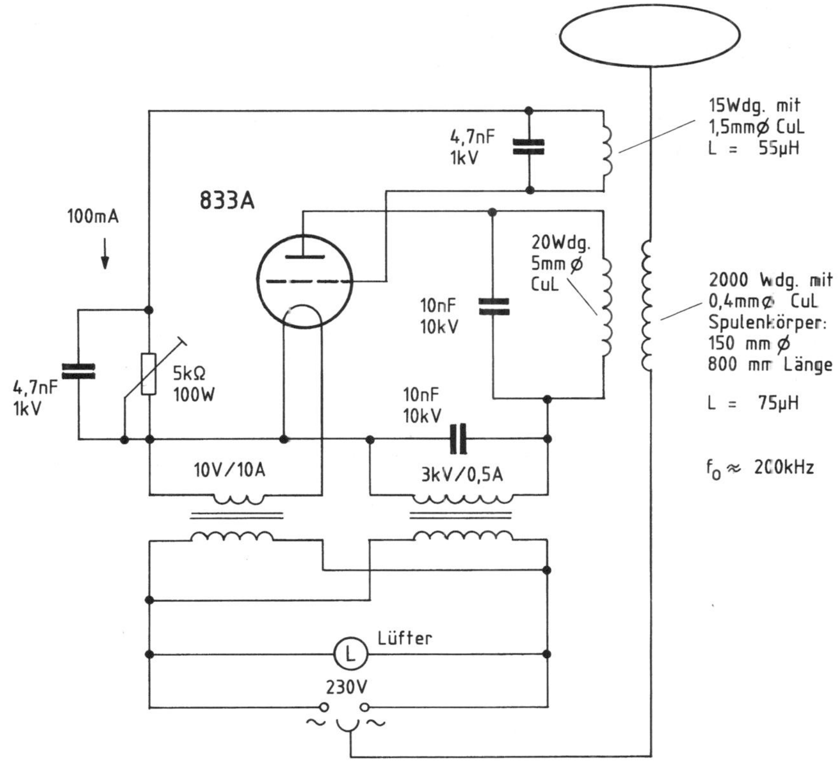

Abb. 8.1: Schaltung des Teslagenerators in Röhrentechnik

Vakuumröhren sind wesentlich robuster und gutmütiger im Teslaeinsatz als MOSFETs und IGBTs.

Die Schaltung in *Abb. 8.1* ist nichts anderes als ein Hartley-HF-Oszillator, der auf die Resonanzfrequenz der Sekundärspule abgestimmt ist. Die Sendetriode 833 A kann über *Information Unlimited* bestellt werden.

Die Röhre wird mit nicht gleichgerichteter Wechselspannung von 3 kV betrieben. Durch Gleichrichtung der 3-kV -Wechselspannung ließe sich die Ausgangsleistung noch wesentlich erhöhen. Ob die Röhre das thermisch übersteht, sei infrage gestellt. Die Zuleitungen zum Primärresonanzkreis und zur Rückkopplungsspule müssen wegen der hohen Ströme und des Skineffekts möglichst massiv ausgelegt werden. Als Anodenspannungstrafo eignet sich ein Trafo aus einem Haushaltsmikrowellenherd. Nach Gleichrichtung und etwas Siebung stehen etwa 2.500 V Gleichspannung zur Verfügung, die mit 0,5 A belastet werden können. Die Heizung erfolgt ebenfalls mit Wechselspannung. Hier eignet sich ein 12-V -/10-A-Halogentrafo, wie er im Elektrohandel erhältlich ist. Von den 2 V Überspannung wird die Röhre nicht zerstört, sondern nur in ihrer Lebensdauer etwas eingeschränkt.

Da die Kondensatoren wechselstrommäßig stark belastet werden, muss auf deren Qualität geachtet werden. Es empfiehlt sich die Verwendung von Glimmer- oder Mica-Kondensatoren. Aus *Abb. 8.2* geht der Gesamtaufbau des Teslagenerators hervor. *Abb. 8.3* zeigt nochmals eine grafische Darstellung des Röhrengenerators ohne das Toroid. In *Abb. 8.4* ist eine Seitenansicht mit dem Primärwicklungsträger zu sehen, während *Abb. 8.4a* einen Blick auf die Röhre ermöglicht.

Falls der Generator nicht anschwingt, müssen die Anschlüsse der Rückkopplungsspule vertauscht werden. Die Resonanzfrequenz liegt etwa bei 200 kHz.

An den Bau des Röhrenteslagenerators sollten sich nur erfahrene Hobby-Elektroniker heranwagen. Streamer von 60 cm Länge flößen ganz schön Respekt ein. Auch dieses Gerät ist über *Information Unlimited* beziehbar (siehe Anhang).

Abb. 8.2: Gesamtaufbau des Röhren-Teslagenerators

Abb. 8.3: Grafische Darstellung des Röhren-Teslagenerators

Abb. 8.4: Seitenansicht mit dem Primärwicklungsträger

Abb. 8.4a: Blick auf die Röhre

9 Universeller Zündspulentreiber

In Abb. 9.1 wird die Schaltung eines Zündspulentreibers angegeben, welcher aus Zündspulen aller Art Impulse in der Größenordnung von 50 bis 75 kV generiert. Das System beinhaltet einen Taktgeber für bis zu 100 Impulse pro Sekunde. Die Energie eines einzelnen Impulses beträgt bis zu 0,3 Ws. Die maximale Ausgangsleistung liegt über 30 W.

Mit Hochleistungszündspulen können Funkenentladungen mit einer Länge von bis zu 25 cm erzeugt werden. Der Vorteil eines derartigen Zündsystems liegt in dessen Fähigkeit, sowohl hohe Impulsspannungen als auch hohe Impulsströme zu erzeugen. Diese Eigenschaft wird zum Beispiel in der Kfz-Technik (Thyristorzündung) genutzt, um verschmutzte Zündkerzen durch hohe Brisanz der Entladungen zu reinigen.

Werden elektrische Zäune mit Hochstromimpulsen beaufschlagt, wird die Vegetation in unmittelbarer Nähe des Drahtes verbrannt. Die sogenannten Taser arbeiten ebenfalls mit relativ energiereichen Impulsen, welche das neuromuskuläre System des getroffenen Menschen stören sollen. Die niedrige resultierende Energie erlaubt die Anwendung batteriebetriebener Systeme. Doch nun zur Funktion der Schaltung in *Abb. 9.1*:

Mit dem 5-kΩ-Potenziometer am Pin 3 des LM317-Spannungsreglers lässt sich dessen Ausgangsspannung von 6 bis 12 V regeln. Diese Spannung wird auf die Mittelanzapfung des Transformators Tr. 1 geführt.

Die MOSFET-Schalter werden vom Oszillator-IC SG3525 angesteuert, wobei die Taktfrequenz mit dem 5-kΩ-Potenziometer am Pin 6 eingestellt werden kann. Der Trafo Tr. 1 ist eine kleine Siferrit-Ausführung wie in *Abb. 9.2* gezeigt. Die Ausgangsspannung von Tr. 1 wird mit der Diode 1N4937 gleichgerichtet. Mit der gleichgerichteten Spannung wird der 4,7-µF-/350-V-Polyester-Kondensator in Serie zu Tr. 2 aufgela-

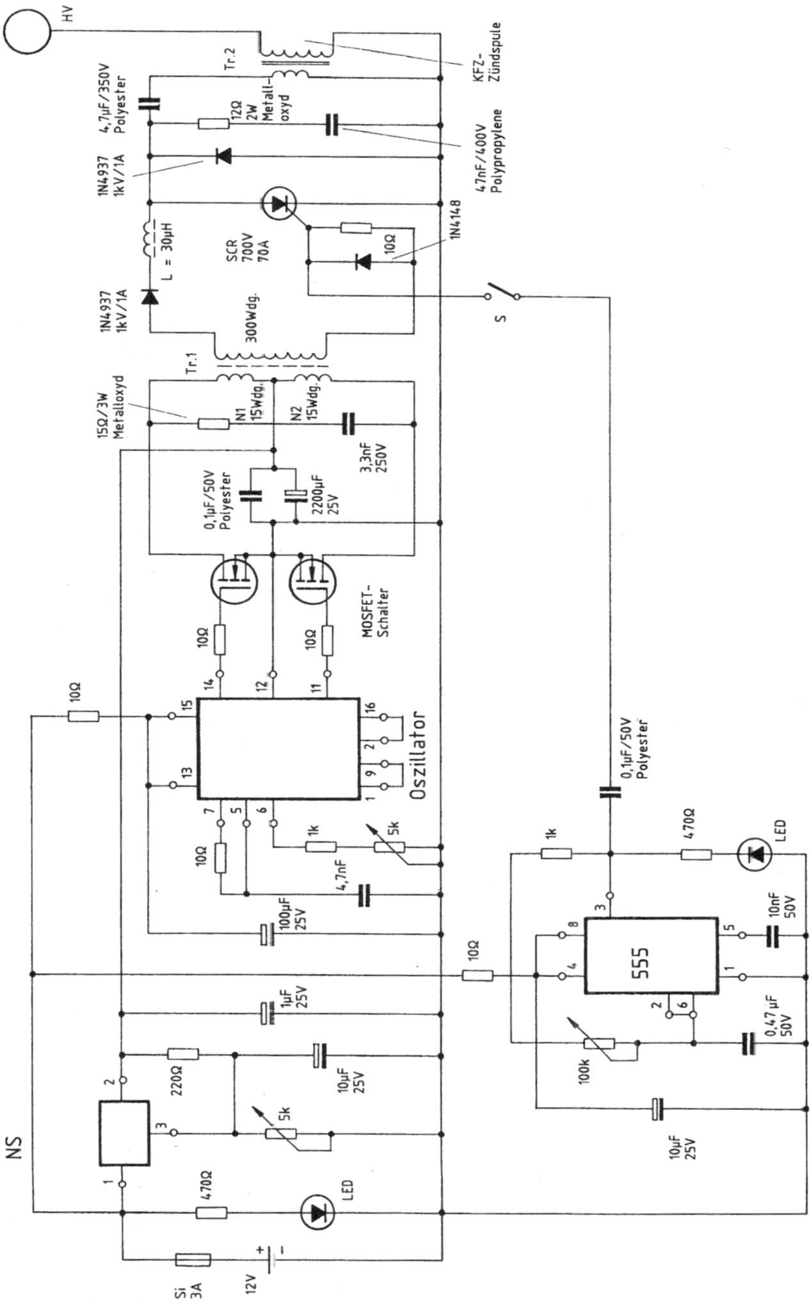

Abb. 9.1: Schaltung des universellen Zündspulentreibers

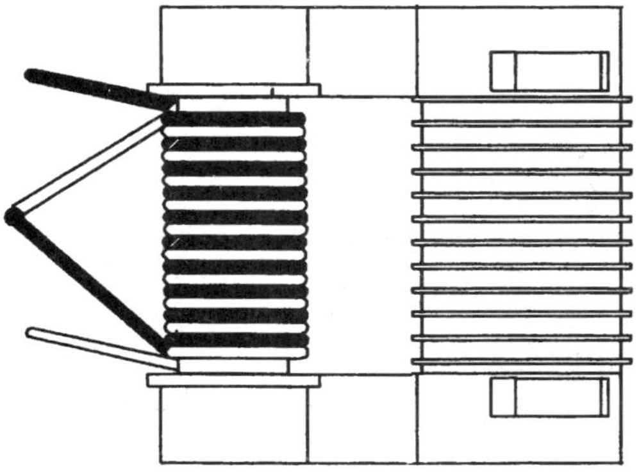

Abb. 9.2: Siferrit-Trafo mit bifilarer Primärwicklung

den. Mittels des Thyristors (SCR) kann der aufgeladene Kondensator über die Primärwicklung des Transformators Tr. 2 taktweise entladen werden. Dazu wird der Thyristor von dem Zeitgeberbaustein 555 rhythmisch angesteuert. Mit herkömmlichen Kfz-Zündspulen können so bis zu 10 cm lange Funken gezogen werden. Mit Kfz-Thyristor-Zündspulen sind noch höhere und energiereichere Impulse zu erzielen.

Bei Verwendung von unbekannten Zündspulen sollte die Spannung am Ladekondensator überprüft werden. Sie sollte keinesfalls höher als 400 V sein. Die Drossel von L = 30 μH ist nicht zwingend erforderlich.

Noch kurz zu den Induktivitäten des Trafos Tr. 1: Die beiden Primärwicklungen haben je 130 μH und die Sekundärwicklung hat 110 mH. In *Abb. 9.3* ist eine Gesamtansicht des universellen Zündspulentreibers inklusive einer kleinen Experimentierzündspule zu sehen.

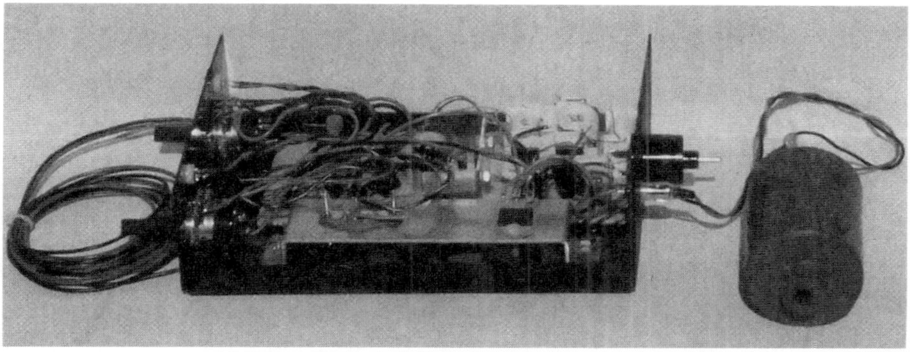

Abb. 9.3: Aufbau des universellen Zündspulentreibers mit Spezialzündspule

10 Multiwave-Generator für die alternative Medizin

Abb. 10.1 zeigt den Aufbau eines Multiwave-Generators nach Lakhovsky. Lakhovsky war ein russischer Forscher, der mit den Wirkungen hochfrequenter elektromagnetischer Strahlung auf lebende Organismen experimentiert hat. Es wurde behauptet, dass dieses umstrittene System viele

Abb. 10.1: Aufbau des Multiwave-Generators nach Lakhovsky

Krankheiten einschließlich Krebs heilt. Lakhovskys berühmte Hypothese ist, dass alle Zellen in einem lebenden Organismus eine innere Resonanzfrequenz besitzen, die durch externe Generatoren erregt werden kann. Er meinte, dass kranke Zellen schwächer und auf einer anderen Frequenz schwingen. Für den Gesundungsprozess müssten die kranken Zellen wieder mit den gesunden Zellen synchronisiert werden. Wenn die Zellen dem vollen Spektrum der elektromagnetischen Schwingungsenergie ausgesetzt würden, könnten damit angeblich auch Alterungsvorgänge verzögert werden. Dieses Verfahren der Zellregenerierung hat besonders in der Krebsforschung Aufmerksamkeit erregt.

Für den Aufbau des Multiwave-Generators ist ein starker Teslagenerator mit Funkenlängen von mindestens 30 cm erforderlich. Ein in *Abb. 10.2* gezeigter Teslagenerator ist unter der Bestellbezeichnung BTC 30 bei der

Abb. 10.2: Teslagenerator BTC 30 von der US-Firma Information Unlimited

US-Firma *Information Unlimited* erhältlich. Das Gerät kann auch als Bausatz bezogen werden.

Statt des Toroids wird nun eine Lakhovsky-Spiralantenne an der Spitze des Teslagenerators montiert. In *Abb. 10.3* ist eine grafische Darstellung des Lakhovsky-Generators zu sehen. Der Aufbau der Sendeantenne ist in *Abb. 10.4* dargestellt. Die kreisförmigen Spulenringe bestehen aus dünnem Kupferrohr. Der Durchmesser der Kupferröhre verjüngt sich mit abnehmendem Abstand zum Mittelpunkt. Die Masse der Abstandshalter werden in *Abb. 10.5* gezeigt. Die Energieübertragung auf die einzelnen

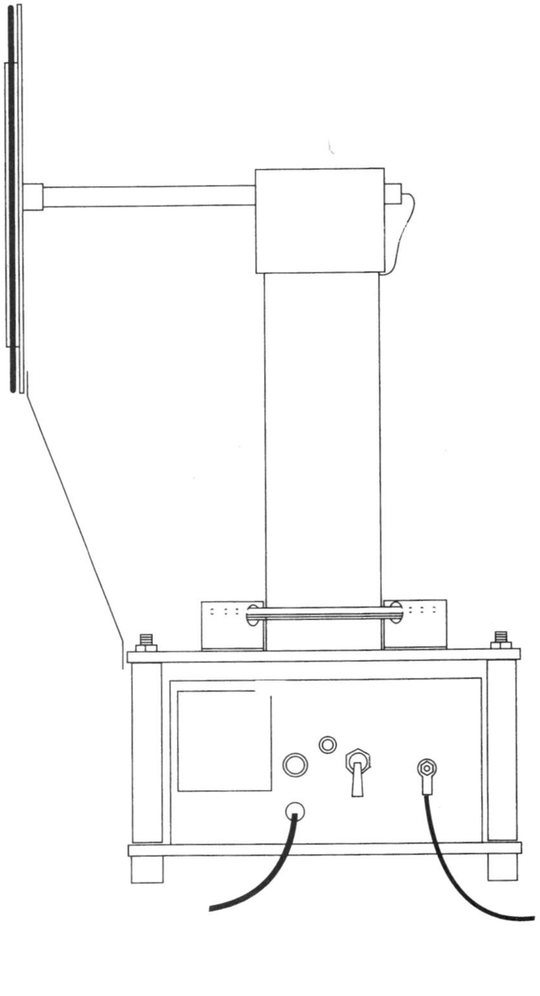

Abb. 10.3: Lakhovsky-Generator

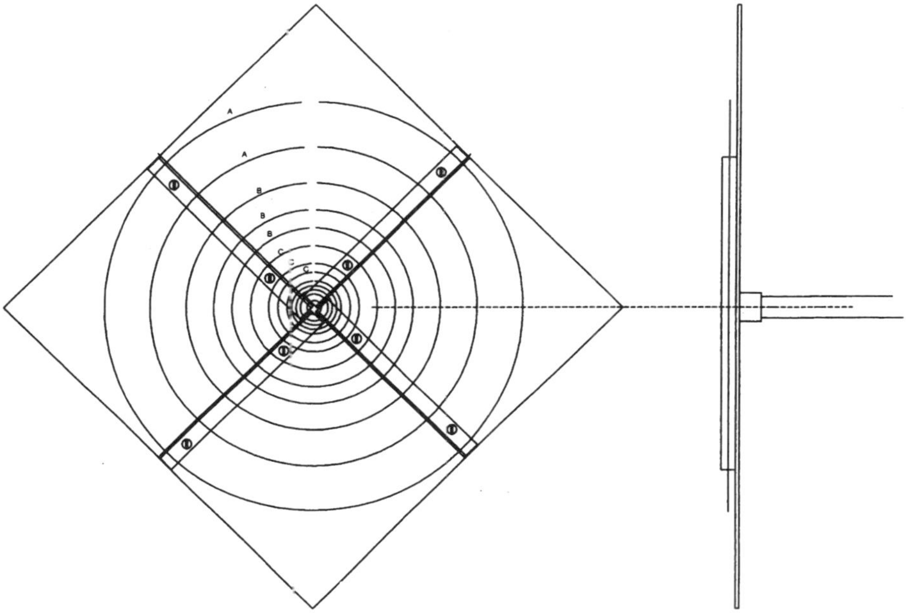

Abb. 10.4: Sendeantenne des Lakhovsky-Generators

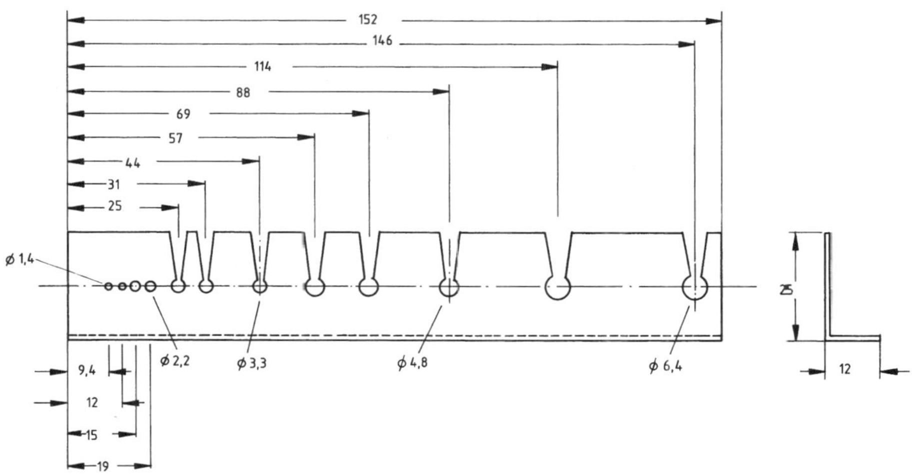

Abb. 10.5: Abmaße der Abstandshalter

Kupferrohre geschieht durch Influenz. Der innerste Ring ist mit dem Ausgang des Teslagenerators verbunden.

Wer sich tiefer mit den Geheimnissen von Lakhovsky auseinandersetzen will, sollte sich über *Information Unlimited* das „Lakhovsky Multiwave Oscillator Handbook“ besorgen. Weitere Informationen finden sich auch im „Großen Tesla-Experimentierbuch“ im Franzis Verlag.

In *Abb. 10.6* wird ein mobiler Lakhovsky-Generator aus den USA gezeigt. Die überspringenden Funken und Lichtbögen machen auf viele Patienten einen so überirdischen Eindruck, dass bereits durch den Glauben ein Gesundungsprozess in Gang gesetzt werden kann.

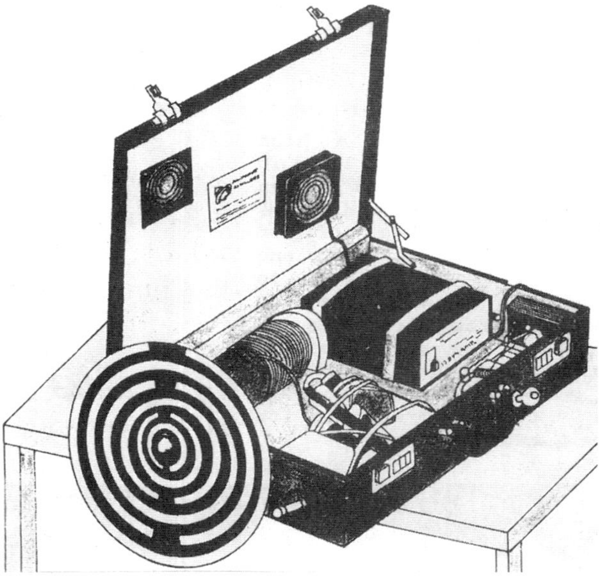

Abb. 10.6: Mobiler Lakhovsky-Generator aus den USA

11 Anhang

Bericht eines US-Wissenschaftlers zur EMP-Waffenerprobung

Abschließend noch ein kurzer Bericht eines US-Wissenschaftlers zum Thema EMP-Waffen: Ein Mikrowellen-Waffensystem mit hoher Leistung (HPM-Waffensystem) besteht im Wesentlichen aus zwei Einheiten: Eine Einheit ist ein sogenannter Marx-Generator, der einen sehr kurzen Impuls mit sehr hoher Spannung und sehr hoher Stromstärke erzeugt, während der zweite Abschnitt eine Magnetron-/Antennenbaugruppe ist, die den Impulsstrom in einen intensiven Stoß von Mikrowellenenergie umsetzt und diesen zu einem Ziel leitet.

Das Gerät befindet sich in einem Lastwagenanhänger, der über seinen eigenen 15-kW-Dieselgenerator verfügt. Damit wird die Waffe zu einem Testgelände in der Wüste, die Cibola Range des Yuma Proving Ground in der Nähe von Yuma, Arizona, befördert.

Um den 20-stufigen Marx-Generator zu laden, wird eine handelsübliche 100-kV-Gleichstromversorgung verwendet. Damit werden seine Kondensatoren parallel geladen, während sie über eine Folge von Funkenstrecken in Reihe entladen werden. Wenn die Stromversorgung auf 27 kV eingestellt ist, liefert der Marx-Generator einen 265-kV-/3.500-A-Impuls mit einer Dauer von 21,4 ns. Die Funkenstreckenanordnung wird mit Luft unter Druck gesetzt, wobei der Luftdruck so eingestellt wird, um den Triggerpunkt zu steuern, an dem der Marx-Generator zündet. Damit ist es möglich, das System über einen weiten Ausgangsleistungsbereich zu betreiben. Eine typische Impulsausgangsleistung liegt im Bereich von einem Megawatt, wobei bei einem typischen Wirkungsgrad von 50 % des Magnetrons ein HF-Impuls von etwa einem halben Megawatt erreicht wird.

Der Ausgangsimpuls wird an ein ziemlich großes Magnetron gelegt, das mit einem supraleitenden Magneten ausgerüstet ist. Der Magnet wird mit flüssigem Helium auf Temperaturen gekühlt, bei denen Supraleitung auftritt, wobei das Magnetron selbst durch eine kleine Vakuumpumpe evakuiert wird. Ein Wellenleiter koppelt die Mikrowellenenergie (bei 4,4 GHz) in eine Parabolantenne mit einem Durchmesser von 3 m, die 1 bis 2 m über dem Anhänger angebracht ist.

In der Umgebung der Ausrüstung sind Sicherheitsmaßnahmen erforderlich, um das Personal zu schützen. Dabei müssen das starke Magnetfeld, die Röntgenstrahlung des Magnetrons und die HF-Abstrahlung der Antenne berücksichtigt werden.

Vor der Antenne ist eine Sperrzone einzuhalten, die im Wesentlichen durch einen 12-Grad-Kegel definiert ist, der sich bis zu einer Entfernung von etwa 800 m vor der Antenne erstreckt. Der intensivste Teil des Strahls nimmt einen 6-Grad-Winkel ein, wobei in der Mitte des Strahls in einem Bereich von 30 m eine Leistungsdichte von etwa 10 W/m^2 erreicht wird.

Berichten vom Testgelände zufolge sind die erreichten Ergebnisse überwältigend. Es wurde elektronische Ausrüstung mit der Absicht im Zielbereich angeordnet, sie dort zu zerstören. Neben PCs und Armbanduhren mit LCD-Anzeige wurde auch militärische Elektronik als Zielobjekt verwendet. Es gelang unter anderem, eine Landmine in einer Entfernung von 3 km zur Explosion zu bringen.

Es gibt einige alte Fotos von HPM- und EMP-Versuchen, die mit großer Wahrscheinlichkeit in den Sechzigerjahren des 20. Jahrhunderts aufgenommen worden sind. Etwa 1990 baute die Firma einen tragbaren HPM-Generator, der von zwei Mann zu bedienen war. Der eine trug den (mit Schwefelhexafluorid-Gas isolierten) Marx-Generator, die Hochspannungsversorgung (50 kV) und die Batteriesäule auf seinem Rücken, während der andere die Magnetron-Röhre und die Antenne getragen hat. Die beiden waren durch ein Hochspannungskoaxialkabel miteinander verbunden. Offensichtlich war diese Vorrichtung ein vollständiger Fehlschlag. Sie erzeugte eine Ausgangsleistung von nur 300 W, wahrscheinlich weil der Magnet im Magnetron nicht stark genug war. Da es nicht infrage kam, ein mit flüssigem Helium gefülltes Gefäß von einem Menschen tragen zu lassen, wurden Bariumferrit-Permanentmagnete verwendet. Irgendwann im Jahre 1990 wurde ein Foto aufgenommen, bevor das Gerät der Regierung übergeben wurde.

Der aktuelle Entwicklungszustand ist nicht bekannt. Es gilt nur als gesichert, dass die Armee über den HPM-Generator sehr erfreut war, allerdings wurde kurz danach die HPM-Abteilung der Firma an die *General Atomics Corporation* verkauft, wobei die vier Mitarbeiter und die gesamte Ausrüstung übernommen wurden. Bis zu diesem Zeitpunkt war es offensichtlich, dass die HPM-/EMP-Forschung bereits seit vielen Jahren betrieben wurde und finanziell außerordentlich gut ausgestattet war. Die riesigen abgeschirmten Räume und die Analyse- und Datenverarbeitungsausrüstung, die sich immer auf dem neuesten Stand der Technik befand, bezeugten dies. Der Marx-Generator war in der Tat ein Kunstwerk!

Von Leah Haley, die nach eigenen Angaben von Außerirdischen entführt worden sein soll, wurde berichtet, dass das außerirdische Raumschiff, in dem sie sich befand, durch eine derartige Waffe am Strand abgeschossen wurde. Sie hielt mit ihrem Wissen nicht hinter dem Berg und stellte auch eine Farbkopie der Abbildung einer angeblichen EMP-Waffe zur Verfügung, die sich am Strand bei Eglin in Florida befinden soll. Sie selbst und ihre angeblichen außerirdischen Entführer wurden von Militärangehörigen in Gewahrsam genommen. Später schlich sie zurück zum Strand und schoss das besagte Foto. Die Story schaffte es sogar bis ins Rundfunkprogramm von Art Bell.

Vor einigen Jahren berichtete ein Ingenieur, der in einem Unternehmen für Hochspannungsstromversorgungen in New Jersey arbeitet, über eine Hochleistungsschaltvorrichtung, die er spezifisch für die EMP-Versorgung gebaut hat. Offenbar entladen die EMP-Generatoren ihren Hochspannungsimpuls über einen festen Schalter, der einer Funkenstrecke ähnelt. Mit dem Stromimpuls wird eine exotisch konstruierte Teslaspule angeregt. Die Vorrichtung tritt bei mehreren Frequenzen, von einigen Megahertz bis über 100 Megahertz, in Resonanz. Der Ausgang des exotischen Transformators wird zu einer kugelförmigen Elektrode geführt, die sich in der Mitte einer riesigen Parabolantenne befindet. Weiter erzählte der Ingenieur, dass sich der größte EMP-Generator in den Vereinigten Staaten auf der Kirtland Air Force Base in New Mexico befindet. Der Generator erzeugt einen 400-ns-Impuls, der ein ganzes Stück länger und deshalb möglicherweise vernichtender war als der 20-ns-Impuls der vorher beschriebenen HPM-Vorrichtung. Er erwähnte, dass elektromagnetische Flugkörper entwickelt wurden, die eine als Brittingham-Wellenerzeugung bezeichnete Technik verwenden. Darüber wurde von T. T. Woo (Harvard) in einem Aufsatz berichtet. Was die EMP-Waffen anbelangt, bestätigte der Ingenieur, dass umfassende Tests von Energiewaffen ausgeführt wurden, um deren Einsatz vorzubereiten.

Auf ausdrückliche Nachfrage nach der Möglichkeit, mit einer derartigen Waffe UFOs abzuschießen, antwortete er, dass er keine Kenntnis über eine derartige Anwendungsmöglichkeit besitzt, obwohl er UFOs für eine Realität hält, da er vor etwa 30 Jahren selbst eines beobachten konnte.

Eine unbekannte Teleskop-Firma entwickelte eine neuartige adaptive Spiegeltechnik für die BMDO (Ballistic Missile Defense Organization). Die BMDO war wie berauscht von der Entwicklung. Das neue Teleskop ist im Wesentlichen ein Reflektor. Der Reflektor besteht aus Myriaden von hexagonalen 6-mm-Segmenten, die sich computergesteuert schnell bewegen können. Ein Laserstrahl misst die atmosphärische Turbulenz im Sichtwinkel des Spiegels und stellt seine vielen Segmente schnell ein, um die Wirkung der dazwischen liegenden Atmosphäre auszugleichen. Das Ergebnis ist, dass von der Erdoberfläche Bilder des Weltraums erhalten werden, die mit denjenigen konkurrieren können, die außerhalb der Atmosphäre aufgenommen werden. Ein kleines Modell dieses Teleskops, das sich in einer Glasvitrine in der Eingangshalle dieser Firma befindet, sieht genauso aus wie der auf dem Truck angebrachte Parabolspiegel auf einer Fotografie von Leah Haley!

Die Mitarbeiter dieser Firma berichteten, dass die BMDO dieses Teleskop verwenden will, um ankommende nukleare Flugkörper genau zu verfolgen und abzuschießen. Vielleicht zeigt das Foto von Leah Haley nur einen Standort der Teleskopvorrichtung, wobei sie die eigentliche EMP-Waffe gar nicht gesehen hat, die sich vermutlich an einem anderen Ort befunden hatte.

Katalog der US-Firma Information Unlimited

Visible Green Laser Devices

2

The color green is the most perceptible color to the human eye. Green lasers now appear as ultra bright light sources when compared to other colors of equal power. As an example a 5 mw green laser will appear many times brighter than a 5 mw red laser. A 5 mw green laser beam (ray) will be visible in low light where a red laser is only visible as the impact point on the target. A great advantage is that you get this brightness without exceeding the 5 mw Class 3a compliance regulation as required by the FDA. Any laser when one is looking into the beam on a clear night will appear as the brightest object on the horizon, even from distances of up to many miles. The range of green lasers will often exceed the limits of visibility limited by the curvature of the earth. A point source of omnidirectional light would have to exceed many millions of degrees K to be equivalent to the lowest of powered lasers..

Pen Size Laser Pointers

Class 3a ready to use devices with range in excess of 3 miles. Include lenses to make a collimator that can extend the range up to >10 miles! Operates from 2 AAA batteries. Size is .55 x 6.3" Continuous wave green.

LAPNGR5 5 milliwatt green with collimating lens See web site for prices

LAPNGR5U 5 milliwatt green lower cost utility model....................... **$59.95**

Laser Pointers, High Powered, Flash-light Sized

Class3B

50 mw+ burns objects at close range!!

Full Beam Visibility
Operates on (2) C Batteries
Size is 8.5" x 1.5" diameter
532 nm Wavelength
Continuous Wave
Beam Divergence 1.5 milliradian
Beam Mode TEM00
Beam Diameter 1.5mm
Operating Temperature 15-35°C
6 Month Warrantee

These are Class 3b ready to use. These lasers have a key switch, emission indicator and aperture cap. They are excellent for star pointing, emergency signaling, visible target designation, spooking birds and animals, experimenting with florescence or just a high tech device.

These powerful green lasers, unlike red lasers, emit a visible green ray of light. You are able to see the ray of light, not just the impact point. Excellent astronomical aid where the laser light appears to reach up and actually touch the target star providing a positive identification.

The power of the 100 milliwatt system is easily demonstrated by pointing the laser at a flat black surface and noting the impact point burning and smoking. Obviously this laser is very hazardous and requires protective eye-wear and extreme caution when used for laboratory experimentation. Range is optically unlimited.

LAPNGR50 >50 milliwatts ....See web site for prices
LAPNGR100 >100 milliwatts ....See web site for prices
LAPNGR150 >150 milliwatts ....See web site for prices
LAPNGR275 - Greater than or equal to 275mw See web site for prices

Lower Cost High Powered Lasers

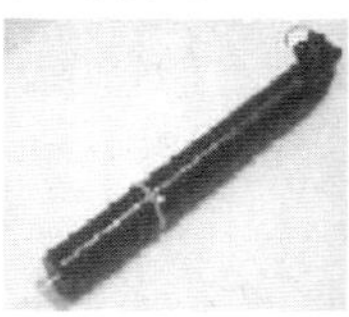

These compact and lightweight visible green laser are fully FDA compliant and have all the basic features of our above series. This smaller unit operates on 2 "AA" batteries that can last for up to one hour of laser beam "on" time. The smaller heat sinking capability limits the laser continuous "on" to 20 seconds with a 10 sec cool down time...usually adequate for most applications.

Excellent Low Cost Alternative to a High Power Green Laser

LPY50 >50 milliwatts ....See web site for prices
LPY80 >80 milliwatts ....See web site for prices
LPY100 >100 milliwatts ....See web site for prices

We are very proud of these fine laser products!

OEM Laboratory Green Laser Modules

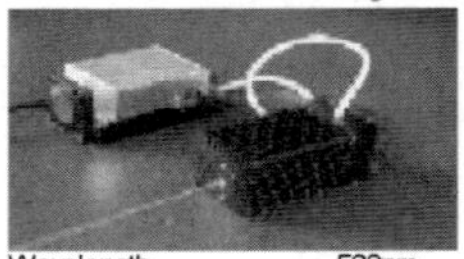

Includes all data for CDRH safety requirements

Wavelength......................532nm
Power Stability................±20%
Beam mode.....................TEM00
Beam diameter..............<1mm
Beam divergence.........<1.4mrad
M^2..................................<2
Stability...........................<.02radian
Line width.......................05mm
Polarization....................<100:1
Operating temp............20-30degC
Warm up time..............<5 Min.
Cooling - Forced Air by Fan
Power 6-9vdc or 115vac

LAGR50M - >50mw@532nm Modular ClassIIIB................................**$395.95**
LAGR100M - >100mw@532nm Modular ClassIIIB.............................**$695.95**
LAGR150M - >150mw@532nm Modular ClassIIIB.............................**$995.95**

Green Laser Ray Gun

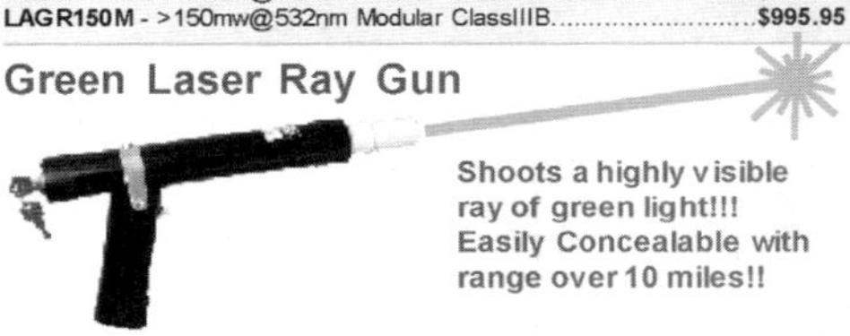

Shoots a highly visible ray of green light!!! Easily Concealable with range over 10 miles!!

Hand held battery system up to 20 milliwatts of continuous optical power. Use for serious special effects star pointing, optical intimidation and experimentation. Includes a collimator for ultra long range effect

LAGREEN1 - Green laser ray gun plans (By Download - $5.00)..........$10.00

Green Laser Light Show

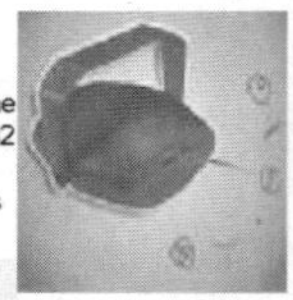

Operates from 115 vac or by two aa batteries. High intensity ultra bright green is 15 times brighter than the red units. Length 155 mm x Width 168 mm x Height 82 mm. Mount to ceiling or wall with included mounting bracket or place on table etc.. More than 16 patterns of exciting and moving light with sound control.

LASHOWGR10 - Green Laser Light Show...**$199.50**

Green Laser Beam Science Project

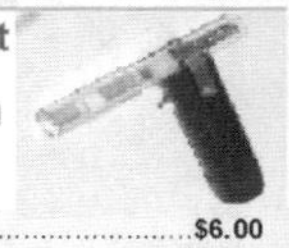

Easy to build a green laser capable of many applications and optical experiments. Kit contains all electrical and optical parts to make along range collimator allowing ranges in excess of miles.

LPROJGR1 - (By download-$2.00) Plans...**$6.00**
LPROJGR1K - 5mw Green Laser Project Kit/Plans..............................**$64.95**
LM532-5 - 5mw Green Laser Module Only...**$49.95**

Make a green laser pointer up tp 500 times brighter than anything currently available!

Diode pumped solid state
Up to 500 mw out put
532 nm green
Battery operated high efficiency

LAGRN1DP - Data Pack includes our CWL5 plans...................................**$20.00**

Information Unlimited, PO Box 716, Amherst, NH 03031 Orders only 1 800 221 1705 **www.amazing1.com**

Burning and Cutting Class 4 Lasers

3

Semiconductor Burning Lasers

High efficiency laser diodes can produce up to 2 watts at wavelengths of .6 to over 1 micron, multi or single mode. Easily Frequency Doubles To Intense Green! **Universal driver can power most laser diodes from 10 mw to 2 watts and operates from 12 vdc or 115 vac or batteries!** Focusable directed energy beam of heat for lab and research, ultra bright source for night vision, target sighting, or covert illumination for professional laser window bounce listening systems or high brightness visible red laser light source. Includes laser head, mounting heatsink and basic lens for most 9 mm diodes. Fully compliant for CLASS IV operation. Universal driver can power most laser diodes from 10 mw to 2 watts and operates from 12 vdc, 115 vac or may be adapted to portable operation.

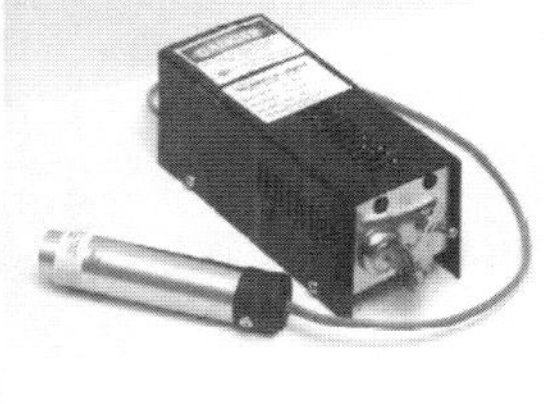

DANGER
Class IV

Excellent stability

Low cost solution

CWL5 - Plans....(By download..$12.00)........ **$15.00**
CWL5K - Kit/plans (No Diode)...**$249.95** **CWL50** -Assembled Kit....**$399.95**

Available diodes for above CWL50 laser system:

LD100980 - CW 1 Watt 980mn lab use, burning etc **$499.95**
LD100808 - CW 1 Watt 808nm lab use, burning IR Viewing, etc...... **$499.95**

Contact the factory for other available laser diode choices.

Pulsed Laser Ray Gun A Futuristic Concept!

A prelude to a weapon of the future - the technology is here! **Now Available** - hand held, battery operated, 500 joules of pulse energy produce an intense burst of light capable of burning holes in most materials.

Input voltage:12VDC @1.5AMPS, 20-30sec charge time
Laser Rod: 3 x 1/4" Nd:Glass with integral mirrors
Output: 1-3 Joules @ 10 microns infra-red
Storage Capacity: 270 microfarads @ 2KV
Flash Lamp: 1000 volts is 135 Joules, 1500 volts is 300 Joules
Input voltage: 12VDC/115VAC 20 to 30 second charge time

DANGER
Class IV

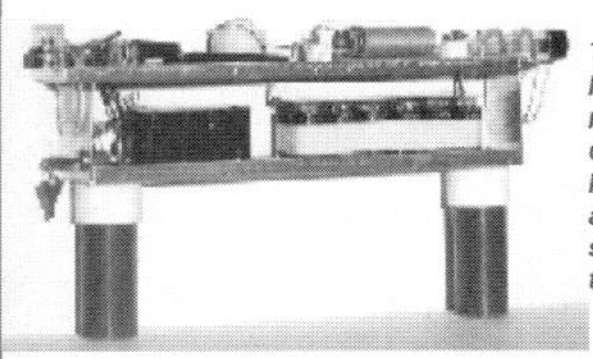

This is a dangerous Class IV laser project and requires initial purchase of plans including our hazardous equipment affidavit that must be signed before purchase of the actual system.

LAGUN2 - Plans........ **$20.00**
LAGUN2K - Kit/Plans Minus Rod & Flash lamp........ **$599.95**
LAGUNSYS - Lab Assembled with Rod & Flashlamp........ **$1749.95**

FLMP3 - 3" Flashlamp - xenon filled........ **$399.95**
NDGL - 3" x 1/4" Laser Rod Nd:Glass with mirrorec ends........ **$399.95**

All parts are available for these projects

Continuous Burning Beam Laser Gun

Generates Temperatures Exceeding That of Most Cutting Torches!! Projects an invisible beam of heat capable of burning and melting materials over a considerable distance. This laser is one of the most efficient devices, converting up to 20% of its input power into useful output. Not only is the device a workhorse in welding, cutting and heat processing materials but it also is a likely candidate as an effective directed energy beam weapon against missiles, aircraft, ground-to- ground, etc.. Particle beams may very well utilize a laser of this type to blast a channel in the atmosphere for a high energy stream of neutrons or other particles. Device is easily applicable to burning and etching wood, cutting, plastics, textiles, trimming and light metal work. Special focusing lens

DANGER! Device Can Start Fires Over a Considerable Distance!!

Build a burning laser system using our sealed CO_2 laser tube with special cooling. High efficiency current controlled power supply delivers over 100 watts of power to this directed energy beam device. Excellent demonstration of future weapons technology. Laser features a built in cooling system allowing continous out put for an indefinite time. Power adjust control with meter and all necessary classIV compliances. Operates 12 VDC or 115VAC.

View Instructions(Adobe PDF)
Download Instructions(Zipped Adobe PDF) **LABURN1**

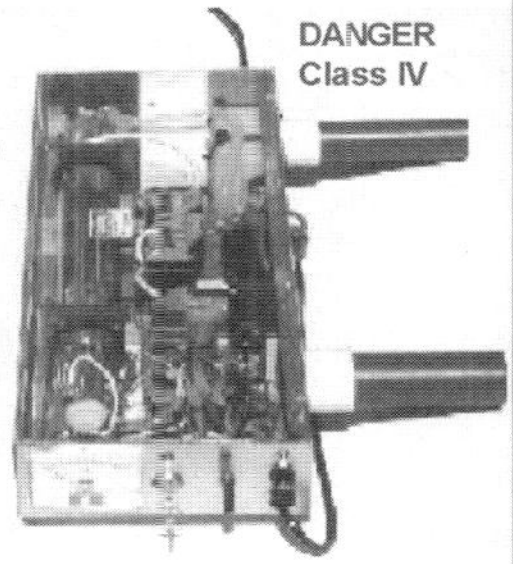

DANGER
Class IV

LABURN1 - Plans....(By download..$16.00)........ **$20.00**
LABURN1K - Kit/Plans........ **$1475.00**
LABURN10 Burning Laser Ray Assembled as above........ **$1975.00**

20 watt Continuous Output CO2 Laser tube

All glass sealed laser tube with cooling jacket, aligned mirrors and ready to use. Full spec brand new 600 mm long, 10.6 microns, beam size <1.5mm, divergence <1mr, voltage 20kv at 15 ma.. Just hook up water and power and burn away. Includes all instructions to operate.

CO2TUB15 - With above LABURN1 plans on how to use **$395.95**

Poor Mans CO2 Burning Laser

This 20 to 30 watt laser system can be built for only several hundred dollars. It is shown using easily made parts with the mirrors and discharge tube available through our labs. Allows the builder to experiment with different gases and pressures. Excellent science project .

LC7 - Plans and parts sources........ **$20.00**

Full Spec CO2 Laser Optics

Laser mirror set use for above system or other CO2 laser projects:
Resonator mirror- 1" silicon 99.6% ref. 10 m radius of curvature
Output mirror- 1" zinc selenide 70% plano/plano
COMSET above mirror set........ $199.95
Focusing Lens-1" zinc selenide with 5" focus length
MENC5........ $199.95

Information Unlimited, PO Box 716 Amherst, NH 03031 Orders only 1 800 221 1705 **www.amazing1.com**

Infra- Red Pulsed and Continuous Lasers 4

These pulsed lasers are rated at 10 to 100 watts of peak power. This level of power only exists for the defined duration of the pulse. If these pulses are integrated for a one second period, you now have the energy expressed in Joules. The advantage of a pulsed system is that the pulses are optically equivalent to the peak power level as rated and can be detected with a suitable detection system that will see them at this power level. The equivalent energy that the laser system now requires is only a fraction and is related to the repetition rate x the peak power x the pulse duration and is approximately equal to Joules. **NOTE:** A Joule is a watt second and is "energy". If that energy is released in 1 micro-second as a pulse, the power of that pulse is now 1 megawatt!!! Note a laser pointer at 5 milliwatts equates out to the pulsed laser being 20 MILLION times brighter!!! A useful application of these two devices is use as a laser property guard security fence around a home or other premise. A very suitable detector for this pulsed laser is our LSD series laser light detector. Note a laser pointer is 5 milliwatts equating out to the pulsed laser being 5000 times more detectable!

Bench and Lab Pulsed IR Laser

Devices emit variable rate and power pulses of infra red energy at *900nm This type laser is easy to construct and operate. Its versatility is high efficiency, durability and small size. Applications range from fiber optic communications, target illumination, simulated weapons fire, long range optical link, high resolution radar, ranging, intrusion detection, etc. Power requirements are 115 VAC Peak power to 100 Watts!

***800 to 1100 nanometers**
Pulse rep rate 200 to 2500 pps
Pulse width 50 to 200 nanosec
All FDA compliances
Low cost assembly

DANGER
Class 3B

SSL7 - Plans(By download....$8.00)....................**$15.00**
SSL7K - Kit/Plans with 10-15 Watt 904 nm diode....................**$349.95**
SSL70 - Lab Assembled with 10-15 Watt 904 nm diode....................**$499.95**

Field Operable Pulsed IR Laser

DANGER
Class IIIB

Similar as above operating parameters but battery operated. Unit is housed in a hand held gun like configuration with a tripod mounting setup.

LRG4 - Plans(By download....$8.00)....................**$15.00**
LRG4K - Kit/Plans with 10-15 Watt Diode....................**$199.95**
LRG40 - Lab Assembled with 10-15 Watt Diode....................**$299.95**

High Speed Laser Pulse Detector/Controller

High Speed Pin diode detector with wide band amplifier compatible with high speed laser diodes with nanosecond rise times. Detector is ground plane constructed with facsimile and expanded outputs. External control is via internal relay contacts. Includes basic optics.

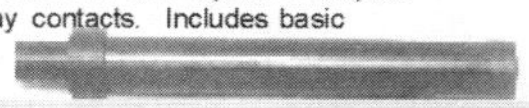

LSD6 - Plans(By download....$4.00)....................**$10.00**
LSD6K - Kit/Plans....................**$149.95**
LSD60 - Lab Assembled....................**$249.95**

High Peak Power Pulsed Laser Diodes

Diodes produce high peak powers at 10- 200 nanosec 904 nm pulse widths. Operates from 10 amp threshold to 40 amp maximum current. All diodes are full spec and unused and include our SSL7 above plans.

LD650 - 10-15 Watt TO18 Package....................**$39.95**
LD780 - 20 Watt 2 Diode Array TO5....................**$59.95**
LD1630 - 50-80 Watt TO5 Package....................**$299.95**

Call for quantity discounts at 1-603-673-6493

Build a Laser Window Listening System

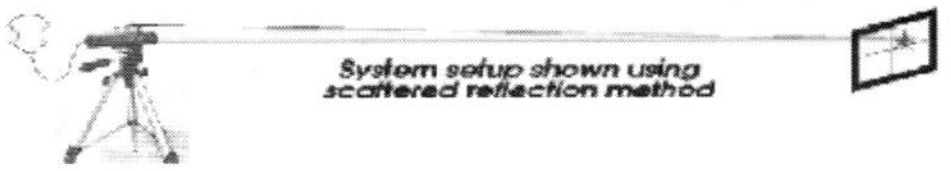

Remarkable concept where you listen to sounds picked up from a reflecting surface illuminated by a laser. These light reflections, or scatter, are reproduced back to the original sound by our special optical receiver. Includes the above CWL20 infra-red laser illuminator, LLR40 optical receiver, LM650-P3 visible red alignment and testing laser and test tone oscillator. Plans show the builder how to construct the housing and supply the optics systems for use in long range systems. Caution as the CWL20 is a class 3B laser requiring protective eyewear.

LWB9 Plans (By download....$10.00)....................**$25.00**
LWB9K Kits of all assemblies....................**$299.95**
LWB90 All assemblies wired and tested....................**$449.95**

30 Milliwatt Continuous Beam IR Laser

DANGER
Class 3B

Excellent illumination source for night vision, laser window listeners, target designation and optical communication.

High power invisible 30 milliwatt red laser at 980 nanometers operates on 3 volts (two AA batteries) This laser is a Class 3b device and requires protective eyewear when viewing the beam or any potential direct reflections or scatter. Intended for experimental use in window bounce systems, target designation, optical x-rays, IR holography and general optical research. Built-in a 7 "cylindrical housing with a x7 collimator.

CWL2 - Plans (By download....$4.00)....................**$10.00**
CWL2K - Kit/Plans....................**$199.95**
CWL20 - Lab Assembled....................**$299.95**

Laser Receiver for Window Bounce Listening and Optical Communications etc

Shown on a tripod

Detects ultra low level voice modulated light waves. Use for laser window bounce with our above CWL20 invisible IR laser as the illuminator or for long range optical communication. Built in voice filter with many amenities. 9 volt battery operation with cushioned headsets easily mounts to video tripod. Features low noise gallium arsenide FET preamplifier. Includes external light bias control, EXT10 extender and condensing lens, HS30 cushioned headsets with individual volume controls and LWB9 plans showing how to make a laser window bounce system.

LLR3/4 - Plans (By download....$5.00)....................**$10.00**
LLR4K - Kit/Plans..........**$149.95** **LLR40** - Ready to Use..........**$199.95**

30 mw Laser Module

The module may be powered with just a 3 volt battery pack. Module measures 1 ½" x ½" diameter and includes an adjustable collimating lens. Excellent value includes our above CWL20 instructions on how to build a fully compliant Class 3b laser system.

DANGER
Class 3B

LM980-30 - Infra-Red Laser Module....................**$49.95**

Information Unlimited, PO Box 716, Amherst, NH 03031 Orders only 1 800 221 1705 **www.amazing1.com**

Laser Pointers and Projects

5

Visible Red Laser Pointer

5 milliwatt high brightness 635 nm visible red laser with a 4000 foot range. Adjustable focus will produce the brightest and tightest beam available for consumer use! - Special diode is within 3 nm of the theoretical limit. Laser operates for hours on two AAA batteries that are ncluded.

LAPN63F - 5mw 630nm Laser Pointer (CLASS 3A)............**$39.95**

High Powered Visible Red Diode Lasers

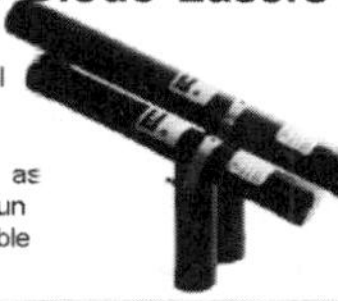

High brightness red Illuminates low level clouds. Projects a pencil thin dot for miles. Great special effects, optical intimidation, target designation.

Universal battery or 115vac operation. Available as functional modules or complete hand held in a gun configuration. Includes range extending adjustable optical collimator. CLASS 3B.

LGUN1/3 - Red Diode Laser Plans(By download....$8.00)................**$10.00**
LGUN1K - 10mw 650nm Laser Gun Kit/Plans..............................**$149.95**
LGUN3K - 30mw 650nm Laser Gun Kit/Plans..............................**$399.95**

Visible Red Laser Modules

Laser modules are fully operational devices requiring hooking up to a battery or suitable line powered adapter. The lasers with power output above 5 milliwatts require a key switch, emission indicator and aperture cap for product compliance.

LM630-P3 3 mw@630 nm 10 x 32 mm class 3a.......**$39.95**

LM650-P3 3 mw@650 nm 12 x 45 mm class 3a.......**$24.95**

LM650-P5 5 mw@650 nm 12 x 45 mm class 3a.......**$29.95**

LM650-P10 10 mw@650 nm 12.5 x 51 mm class 3b..**$99.95**

LM650-P30 30 mw@650 nm 23 x 51 mm class 3b...**$249.95**

3DC/.3 Power adapter supplies 3 volts at 300 ma for above lasers.....**$5.95**

Red Laser Science Project Kit

Flexible operation allows many applications from laser listener window bounce projects to general optical experiments and research. Includes our LD630P10 10 mw 630 nm laser diode.

VRL3K - Plans(By download....$4.00)........................**$6.00**
VRL3K - Kit/Plans with 10 mw 630 nm diode............**$99.95**

10 mw 630 nm Ultra Bright Laser Diode

Produces visible red beam 10 to 20 times brighter than a laser pointer. Use of this higher power diode will require class 3b laser compliances.

LD630P10 - Laser Diode with VRL3

Low Cost Red Laser Beam Science Project

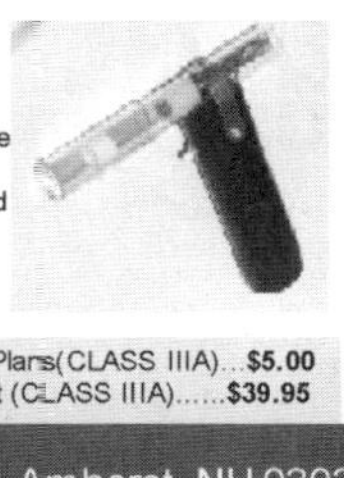

A real easy to build laser for the beginner capable of many experiments from laser window bounce to basic optical experiments. Battery operated and fully CLASS 3A compliant. Kit includes 3mw 650nm module, two lenses for collimator, switch, battery holder, and hook up wire.

LPROJ1 - (By download....$4.00)Science Project Plans(CLASS IIIA)...**$5.00**
LPROJ1K - 3mw Red Laser Beam Science Project (CLASS IIIA)......**$39.95**

Special Green Laser Module

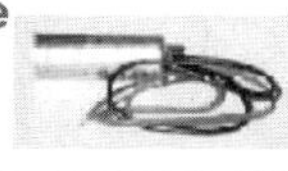

5 milliwatt green laser module. Only requires a 3 volt source to activate. Includes lens, switch and metal housing. Great for those wanting to build a very bright, visible beam mini-laser

LM532-5 - Green Laser Module includes LPROJGR1 plans............**$49.95**

Red or Green Laser Gun Sights

Never Miss Your Target Again!

High quality laser gun sight includes battery, pressure switch and basic mount with hardware. Audible click adjustment for both windage and elevation make for a quick point to sight. Mounts for specific guns - call 1-800-520-8435 with make and model.

LATR65 - 5mw 650nm Red Laser bright..............................**$59.95**
LATR63 - 5mw 630nm Red Laser very bright.........................**$79.95**
LATR53 - 5mw 532nm Green Laser see the beam....................**$449.95**

Visible Red Laser Light Show

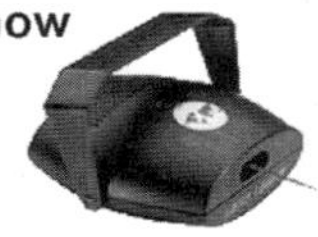

Power Supply: 9V DC adaptor (350mA)
or (2) "AA" (1.5V) Batteries
Dimensions: L155xW168xH82 mm
Weight: 425g
Functions: Auto/Manual/Audio modes
LASER PATTERNS: Fixed 16 patterns

LASERSHOW - Red Laser Lite Show (CLASS 3A)........................**$49.95**

Laser Pointer Range Extending Lens

Decreases beam spread of visible and infra red lasers by a factor of 7 at far field. Simple to construct, fits most laser pointers with simple shimming. Kit includes lenses and plans. Other parts are easily obtainable from your hardware store.

COLMIN1 - Plans(Free by download only)
COLMIN1K - Lens Kit/Plans....................................**$19.95**

Assorted Glass Lenses

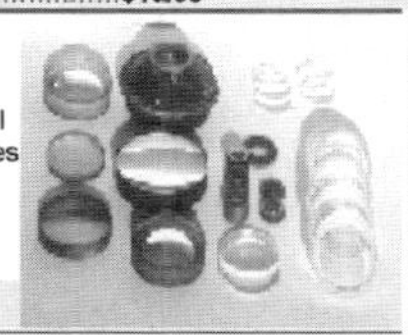

25 lenses including ACHROMATS, double convex positive, concave negative lens, WWII infra-red bomb site lens, meniscus, eye pieces etc. These lenses if purchased at todays prices would cost well over $500.00!!
All pieces individually available in quantities

LENS25 - Assorted lenses..............**$25.00**

New High Power Green Lasers

LD pumped 532nm green laser used in collimation, laser medical treatment, scientific experimentation, optics instrument, laser display, laser lighting show, etc. Continuous output, one year warrantee, 10,000 hrs lifetime, 80-260 VAC, TTL and analog modulation 1-10 kHz.

Output..............................1 watt	**Output..............................5 watt**
Mode..........................near TEM00	Mode...................................TEM00
Output stability...............<1%/4hrs	Output stability.................<1%/4hrs
M_2 factor....................................<2	M_2 factor..<2
Beam divergence.............. <2mrad	Beam divergence................ <2mrad
Beam diameter.....................~3mm	Beam diameter........................~4mm
Spectral linewidth.......................<.1	Spectral linewidth.........................<.1
Polarization ratio.................>100:1	Polarization ratio.....................>100:1
Point stability...........................<.05	Point stability..............................<.05
Warm up time....................<15 min	Warm up time........................<15 min
Operating temperature........10-35C	Operating temperature.........10-35C

LAPNHP1W 1 watt system..$3595.00
LAPNHP5W 5 watt system..$14950.00

Night and Thermal Vision Products

Night Star Low Cost Night Vision

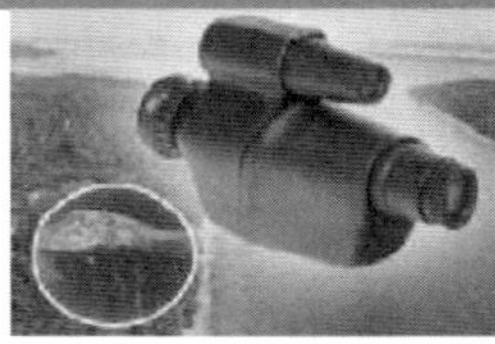

Detection Range 150m

Recognition Range 100m

Weight 0.45kg/1lbs

The NightStar provides the user with superior clarity and the highest possible light gain of a first generation night vision device at minimal cost. Also the unit comes standard with TOTAL DARKNESS TECHNOLOGY which will power up a powerful infra-red illuminator when you come into an area with no ambient light. This NightStar is perfect for camping, boating, or home security. If you want to further the capabilities of the unit, you can add a camera adapter (fits 35mm and video) or doubler

NIGHTSTAR Ready to use Gen 1 excellent for the price.................. **$199.50**

Night Storm High Quality Viewer

Detection Range 150m+

Recognition Range 100m+

Weight 14 oz

The NightStorm is the latest in technology and the newest addition to our line of night vision products. Strict standards and precision manufacturing have brought to you a rugged, yet lightweight, waterproof night vision device, which provides superior optical calibration at an economical cost.

Revolutionizing the night vision market was one of our top priorities. We accomplished our goal by combining a 6-element, F1.2 50mm, heavy-coated glass lens with the ability to be submersed under water. We also were able to include a number of other options to make this unit even more superior than it was already. The sleek body, with contoured finger rests, houses a powerful high-resolution first generation intensifier tube which allow a 35,000 max light amplification. Once you enter a completely dark where no ambient light is to be found, you can take advantage of our built-in Total Darkness Technology which our infrared illuminator will provide. The unit also has an optional camera adapter, which will allow you to turn a regular household camera into a night vision camera.

If optimal picture is what you are in the market for, the Night Storm will satisfy you needs. The unit's diopter adjustment of +/- 5 and 1' to infinity range of focus will allow you to focus in on any object in range. If that's not enough, the unbelievable 40 lp/mm makes the NightStorm one of the most accurate imaging devices on the market at a reasonable price.

NIGHTSTORMGEN1 Generation 1.................................... **$245.00**
NIGHTSTORMGEN2 Generation 2.................................... **$1085.00**

Thermal Imager

The Thermal-Eye 250D takes thermal imaging to a totally new level with 2X zoom capability and digital technology for greatly improved imagery. As with the Thermal-Eye 225, the Thermal-Eye 250D is perfect for use in many applications such as public safety, search and rescue, security and wildland/exterior fire fighting. The sharp, black Thermal-Eye 250D is the new standard in handheld infrared technology. Check out our below info pack on this device

These devices use heat as the illumination source. Sensitive enough to detect footsteps long after one walks by! Data pack is creditable to actual purchase of one of these amazing products.

250D-50 Thermal Imager A truly amazing device............................ **$12195.00**
THERM1 Thermal Imager Data Pack (creditable to purchase).$10.00

Night Vision Goggles

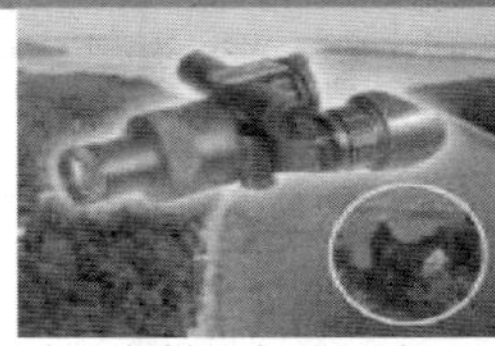

Detection Range 250m+

Recognition Range 175m+

Weight 0.45kg/1lbs

Compact and light weight, rugged (metal not plastic), and a top notch performer the NVG-7 is an exceptional choice for hands free usage. The NVG7-2 is a single tube night vision goggle built around high resolution 18 mm Gen 2+ image intensifier tube and utilizes a pseudo binocular design for added observation convenience. It has an built-in IR light source for close-up illumination in complete darkness. ATN NVG7-2 is an excellent choice for hands free Night vision applications.

NVG7-2 Ready to use Gen 2.. **$1675.00**
NVG7-3 Ready to use Gen 3.. **$3675.00**

Multiuse Night Viewer

Detection Range 250m

Recognition Range 175m

Weight 0.40kg/1lbs

The Multiuse Night Vision monocular is a high performance modular, hand-held night vision monocular. It utilizes a single, Gen.2 intensifier tube to provide crisp, clear images under the darkest conditions. The PS-14 can be hand held or installed in a head-mount. The integrated IR illuminator enhances the ability of the user to read maps, and operate in confined spaces. Rugged and a top-notch performer the PS-14 is an exceptional choice for hands free usage. The PS-14 is available with a wide range of image intensifier options to meet a wide array of specification requirements. The PS-14 night vision monocular is a complex opticoelectronic system for individual use. The device consists of the objective lens assembly, eyepiece and the body. The body contains a image intensifier tube assembly with an integrated high voltage power source and the battery housing. Objective lens protective cover is intended to protect the objective lens from dust and scratches. It also will act as a daylight filter, allowing you to test the scope in daylight or other bright light situations. The pinhole in the center of the protective cover allows the user to check the operation ability of the device in daylight conditions. Here are the basic packages for the PS14

PS14-2 Multi-purpose viewer Gen 2.. **$1255.00**
PS14-3 Multi-purpose viewer Gen 3.. **$2995.00**

Body Heat Detector

Sensitive enough to detect the "heat print" left by touching an object!

The body heat detector detects the presence of black body radiation down to 100 degrees Fahrenheit. All warm blooded organisms both human and animal are therefore easily detected. The device is similar to the infra red detector activated flood lights that have been around for some time. The difference is that this unit is very directional and can detect stationary objects as well as those moving.

BHT6 - Plans...(by down load..$4.00).. **$10.00**
BHT6K -Kit/plans........... **$99.95** **BHT60** - Ready to Use........ **$149.95**

Infrared Illuminators

200,000 candle power illuminates out to 300 meters. Covert radiation is invisible to the naked eye. Operates from 12 vdc. For total darkness applications.

HLR10 200,000 illuminator.. **$149.50**
IRS10 Flashlight sized LED illuminator... **$59.95**

Information Unlimited, PO Box 716, Amherst, NH 03031 Orders only 1 800 221 1705 **www.amazing1.com**

Tesla Coils and Lightning Generators

Spark gap fired Tesla Coils produce lightning bolts that jump into the open air

14 Inch Spark Tesla Coil

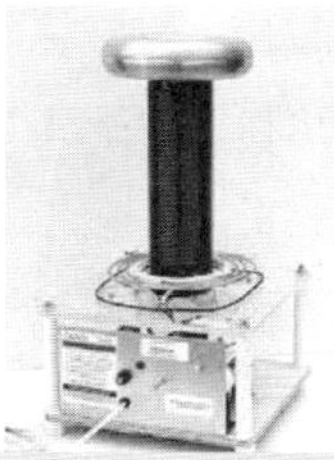

Easy to build table top coil generates up to 250,000 volt lightning bolts. Output spark is not dangerous but can produce a mild shock. Excellent science project. Light weight <15lbs

Materials glow, disintegrate, burn
ION motors, induction fields
Corona and St. Elmo's Fire
Pure tungsten spark gap
Shown with optional toroid terminal

BTC3 - Plans (By Download - **$6.50**) **$15.00**
BTC3K - Kit/Plans includes wound secondary coil **$399.95**
BTC30 - Assembled & Tested **$499.95**
TO8 - Optional 8" Toroidal Terminal **$59.95**

30 Inch Spark Tesla Coil

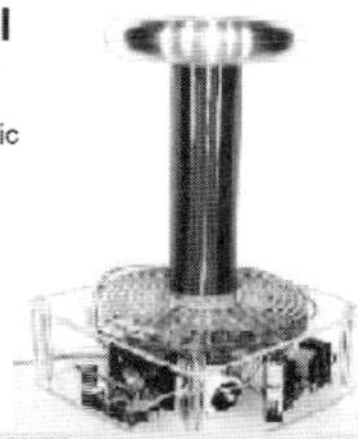

This real beauty of a coil is a museum quality device that can generate up to 500,000 volt lightning bolts. Coil is shown built using acrylic decks making it a spectacular looking unit.

Air cooled two point tungsten spark gap
Size is 30 x 16" square
Weight is only 35 lbs/16 kg
Table top size with choice of 220 or 115 vac
All parts individually available

Utilizes dangerous primary voltages

BTC4 - Plans (By Download - **$9.00**)........ **$20.00**
BTC4K - Kit/Plans with wound coil **$999.95**
BTC40 - Assembled&tested **$1299.95**
TO12 - Optional 12" Toroidal Terminal **$79.95**

6 to 8 foot Spark Tesla Coils

Advanced Project uses dangerous high voltages

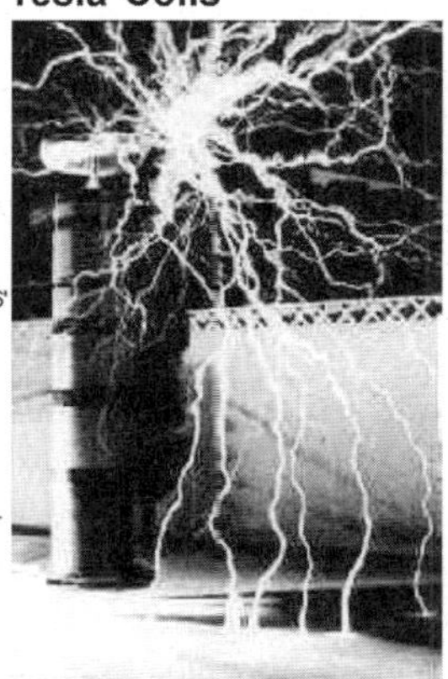

Advanced project for high voltage research produces a spectacular display of natures fireworks. Excellent for materials testing. Use a rotary spark gap with tungsten points.

Unit is shown built to a size of 6' height x 24" square base.

All parts are available for this project.

These high powered devices require dedicated areas for operating along with 220 volt 30-50 amp input requirements.

The coil shown is the one made by Dan Perkins

We make these larger coils on special request with many available options for your particular applications. Assembly range from a "bare bones" approach to fancy consoles with metering, scope displays, controls etc. Contact the factory for further details.

BTC5 Basic plans **$20.00**

Low Cost Beginners Coil

Lights Up A 4 Ft Florescent Tube Without Contact!!! Yet Only 3" Tall! * Super Magic Trick * Generate Plasma Pyrotechnics * Build a Small Jacobs Ladder * 12 VDC/115 VAC Operation

MTC1 Plans..(by download $2.00) **$6.00**
MTC1K Kit/plans........**$19.95** **MTC10** Assembled and tested.......... **$34.95**

Worlds Smallest Tesla Coil

Generate up to 75 kv bolts of lightning crashing against the inner walls of a 5 inch globular lamp. Produce "plasma in a jar, St Elmos fire, corona etc. Operates from 115 vac and includes discharge rate control. Only 3 x 2 x 1.5"

BTC1 - Plans...(by down load $3.00) **$7.00**
BTC1K - Kit/plans.........**$34.95** **BTC10** - Assembled **$49.95**

Solid State Tesla Coil, Jacobs Ladder and Plasma Tornado

Turn a normal light bulb into a weird plasma display. Create amazing and bizarre effects that are excellent for science projects. Transmits wireless energy. Operates with our #PTG3 plasma tornado machine described in the plasma section of the catalog, generates a pyrotechnic effects, yet is noiseless. Unit operates on 12 vdc, battery or 115 vac via our #12DC/7A converter

TCL5 - Plans...(by download $4.00) **$10.00**
TCL5K - Kit/Plans.......**$69.95** **TCL50** - Assembled and Tested....... **$99.95**
12DC/7 - 12VDC@7Amps Supply **$39.50**

Mini Tesla Lightning Machine

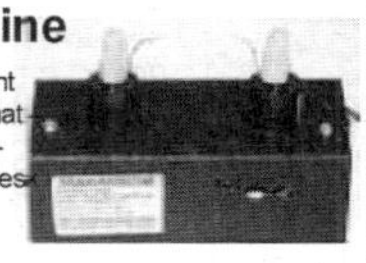

This neat little unit produces 1 to 2 " open air point to point discharges. A built in timer allows automatically setting the activation time along with adjustment of the activation duration. This is a great desk or bureau piece where unit will come on and operate for a period and then shut off. Will continually repeat this pre programmed cycle. High and low energy spark switch.

TLITE1 Plans (by down load $4.00) **$10.00**
TLITE1K - Kit/Plans......**$49.95** **TLITE10** - Assembled and Tested..... **$59.95**

1 KW Vacuum Tube Tesla Coil

This coil produces almost 24" open air discharges without the brisance or noise of the spark gap coils. Discharge is more like a true plasma fire. These spectacular display devices produce arcs and sparks quite unlike the undamped spark gap driven Tesla coils. Operation does not require a noisy spark gap that produces copious amounts of RFI radio frequency interference but operates efficiently at the quarter wave frequency of the secondary coil.
A pulse signal is also shown that controls the grid of the tube allowing a wide range of spark texture variation by changing the duty cycle and frequency. This coil unlike our high powered IGBT coils can take far more abuse and are suggested for displays and generation of experimental discharges. They require dangerous high voltages and should only be attempted by those with high voltage experience. We can supply all parts including the pre-wound secondary coil. **Finished units with options are available on special request**

VACTES1 Plans (by down load....$9.00) **$20.00**

Information Unlimited, PO Box 716, Amherst, NH 03031 Orders only 1 800 221 1705 **www.amazing1.com**

Tesla Coil Parts and Assemblies

Capacitors

These specialized capacitors are made for Tesla coil applications where high frequency and high current operation is required.
Capacitors are constructed with a polypropylene dielectric being specially wound to reduce corona and have a high voltage standoff capability.

.005M/10KVAC-.005mfd/10kvac Cylindrical 1.375 d x 4.25"............**$59.95**

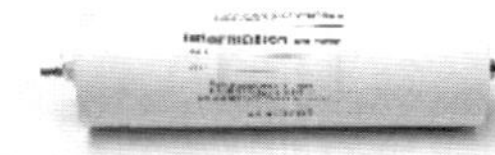

.02M/10KVAC-.02mfd/10kvac Cylindrical 3.5 d x 7.25"..................**$229.95**

Capacitor for High Powered Tesla coil is constructed with a polypropylene dielectric being specially wound to reduce corona and have a high voltage standoff capability. Capacitors are also designed to with stand the multiple discharges of a rotary gap system of up to 600 breaks per minute with a suggested operating frequency of 30 kHz.

Capacitors are enclosed in a high impact PVC tubing and epoxy sealed. Terminations are via appropriate sized studs axially positioned. Our standard value is .05 mfd at 18 kvac. This value provides an excellent combination when used with the readily available 14.4 kvac pole transformer in the 7 to 10 kva range. One capacitor will utilize one half this kva range while two in parallel with utilize the full rating and produce in excess of 10 foot discharges. Capacitors are cylindrical with a 6 - 5/8" diameter and 14 - 1/2" length. Weight is 22 lbs (10kg).

CAP05M18KV - .05 mfd at 18 kvac...**$499.00**

Transformers

These special current limited iron core transformers are ideal for small Tesla coils using fixed spark gaps. 115 vac 50/60 hz input units can be series or parallel connected for 220 volt operation and a large combination of output voltages and currents. Proper operation for Tesla coils should include a 1000 ohm 25 watt resistor in series with each output to reduce secondary breakdown

3 KV 8ma, floating secondary, sealed unit with leads. 3 x 2-1/4 x 1-7/16" at 1-1/4 lb **3KV/008** Transformer.....**$29.95**

4KV 30ma, floating secondary open core and coil with wire leads. $4^{3}/_{4}$ x $3^{11}/_{16}$ x $2^{3}/_{4}$ at 4 lb".
4KV/.03 - Transformer...........**$59.95**

6.5KV 20ma, floating secondary, open core and coil with wire leads. $4^{3}/_{4}$ x $3^{11}/_{16}$ x $2^{3}/_{4}$ at 5 lb".
6KV/.02 - Transformer...........**$59.95**

9KV 30ma, mid point grounded secondary, potted core and coil with terminals. $7^{1}/_{4}$ x $3^{3}/_{4}$ x $3^{7}/_{8}$ at 12 lb".
9KV/.03 - Transformer...................**$79.95**

12KV 30ma, mid point grounded secondary, potted core and coil with terminals. $8^{3}/_{4}$ x $5^{7}/_{8}$ x $4^{1}/_{2}$ at 23 lb"
12KV/.03 - Transformer..............**$109.95**

15KV 30ma, mid point grounded secondary, potted core and coil with terminals. $8^{3}/_{4}$ x $5^{7}/_{8}$ x $4^{1}/_{2}$ at 24 lbs
15KV/.03 - Transformer..............**$139.95**

14.4 KV 500 ma utility transformer single bushing, oil filled 220/110 input. For coils up to 12' discharges.

14.4 KV/.5A Special purchase...........**$599.95**

Toroidal Terminals

Our laboratory has the tooling and now offers many sizes of toroidal terminals from 8 to 48". These are spun aluminum with a welded seam on all sizes above 12". All have a center mounting hole. Excellent for Tesla coils requiring a capacitive terminal and high voltage dc generators up to 1.5 million volts.

For coils up to 250Kv TO8 - 8"x 2" with 1/4" Ctr Hole......................**$59.95**
For coils up to 500Kv TO12 - 12" x 3" with 1/4" Ctr Hole.................**$79.95**
For coils up to 750Kv TO18 - 18" x 4.5" with 1/4" Ctr Hole.............**$239.95**
For coils up to 1Mev TO24 - 24" x 6" Welded with 1/2" Ctr Hole....**$399.95**
For coils over 1 Mev TO30 - 30" x 7" Welded with 1/2" Ctr Hole....**$525.95**

Fan Cooled Double Gap System

For Tesla Coils up to 5 foot discharges
Intended for Tesla coils up to 15Kv at 200ma. Available with 3/8" machined tool steel or pure tungsten electrodes. 115 Vac is required for the high output fan. Ready to use with connection lugs. Size is 5 x 5 x 4".

SPARK1 - With three 2 x 3/8" Tungsten Electrodes......................**$149.95**
SPARK1TS - With three 2 x 3/8" Tool Steel Electrodes...................**$59.95**

Convection Cooled Single Gap System

For Tesla Coils up to 18"
Intended for Tesla coils up to 9Kv at 50ma. Uses 1/4" pure tungsten electrodes mounted on aluminum heat dissipating fins. Base is lexan with mounting holes. With connection lugs. Size is $5^{1}/_{2}$" x 2 x 2"
SPARK05 - With 1/4" x 1" Tungsten Electrodes.................................**$49.95**

Pure Tungsten Electrodes

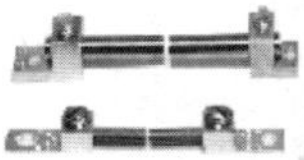

With connecting mounting blocks and terminations. Precision machined and faced. Self cleaning and cool running, will not oxidize.
TUNG141B - 1/4 x 1" Electrode Pair..**$14.95**
TUNG38 - 3/8 X 2" Electrode Pair..**$59.95**

Build Your Own Capacitors for Tesla coils. Includes formulas and all data. **GLC1** Plans/data................................**$6.00**

Faraday Cage This is a must for operating your medium to large Tesla Coils near sensitive equipment. **FAR1** Plans............**$6.00**

Tesla Coil Collection Several proven and tested designs ranging in size to several million volts. Data is intended for the experienced builder. **TCC7** - Plans & Data...**$25.00**

Tesla Coil Tuner Determine frequency and capacity of your coil without any physical contact!! **TCT30** - Ready to Use...............**$79.50**

Completed Secondary Coils

BTC3COIL - 12" Wound and prepped secondary coil.....................**$49.50**
BTC4COIL - 20" Wound and prepped secondary coil..................**$149.50**

Electro- Kinetic Devices

High Energy Experimenters Project Plans, Kits and Ready to Use Devices

Includes our MASS DRIVER, WIRE EXPLODING, CAN CRUSHING and PLASMA THERMAL GUN all included in one package

For Museums, Attention Getting Displays, Action Science Projects and Serious Research. We will assist in installation and setup. Call for details.

Mass Launcher Project

Project#1 MASS LAUNCHER

Ready to Fire **Moment of Impact**

This project fires a 4 ounce projectile to a velocity capable of splitting a 1 x 2" pine board on impact. A lighter projectile can be fired at considerably higher velocity. Device uses stored electrical energy accumulated on a capacitor bank and switched into the accelerator coil by a special three terminal triggered spark switch. The accelerator coil induces a very high amperage current in the projectile that now sets up its own magnetic field that opposes that in the coil causing a repulsive moment of accelerative force on the projectile.

The Mass Cannon uses a flat spiral coil arranged with a vertical flyway and wooden support base. The projectile used is on the heavy side weighing in at over 4 ounces. Its geometry is a flat aluminum washer that is of the same size as the coil. This geometry provides maximum coupling and optimizes electric to kinetic efficiency. Initial velocity is over 300 fps but quickly drops off due to the poor aero dynamics of the projectile shape. A piece of 2 foot long 2 x 1 inch pine board placed on the flyway tube will be easily split by projectile impact. Projectile may be retained on a flyway for repeating display or free flying.

Wire Exploding Project

Project# 2 WIRE EXPLODING

Explosion Chamber **Detonation**

Exploding a wire is possible by discharging a large amount of energy into the wire in a very short time period providing a very high peak moment of power. The wire now dissipates the charge energy in the form of heat, light and magnetic energy. A destabilized LCR circuit can be produced by switching the stored energy of a capacitor into a circuit and then interrupting this current with the exploding wire. At some time f(t) the switch fires, now vaporizing the wire and quickly releasing the stored energy. A powerful pulse of magnetic energy can now induce an electric field in a reflector producing and directing a very powerful EMP pulse.

The target wire is connected into the "detonation chamber" that protects the observers from flying debris and the intense ultra violet flash. Leads must be kept as short as possible with the insertion of the trigger blocking core shown in the setup instructions mandatory.

The wire is attached via all brass hardware using a wing nut and replaceable flat washers to sandwich and hold the wire in place. Washers will need replacing after around ten shots.

Many other interesting experiments such as placing a piece of paper or other material with in the explosion sympathetic range and observing the splatter patterns and general damage. Strange designs are often deposited onto the target paper and have been coined "Blast Art".

Can Crushing Project

Project# 3 CAN CRUSHER

This project clearly demonstrates the powerful mechanical forces due to a pulsed magnetic field. A simple coil consisting of several turns is formed to allow fitting of an aluminum beer or pop can. A high peak current is switched into the coil at f(t) and now induces a current flow in the periphery of the can that now generates its own magnetic field in opposition causing constriction into the familiar hour glass configuration.

This project is an excellent demonstration and is used in several museums where students are encouraged to bring in their cans for crushing. Safety is enhanced by positive grounding of the inducing coil eliminating any steady state potentials. Operator simply places can into the coil, depresses the charge button, waits for the green light and now presses the fire button. Deformed can is removed and system is ready for the next event.

Plasma Gun

Project# 4 PLASMA GUN

The PPRO1 Plasma Thermal Gun utilizes the electrothermal energy obtained from vaporizing a metallic material, creating a pressure wave of sufficient magnitude to cause a projectile to accelerate to ballistic velocities. The system shown on our data is a relatively low velocity device within the building capability of most hobbyists. The project may be scaled up for serious research with an obvious increase in high voltage handling and ballistic hazards. The project requires experience in the handling of high-voltage, high-energy devices. Operation requires our working high-energy pulser and capacitor bank as described. These values may be altered within limits to allow the use of available capacitors that you may have on hand. An energy-storage capacitor is charged from a programmable, controlled current source to a selected high voltage. This capacitor is switched by a triggered spark gap, dumping all the stored energy into a small-volume explosion chamber and vaporizing a thin, aluminum wire placed inside the chamber. A pressure wave forces a projectile out the barrel to a high velocity. This project is suitable for a science class demonstration if properly supervised with qualified personal.

HEP9 Plans all above systems as described (By Download - $9.00)	**$25.00**
HEP90 Assmbld High Energy Pulser for all above systems	**$649.95**
CAPBANK Capacitor Bank required all above systems 96 Mfd/4.5 Kv	**$599.95**
MASS10 Attachment for Mass Launcher	**$49.95**
CANCRUSH10 Attachment for Can Crusher	**$24.95**
WIREXPLOD10 Attachment for Wire Exploding	**$49.95**

You may build the HEP pulser from a kit and purchase the individual capacitors for your special applications.

HEP9K Kit for above High Energy Pulser	**$499.95**

Please note this equipment is open with exposed high voltage points. There are no safety interlocks. Installation where human exposure is anticipated will require protective housings and general safety compliant procedures that must be implemented by the user.

Electrokinetic, EMP, HERF and Ion Guns 10

Electric Guns are fast becoming more feasible as technology in materials, super conductivity and energy storage are made. A 30.06 projectile possesses a kinetic energy of 7 to 800 Joules. Eight "AA" batteries contains over 100,000 Joules. The trick is to condition this energy to propel a projectile as efficient as possible.

Electro-Magnetic Rifle

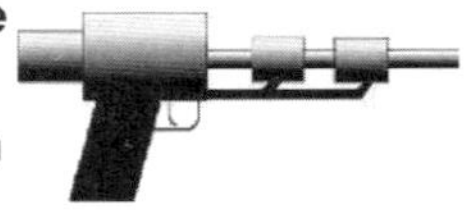

Up to three accelerating stages
Ballistic velocities possible
Constant current charging to 500J
Handheld and battery operated

Labeled a dangerous product!!

Experiment now before the device is classified as a firearm

EGUN1 Plans single stage gun.................................**$20.00**
EGUN1K Kit of all electrical parts...........................**$349.95**

Electro-Magnetic Pistol

Danger may cause injury or break objects at close range.

Fascinating project propels aluminum rings to a considerable velocity. Demonstrates the LORENTZ force plus important properties of magnetic energy. Rings may be restrained to flyway for safety or class room demonstration. Usually not required for outside adult supervised use. Operates from a safe 12 volt wall adapter or use battery for hand gun configuration. Can be easily modified to propel ball bearings.

EML3 - Plans (By Download - $4.00) **$10.00**
EML3K - Kit/Plans......................................**$79.95**
EML30 - Ready to Use...............................**$109.95**

Electro-Magnetic Cannon

The magnetic cannon is an electrokinetic device using a conditioned pulse of magnetic energy to propel a 2 oz. (250 grams) object to a high velocity. System as shown is battery powered and uses some of our latest technology in energy charging and switching. This is an excellent advanced science project demonstrating several important electric and magnetic reactions. **This is a very dangerous project** and should only be attempted by experienced and responsible adults. Not only is it a **severe lethal shock hazard**, but also **the projectile can maim or kill a person**. **The device must be treated as a real gun!!**

MAGCAN1 - Cannon Plans (By Download - $9.00) **$20.00**
All specialized parts are individually available

Ion Ray and Charge Gun

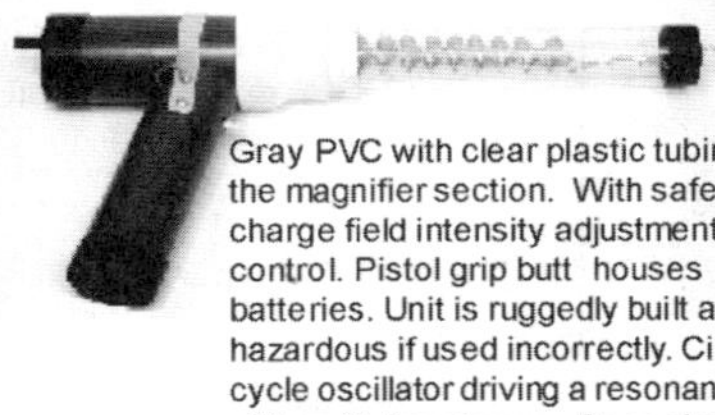

Gray PVC with clear plastic tubing enclosing the magnifier section. With safety switch and charge field intensity adjustment, push button control. Pistol grip butt houses 8 "AA" batteries. Unit is ruggedly built and can be hazardous if used incorrectly. Circuit is a duty cycle oscillator driving a resonant transformer with multiplier stages. Open circuit potential of 100 kv

IOGHP1 - Plans (By Download - $4.00).......................**$10.00**
IOGHP1K - Kit/Plans...**$179.95** **IOGHP10** - Ready to Use...**$249.95**

EMP Pulse Guns

Shock Wave Generators are Available to Qualified Researchers on a Rental Basis with Option to Buy

See more data and specifications on our web site or call 603 673 6493

Assembled shock wave generators in choice of 12vdc or 115 vac. Pulse rate 20 per minute - Require emitter antenna.

EMP150 Joules 300 megawatt 90kg/200lbs.........**POR**
EMP400 Joules 1.8 gigawatt 170kg/375lbs..........**POR**
EMPINST1 - Instruction Booklet (By Download - ......$4.00)

Build a Small EMP Gun

Stripline capacitor with tungsten spark gap generates pulses of RF energy. All parts available

EMGUN1 Plans (By Download - $6.50).......................**$15.00**
EMP1 Plans hi-power (By Download - $9.00)..............**$20.00**

Microwave Gun

Advanced project shows in detail how to utilize a micro-wave oven to construct a powerful source of directional microwaves. These plans are written with detail given to the mathematical equations necessary to design the horn antenna. This project can be a tremendous study aid in the field of high power microwaves. Unfortunately it should only be attempted by those familiar with high voltage and high power radio frequency circuits. All strategic parts are available through us on l request.

MICROCAN1 - Plans (By Download - $6.00)..............**$15.00**

Information Unlimited, PO Box 716, Amherst, NH 03031 Orders only 1 800 221 1705 **www.amazing1.com**

HV DC Power Supplies

Battery Powered HV DC Supply

Small 1 x 4½" efficient battery powered high voltage source of DC power is capable of producing 10-20 KV at 100ua from a small, standard 9 volt battery.

PBK4 Plans(By Download-$4.00).......................................**$6.00**
PBK4K - Kit.........**$34.95** **PBK40** - Assembled........**$49.95**

DC Capacitor Charging Modules

Battery powered high voltage module is capable of charging capacitors and other field worthy applications. Operates from an 8AA 12 Vdc battery pack and can fit into a 1 ½" plastic tube. Generates 5000 volts DC at 5 ma. as shown This module can supply up to 20,000 volts and is available in two output levels:

CHARGE5 - 5000 volts at 5ma.......................................**$49.95**
CHARGE5K - Kit/Plans 5000 volts at 5ma........................**$34.95**
CHARGE10 - 10000 volts at 3ma....................................**$59.95**
CHARGE10K - Kit/Plans 10000 volts at 3ma.....................**$39.95**
CHARGE20 - 20,000 volts at 1ma....................................**$69.95**

35,000 DC Volt Power Supply

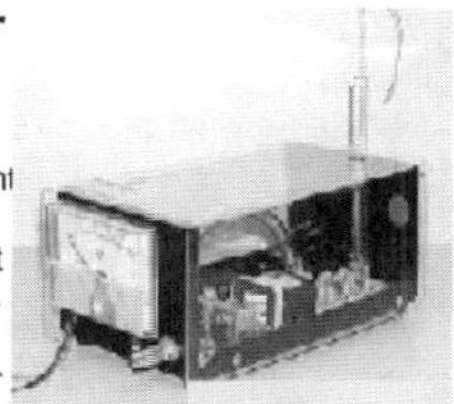

All new 35 kilovolt at 1.5 milliamp power supply with adjustable current control and large voltage reading meter is both short and open circuit protected. Small, lightweight unit is powered by batteries for field use or a low cost 12vdc/3amp converter for 115 vac. Attractive, eye-catching unit has a clear plastic cover revealing the circuitry innards. Highly reliable device can be used for powering anti gravity lifters up to 4 feet on a side or as an excellent current source for charging capacitors in EMP, electro kinetic and pulse magnetic systems. May also be used for many laboratory and research applications. Available as a kit or ready to use with options as listed

HV35 - Plans(By Download-$4.00)....................................**$10.00**
HV35K - Kit.....**$129.95** **HV350** - Ready to Use........**$159.95**

Kit of high frequency driver module section of our HV35 with current control for use in optional circuitry. Excellent plasma source.

GRADRIV1K - Kit.....**$49.95** **GRAVDRIV10** - Ready to use....**$79.95**

Low Cost 100 Kv at 200ua DC Supply

Table top high voltage source operates from 12 vdc or 115 vac via the included adapter. Dry filled multiplier with adjustable spark gap weighing less than 5 pounds. 4 x 8" cylindrical housing. This is an excellent supply of up to 100,000 volts at 200 uamps for serious laboratory or science project applications.

HVOLT1 - Plans(By Download-$3.00)...................................**$8.00**
HVOLT1K - Kit.....**$149.95** **HVOLT10** - Assembled....**$249.95**

50 Kv 5 ma Adjustable Output DC Supply

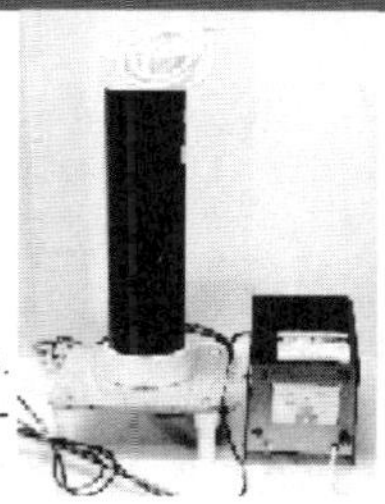

We now offer our low cost 50KV/5ma adjustable current sourced power supply intended for serious experimentation in anti gravity research, EMP, lossless capacitor charging and other related applications. Two part system consists of CONTROL CONSOLE attached to the VOLTAGE MULTIPLIER via an umbilical cable. . Circuit includes an over voltage shutdown with full short circuit protection and a voltage indicating analog meter. 115/220 at 50/60 hz operation.

HVOLT5V1 Plans(By Download-$6.50)...............................**$15.00**
HVOLT5V1K Kit...**$599.95** **HVOLT50V** - Assembled....**$799.95**

300 Kilovolt 1 ma DC Supply

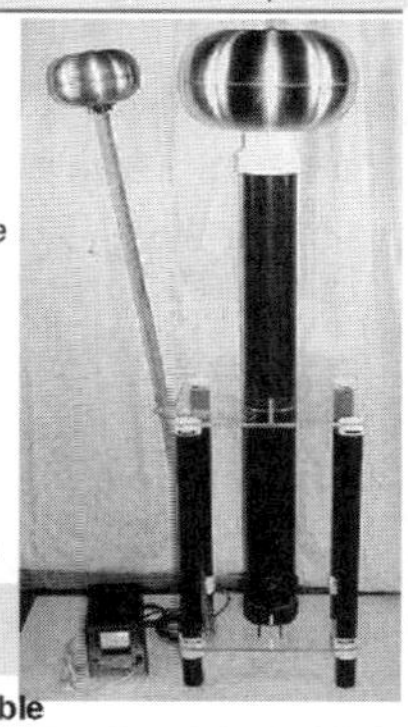

Adjustable voltage up to 300,000 DC Volts at 1 ma. Choice of 115 / 220 VAC or 12 VDC for field use Two part construction consisting of 24" to 48" cylindrical enclosure. Dry fill multiplier tower with oil fill option available. High current spark switch/ safety gap with high voltage indicating panel meter. Optional designs available. Toroidal or oblate terminals and safety discharge probe

HVOLT150V-150KV/2ma..**$1449.95**
HVOLT300V-300KV/1ma..**$2995.95**

High voltage resistor loads available

400 Kv Van de Graf HV Generator

Generates hair raising electrical bolts of lightning like discharges. Safe enough to use around children for demonstration of static electricity. Unit is 36" high and has a 14" collector sphere with teflon pulleys and a PVC column. Kit is easy to assemble requiring only pliers and a screw driver

VDG2K 200 Kv kit...**$149.95** **VDG5K** 400 Kv Kit......**$399.95**
LJAR Leyden jar capacitor accessory.................................**$29.95**
ESCOPE Electroscope field indicator..................................**$29.95**

Ion and Electric Field Detector

Hand held with analog meters detects relative level of positive or negative charge fields. This unit is sensitive enough to detect the minute charge produced by just rubbing a piece of plastic and bringing the probe in proximity. Unit is enclosed in a 5 x 2 x 1" plastic box with a telescoping antenna probe. With sensitivity / power switch and over power LED

IOD1 Plans(By Download-$3.00)......................................**$8.00**
IOD1K - Kit.............**$59.95** **IOD10** - Assembled.......**$99.95**

Information Unlimited, PO Box 716, Amherst, NH 03031 Orders only 1 800 221 1705 **www.amazing1.com**

High Frequency Power Supplies For Neon Displays, Plasma Guns, Shock Wands, Antigravity Hovercraft, Tesla, Ion Guns, Force Fields, Electrical Pyrotechnics, High Voltage Power Supplies 12

1000 Volt 15 ma 30 Khz Module

1kv open circuit at 15 ma short circuit requiring 12 vdc at 500 ma. Fully potted enclosure 2 x 1 x 1". Excellent for small neon tube displays up to four feet. Easily generates 5 kvdc at 1 ma with our five stage multiplier

MINIMAX2/FIRETRON - 1 KV module........................**$12.95**
12DC/.5 - 12 vdc/.5 amp adapter................................**$5.95**

2000 Volt 10 ma 30 Khz Module

3Kv open circuit at 10 ma short circuit, requiring 12 vdc at 800 ma. Full metal enclosure. 2 ¼" x 1 ½". Excellent for small neon tube displays up to eight feet. Easily generates 15 kv at 1 ma with our five stage multiplier. UL approved unit.

MINIMAX3/NEONXUL - 3 KV module........................**$19.95**
12DC/.8 - 12 vdc/.8 amp adapter................................**$8.95**

3000 Volt 15 ma 30 Khz Module

4Kv open circuit at 15 ma short circuit, requiring 12 vdc at 800 ma. Open frame metal enclosure. 3 ¼" x 1 ½". Excellent for small neon tube displays up to eight feet. Easily generates 15 kv at 1 ma with our five stage multiplier.

MINIMAX4/NEONX8 - 3 KV module........................**$19.95**
12DC/1.5A 12 vdc/.1.5 amp adapter............................**$12.95**

Single Electrode or Proximity Powered Displays up to 10 feet

7kv open circuit at 10 ma short circuit requiring 12-14 vdc at 1000 ma. Open frame with potted transformer 5 x 1 ¼". Easily generates 30 kv at .5 ma with our five stage multiplier.

MINIMAX7/NEON21 - 7KV module............................**$34.95**
14DC/1A 14 vdc/.1 amp grounded pin adapter..............**$12.95**

6000 Volt Adjustable Output 50 Khz

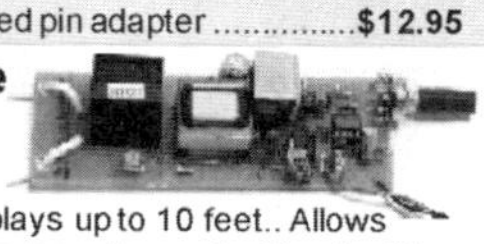

Powers neon and gas tube displays up to 10 feet.. Allows complete dimming without pulling from the ends. Excellent for powering hand held plasma globe wands etc. 5 x 2" modular assembly is simple to use. 12 volt input and output leads with dimming control.

NEONX10ADJ - Transformer..**$49.95**

Single Electrode or Proximity Powered Displays up to 3 feet

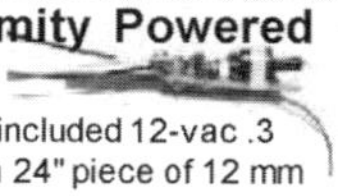

Small thumbed sized unit operates from included 12-vac .3 amp wall adapter. Device will power up a 24" piece of 12 mm thick discharge tube using only one electrode. Open frame construction of 1 x 1 x 3" is easily enclosed.

NEONIZER - Includes adapter for 115 vac.......................**$24.95**

UL Approved Transformer Powers up to 16 feet of Neon Tubing

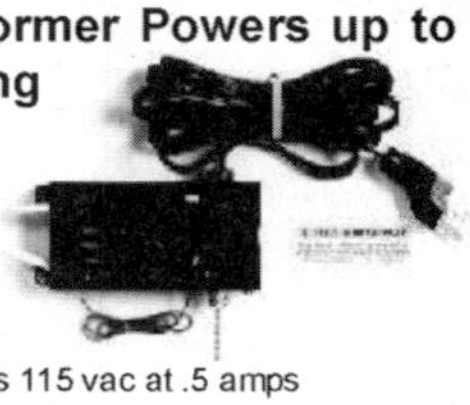

4000 volts open circuit at 25-ma short circuit with safety shutdown. Fully enclosed 4 ½ x 2" with power cord and pull chain switch. UL listed for trade use. Developed in our labs for the neon trade. Operates 115 vac at .5 amps

SUGLOUL - Transformer..**$34.95**
10-49 @ $29.71ea. 50-99 @ 26.21ea. 100+ @ 23.41ea.

High Powered UL 2161 Transformer Powers up to 40 feet of Neon Tubing

10,000 volts open circuit at 35-ma short circuit with two level power switch. Fully enclosed 5 ½ X 5 x 2 14" with power cord and pull chain switch. Anti mercury migration circuitry with GFI and open circuit shutdown. Operates 115 vac at 2 amps. Warrantee programs available.
This unit was developed in our labs for a major marketing company

XL1035 - Transformer..**$59.95**
10-49 @ $44.95ea. 50-99 @ $39.95ea. 100+ @ $35.95ea.

Automotive Neon Transformer

Operates from an automotive 14 volt battery system and drives up to 10 feet of display. Output 4Kv@20ma. Unbalanced output simplifies installation.

NEONXA - Transformer..**$20.95**
5-9 @ $18.95ea. 10-24 @ $16.95ea. 25-99 @ $14.95ea. 100+

High Powered Automotive Neon Transformer

This transformer will power 8-35 feet of under c[illegible] neon tubing. 9000 volts at 35 milliamps with safety fault shut down circuitry. Fully loaded ur[illegible] will draw 7 amps at 12 to 14 volts DC. 5 x 2" with fully potted enclosure and heavy aluminun[illegible] mounting bracket.

RB4 - Transformer..**$59.95**
10-49 @ $49.95ea. 50-99 @ $39.95ea. 100+ @ $34.95ea.

5 Stage DC Voltage Multiplier

For use with above MINIMAX series, built on a 1.25 x 4" polycarbonate board with discharge limiting resistor. Open assembly is operable as is, but can easily be potted

MULTI50 Multiplier..**$39.95**

Plasma Gun/Neon Tester

Generates a field of energy that will light fluorescent lights without contact. Great for neon and lamp testing etc.

PLE3 - Plans.......**$5.00**
PLE30 - Ready to use.................**$$69.95**

Information Unlimited, PO Box 716, Amherst, NH 03031 Orders only 1 800 221 1705 **www.amazing1.com**

Plasma Projects and Devices 13

Jacobs Ladders

Available in two configurations as shown. The finished unit is enclosed with the traveling plasma arc inside of a 3 x 24" clear plastic shroud. The project kit is built in an open configuration where the ladder elements are exposed and the electronics are located under a clear plexiglas deck allowing visual exposure of all parts. Both have GF1 safety shutdown

JACK1 - Plans(By Download-$12.00) **$6.50**
JACK1K - Kit/Plans Open.. **$249.95**
JACK30 - Museum Display Closed Configuration......... **$349.95**

Plasma Tornado and Ball Lightning Generator

Plasma tornado generator is an excellent demonstration of energized plasma. It uses rarefied air energized by a high frequency, high voltage power source.

Displays range from a purple vortex shaped plasma column extending the length of the vessel to orange saucer shaped disks. Outside influences such as a hand or finger will attract or repel the plasma vortexes adding to the mystique of the device. Fluorescent or neon tube will mysteriously glow without any connections when bought near the display vessel.

PTG3 Plans(By Download-$4.00)................................ **$8.00**
PVM12 - 10K VAC Plasma Driver................................ **$69.95**
NE12 - 12" Neon Tube...**$14.95** **JAR** -Pumped 1 G Jar..**$59.95**
VIDTORNP Create a real tornado video.......................... **$39.95**

Plasma Burning and Etching Pen

This interesting project allows the user to burn precise, fine lines into most non-metallic materials. The burning mechanism utilizes an electrical plasma produced at the emitting pin of the pen. Power is by built in batteries or an external 12 vdc wall adapter transformer. Once familiar with, many designs requiring precise engraving will be at your finger tips.

PLPEN1 Plans(By Download-$4.00)............................ **$10.00**
PLPEN1K Kit.. **$49.95**

High Powered Plasma Display Drivers

High-powered driver operates from 115/230 vac for large displays. With fuse power adjust control and indicator lamp. Short and open circuit protected. 20 Kv at 25 ma short circuit current. 150 watts output. 220 volt units available on request

PVM300 115/220 Volt 50/60 Hz....... **$189.95**

Medium powered driver operates from 12 volts and can drive plasma globes up to 14", tornado generator. All the features of above unit but has 15 Kv at 20 ma short circuit current 50 watts output.

PVM12 12 Volt 3amp DC.. **$79.95**
12DC/7 12 Volt 7 amp DC converter............................ **$39.95**

Plasma Display Devices

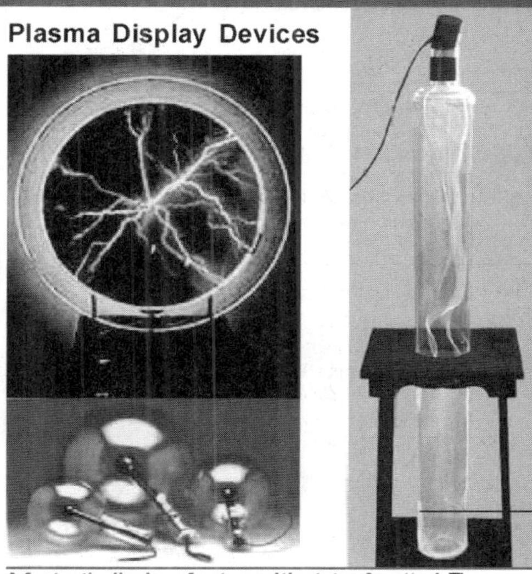

A fantastic display of natures 4th state of matter! These spectacular, colorful displays provide a dazzling visual effect. Fingers of colored electrified plasma writhe and snake along a length of glass tubing. A myriad of lightning bolts splashes occur at the inner walls creating a truly amazing sight. Display responds to "touch and proximity" further adding to the effect.

PLASMA20M- 20" Multi-Colored Disk (as shown)....... **$599.95**
PLASMA2 - 2" Diameter 48" Length Columns............ **$349.95**
PLASMA3 - 3" Diameter 48" Length Columns............ **$449.95**
PLASMA4 - 4" Diameter 48" Length Columns............ **$599.95**
PGL120 - 12" Globe Complete Museum Quality. **$699.95**
Call for available optional shapes and sizes

Ultra-Bright Plasma LITE SABERS

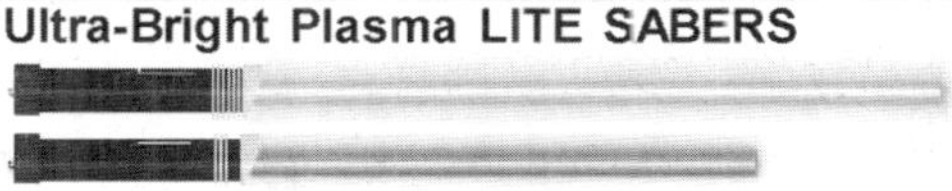

Unlike the more expensive units now on the market these sabers generate ultra bright moving light that flows up the saber blade appearing to evaporate into space. You control this amazing phenomenon by simply touching the contact probes located on the saber handle

Available in (Photon Blue, Neon Red, or Phasor Green)

SAB24 - (color) 24" Saber w/Blade(34" Overall Length). **$49.95**
SAB36 - (color) 36" Saber w/Blade(46" Overall Length).. **$79.95**

LIGHT SABER Auto Flow Recycling Stand

Convert your Light Saber into an amazing flowing light lamp where the device is in a continuous recycling mode of up and down light flow.

SABSTAND Plans(By Download-$3.00).......... **$8.00**
SABSTAND1K - Kit.. **$49.95**
SABSTAND10- Assembled.................................. **$59.95**

Information Unlimited, PO Box 716, Amherst, NH 03031 Orders only 1 800 221 1705 **www.amazing1.com**

High Voltage Capacitors and Diodes

Energy Storage Capacitors for electro-kinetic devices such as rail and coil guns, can crushing, mass warping, wire exploding plasma thermal guns, magnetizers etc.

24M/5200- 24 mfd 5200 volt capacitor can..........**$100.00**

32M/4500- 32 mfd 4500 volt capacitor can..........**$170.00**

10M/8KV - 10 mfd 8000 volt capacitor can.........**$269.50**

1000M/2KV - 1000 mfd 2000 volt capacitor can...**$349.50**

800M/360 - 800mfd 360 volt photo flash can........**$12.95**

1500M/360 - 1500mfd 360 volt photo flash can.....**$24.95**

6000M/250 - 6000mfd 250 volt electrolytic can.....**$34.95**

2700/400 - 2700mfd 400 volt electrolytic can.....**$34.95**

3100/450 - 3100mfd 450 volt electrolytic can.....**$34.95**

High energy low inductance capacitors for EMP generation, MARX impulse devices, shock pulse generators, high power microwaves, molecular and atomic disassociation etc.

.05MSLP - .05mfd 5 kv strip line slapper cap....**$69.95**

.1MSLP - .1mfd 15 kv strip line slapper capacitor.....**$110.00**

.08M/100KV - .08mfd 100kv plastic capacitor....**$990.00**

1.3M/100KV - 1.3mfd 100kv scyllac terminal..........**$795.00**

High voltage capacitors for Cockcroft Walton multipliers and other high voltage DC power supplies.

2X.033/30KV - .003mfd 30kv dual plastic capacitor........**$79.95**

270P/3KV - 270pfd 3kv disc ceramic capacitor......**$.75**

500P/10KV - 500pfd 10kv disc ceramic capacitor......**$1.50**

.001M20KV - .001mfd 20kv disc ceramic capacitor......**$2.95**

5500P/15KV - 5500mfd 15 KVDC 1.1 x .4" disc cap...**$6.50**

High voltage fast recovery diodes for power supplies and multipliers operating from high frequency drivers.
Will also work at 60 Hz power line frequencies.

VG6 6000 volt 5 ma .3 x.12 epoxy cylinder.................**$1.95**

VG12 12000 volt 5 ma .63 x.13 epoxy rectangular......**$1.95**

VG16 16000 volt 5 ma .63 x.13 epoxy cylinder............**$2.95**

VG30 30,000 volt 5 ma .63 x.13 epoxy cylinder.........**$4.95**

VG8HC 8,000 volt 25 ma .3 x .12 epoxy cylinder........**$4.95**

Contact us for volume discounts

High Voltage Transformers
Contact Us For Volume Discounts

14

These small lightweight high efficient units were designed in our USA laboratories and manufactured in our HK facility. They are intended for field chargers, ion supplies, plasma power sources, hand held rail and coil guns, anti gravity, ozone, air purification and other small high voltage applications requiring 12 volt input. Purchase of three or more units will include a working circuit diagram with all instructions.

7000 volt 10 ma 30 Khz in a 1 x 1 x 1 potted enclosure with PC board pins. **#28K089**................**$19.95**.

4000 volt 15 ma 30 Khz 1 x 1 x 1 unpotted with PC board pins. **#28K074**........................**$17.95.**

2000 volt 10 ma 50 Khz in a .7 x 1.25 fits into a 7/8" id tube with PC board pins. **#28K077**..............**$19.95**.

These high voltage pulse transformers supply the voltage pulses used for igniters, shockers, stun guns and triggers for laser flash tubes and high power spark switches. They are used with capacitor discharge circuitry where a capacitor is charged and then allowed to discharge into the primary where a high voltage pulse is generated in the secondary output winding. The high voltage output pin is isolated with connection leads on the opposite end. Includes circuit diagrams.

25 Kv .5 J Pulse transformer. **#CD25B**.......**$16.95**

45 Kv .5 J Pulse transfomer **#CD45**...........**$18.95**

These high frequency, high voltage switching transformers are designed for many specialized applications such as solid state Tesla coils, plasma displays, Jacob's Ladders, drivers for DC multipliers or general purpose high voltage sources. High quality silicon rubber potting is used for the secondary coil. Output is a flexible silicon insulated lead. With circuit diagrams.

10,000 volt 35 ma balanced output intended for JACOB's ladders, gas tube energizers, plasma arc sources etc..

#TRAN1035......................**$39.95**

20KV peak at 10 ma with large ferrite core. Easy to wind primary of approximately 50 turns.

#FLYPVM+ - Transformer....................**$49.95**

15KV peak at 20 ma with 4" size large ferrite core and flexible silicon output lead.

#FLYPVM - Transformer......................**$39.95**

10KV peak at 60ma. High output intended for CO2 lasers and as a driver for voltage multipliers up to 300KV at 2ma. With pre-wound primary and low voltage auxiliary.

#FLYLABURN - Transformer..............**$49.95**

Fly back experimenters kit includes five different transformers
different transformers **#FLYEXP**.................**$24.95**

These are real for the high voltage experimenter. Reasonably easy to disassemble and modify air gaps, auxiliary windings etc. Includes circuit schematic.

Information Unlimited, PO Box 716, Amherst, NH 03031 Orders only 1 800 221 1705 **www.amazing1.com**

Anti-Gravity Projects 15

Build Up To A Two Foot Lifter

Fascinating project demonstrates a phenomena of direct electrical reactions that produce a thrust generating the effect of "anti gravity". You build a model space ship from simple materials and cause it to levitate without any visible means. Project includes our #HV350 laboratory variable 10 to 30KV driver generating over 1ma at 20kv. Input can be a battery or our 12DC/7 converter for 115V operation. CD-ROM shows assembly and flying hints of many sized and shaped craft that require simple assembly and use low cost materials readily available. The #HV350 is described on page 15.

GRA8 - Plans with CD-ROM (By Download-$6.00)........ **$20.00**
GRA8K - Kit/Plans/CD-ROM of Supply with Voltmeter.. **$149.95**
GRA80 - Assembled above with CD-ROM.................. **$179.95**

Lower Cost Lifter Project

You build a simple 6" X 6" craft from household materials that hovers from 12" to 24". Lifter power supply is now available as a kit or fully assembled as shown.

GRA1 - Plans for 20 Kv Module (By Download-$4.00)..... **$10.00**
GRA1K - Kit/Plans For Science Projects..................... **$79.95**
GRA10 - Assembled Module.. **$119.95**

Accessories for Lifter Projects

Lifters power supplies operate from a 12 volt source such as a battery or converter as shown below.

Regulated 13.8 VDC 7 AMP converter allowing 115 VAC operation of the lifter driver power source.

12DC/7 - Converter.............................. **$39.95**

Rechargeable Gel-Cell Battery 12V 4.5A hours. For science projects where 115VAC is unavailable. 2.75 X 4 X 3.6"

BAT12 - Gel Cell Battery.. **$14.95**

The lifter uses 2 mil stainless steel emitter wire that is very strong for its diameter that maximizes thrust and lift. We now can supply this wire as sometimes it is hard to find.

WIRE2MIL10 - 10 Feet Stainless Steel Wire............... **$15.00**
WIRE2MIL25 - 25 Feet Stainless Steel Wire............... **$25.00**

Mystery Anti Gravity

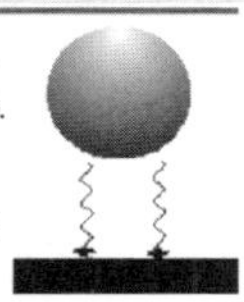

Remember those Martian space ships from H.G. Wells' "War of the Worlds".........? Uses simple concept. Objects float in air and move to the touch. Defies gravity, amazing gift, conversation piece, magic trick or great science project.

ANT1 - Plans........ **$5.00** **ANT1K** - Kit/Plans.......... **$24.95**

Anti-Gravity "In Action" Video

See suppressed technology on the forbidden world of anti gravity with complete footage of T. Townsend Brown actually flying electrified discs at the Bahnson Labs!!

VIDAGV - 80 Minutes with Free Plan Choice............ **$29.95**

Hoverboard Technology

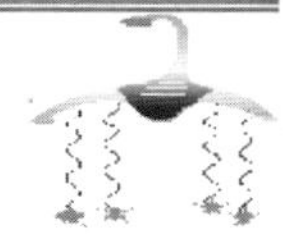

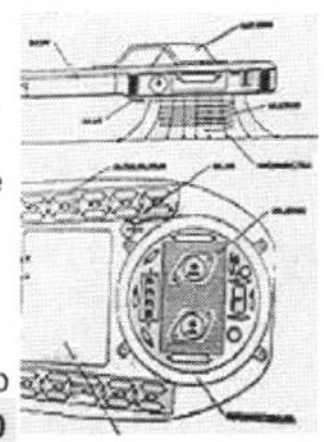

Demonstrate what could be the most revolutionary advance in transportation since the wheel! 28-page book explains how to construct a magnetic force field capable of containing a column of ionized air up to several psi. Although the theory has been proven using complex simulation software, a fully-functional prototype will require additional experimentation. Join the research effort, and take part in the development of this exciting new technology! All parts are readily available. Also includes theory on how to build a hoverboard prototype capable of lifting up to 200 lbs! **HOVER** - Design Notes...... **$25.00**

Amazing Gravitron

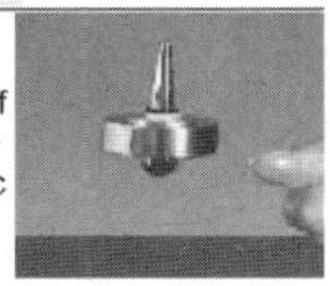

Device levitates without tethering, or use of external energy sources. Utilizes repulsive magnetic forces and stabilizing gyroscopic forces to produce this remarkable feat. This is a winning science project as well as a very interesting experimental device. Super levitator floats higher. **GRV30** Super............. **$49.95**

Hover Craft Kit

You build a saucer looking craft that actually floats above a flat surface and accelerates to a constant speed. The craft is about 8" in diameter by 2-1/2" high (not including propeller height). This simple to build kit comes with all parts, motors, clear plastic body, wire and instructions. You provide four AA-batteries. Grades 4-12. Sure to get you that A+ for your science project that will keep your classmates attentive and excited.

HOVCRAFT - Kit and Plans...................................... **$19.95**

Popular DC Motor

Easy to build motor runs at high speed from a 3 to 6 volt battery.

DCMOT - Kit and plans................. **$6.95**

Information Unlimited, PO Box 716, Amherst, NH 03031 Orders only 1 800 221 1705 **www.amazing1.com**

Ozone and Ions for Health and Well Being 16

100 mg Ozone Fresh Air Machine

Deodorizes, purifies and sanitizes the air you breathe!

Excellent for cellars, cigarette smoke, bathrooms, pet areas, refrigerators etc.. Low cost forced air system produces over 30 milligrams of air purifying ozone. Variable output can be set to eliminate odors or just provide that fresh air outside smell. Operates from 12 vdc or 115 vac.

OZONE30 - Ready to Use..**$69.95**

500 mg Ozone Fresh Air Machine

Kills mold and harmful bacteria

Higher powered version of above with dual fans intended for larger and more contaminated areas. Our patented pulsed control allows precise output necessary for the particular application.

OZONE1 - Plans (By Download - $2.00).................... ...**$6.00**
OZONE10K - Kit..**$99.50** **OZONE100** - Assembled......**$159.50**

Ozone Generator Controls Odors

Uses ozone to rid areas of offensive odors. Use for automobiles, smoking areas and rooms etc. Simply plug in and forget. Excellent for "smoked in" automobiles. Includes 12 Vdc cigarette lighter plug and 115 Vac wall adapter.

STINK10 - Ready to Use..**$39.95**

Parts for Building Your Own Systems

For open air ozone treatment

SS05 - 100mg air cell uses below drivers......................**$14.95**
SS029S - 115 vac adj 1 - 7 kvac driver..........................**$29.95**
SS05S - 12 vdc fixed 8 kvac driver...............................**$29.95**
SS01S - 12 vdc adj 1-7 kvac driver..............................**$24.95**

Negative ions and Air purification

SS014S - 115 vac fixed -20 kv output driver..................**$34.95**
SS010S - 12 vdc fixed -20 kv output driver.....................**$29.95**
SS018S - 115 vac + 6 kv, -6 kv, -12kv output driver.........**$29.95**

For High Power Ion Air Purifiers 115VAC

High power unit in intended for large systems. Multiple out put of -9 and -18 Kv at 5 ma for charge emitter and collectors. 115 vac 1.5 amp input unit is in a 5 x 2 x 2" potted box .

SS021S - Power Supply.........**$99.95** 5+.......**$79.95**

Water Purification Systems

This small integrated unit is intended for fish tanks and small aquariums. 25 to 150 milligram ozone is produced internally from 5 to 7 liters of air fed into one of the barbed hose fittings. Ozone is emitted from the other. Unit is available in 12Vdc or 115Vac operation and is in a 4 x 2 x 1.5" enclosure.

OZONE150/115 for 115 vac operation..........................**$39.95**
OZONE150/12 for 12 vdc operation.............................**$39.95**

Build and Manufacture Your Own Ozone Water Treatment Systems

For Pools, Spas, Laundries and Water Conditioning

OZONE2000 Shown

Rugged and resistant systems use stainless steel tubing for cell construction. Ozone resistant barbed 1/4" male fittings are inside of a protective housing. Power supplies are matched to the particular size cell and operate direct from 115vac power lines. Power supplies are fully potted for years of reliable service.

300 Milligram/Hour System 7" long requiring an air flow of 7-15 liters per minute. **OZONE300**..................**$59.95**

2 Grams/Hour System 13" long requiring an air flow of 25-40 liters per minute. **OZONE2000**................**$179.95**

5 Grams/Hour System 17" long requiring an air flow of 45-80 liters per minute. **OZONE5000**................**$239.95**

We can supply parts for the OEM market. Contact us for details.

High Out Put Negative Ion Generator

Produces up to 750,000 uC/hr

New concept generates copious amounts of beneficial ions where a spinning rotor powered by the ions emitted reduces the local charge flux. Allows many times more ions without ozone producing voltages. Highly beneficial health product produces a sense of well being, rids the air of pollen and other breathable irritants. Excellent device for people suffering from asthma and other bronchial problems. A neat desk and conversation piece with the spinning rotor silently reaching a relatively high rotational speed. Operates from 115 vac/12vdc or battery. Operates as is but you may wish to enclose.

NIG3 Plans........**$4.00** **NIG30** - Ready to use..........**$39.95**

Contact us for further information on our line of OZONE, ION and AIR PURIFICATION products

Information Unlimited, PO Box 716, Amherst, NH 03031 Orders only 1 800 221 1705 **www.amazing1.com**

Combination Electronic Hypnotizer/Mind Controller

Programmable audible and optical stimuli induce various levels of hypnotic and somnambulistic states. Allows synchronization of one's brain waves to produce controlled states of relaxation or weird and bizarre hallucinations. System quickly places subject (or subjects) completely under users' control!!! Please Take Note: ***Use of this product requires caution and common sense***

Ultrabright Monochromatic Light Source
- Internal Battery (not Included)
- 7-1/2"X2" Cylindrical Enclosure
- Cushioned Headphones
- Controls: Pulse Rep Rate * Pulse On/off Time * Light Intensity * Sound Shape * On/off Switch

HYP2 - Plans (By Download - $4.00) **$10.00**
HYP2K - Kit&Book..**$59.95 HYP20** - Assembled **$89.95**

The Incredible Proteus

All new revolutionary brain wave enhancing machine will turbo charge memory, boost mental powers, uncover hidden potential's, control stress, accelerate healing and recovery processes, etc.. 100 program capacity with 50 of the most popular factory preloaded. Real time bicolor™ controls two color output channels in real time, uses super bright emerald green and ruby red LEDs. Totally programmable via hosted windows 98+ programming tool.
Includes: Control Console, Ruby/Emerald Light Frames, Deluxe Head Phones, Stereo Patch Cord, PC-Connect(Serial DB9 To Stereo Mini) Cable, Software Suite And Session Library(Via Down Load). AudioStrobe™ Sampler CD And Manual

PROTEUS - Proteus Ready to Use **$189.95**

Theramagnetic Pulser

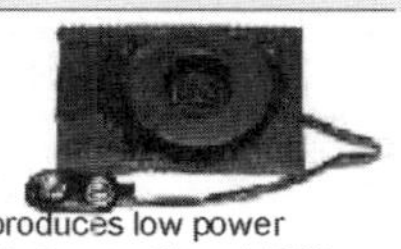

All new health concept rejuvenates and revitalizes

The Theramagnetic Pulse Generator produces low power magnetic pulses that can be selected between 10 and 1000 repetitions per second. Each pulse contains 2 millijoules of magnetic energy appearing to have a remarkable healing effect on many ailments and afflictions. Currently magnets are sold for health applications and are accepted by the medical profession. These magnets only produce a very weak stationary field and cannot reach to the depths in tissues to be as effective as the pulsed devices. The pulser is non invasive but is not yet FDA tested. We now offer the device as a fully functional product that in not housed, but is suitable for experimental testing.

THMAG1 Plans (By Download - $3.00)..........................**$6.00**
THMAG1K Kit...**$19.95 THMAG10** - Ready to use.......**$34.95**

See page 16 for ozone and ion air purification health devices.

Lakhovsky Multiwave Healing Machine

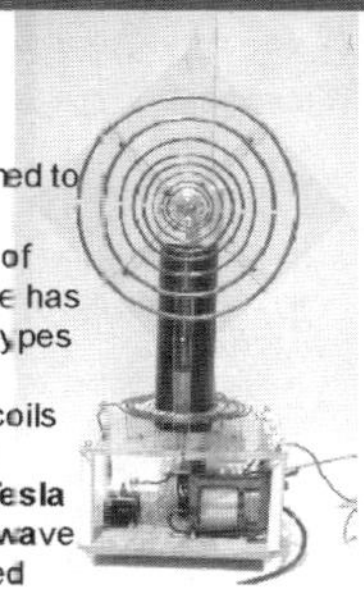

This controversial device has been claimed to restore aging and diseased tissue by energizing cells at multiple wavelengths of electromagnetic emissions. The machine has also been claimed to neutralize certain types of cancer and other incurable ailments. Antenna consists of 12 concentric ring coils arranged on a 12 x 12 " lexan plate. The system as described uses our **BTC30 Tesla coil generator to energize the multi-wave** antenna emitter. Plans show very detailed construction information to make the antenna and retrofit it to our **BTC30** Tesla coil. This item will soon be offered assembled for research purposes only. Plans include BTC3 Tesla coil.

LAKMWO1 - Plans (By Download - $5.00)..................**$20.00**

Noise Curtain Generator Module

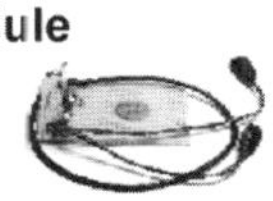

Neat little circuit plugs into existing stereo, radio recorder and produces a band of noise containing a wide spectrum of frequencies [white noise]. Jams microphones - Provides a soothing relaxing sound.

NC2 Plans (By Download - $2.00)..........................**$5.00**
NC2K - Kit...........**$14.95 NC20** - Assembled............**$24.95**

Disorientation Device

Experimental device uses moderate powered magnetic pulses believed to disorientate many fauna including many people. We now offer a special portable laboratory pulser intended for use by qualified R&D personnel to study this phenomena.

MDD2 - Plans...**$10.00 MDD20** - Lab assembled........**$349.95**

Electromagnetic Radiation Detector Health Hazard?

Measures low level house hold or high level industrial electromagnetic radiation including cellular phones. Great safety check for your high voltage projects

ELF30 Ready to use **$39.95**

New Concepts of Hypnosis

This book is not intended for minors or the fool hearty. Our legal department claims it is to simply written, therefore is dangerous in the wrong hands.

PLPHYPN1 262 page book and choice of free plans.....**$24.95**

Post Hypnotic Instructions

Two Part text with the 1st section dedicated to the control of many conditions and habits. The 2nd section involves use of rapid induction hypnosis, eye to eye contact, hypnosis over the telephone and, of course, how to safely awaken the subject.

HYPHY1 206 page book and choice of free plans..........**$15.95**

Novelty, Magic and Fun Projects

18

Be a Magic Energy Man

Bizarre high tech phenomena allows performer to light household fluorescent lamp simply by holding in hand. Neat trick opens up many exciting ideas and variations to keep your audience amazed! 8 x 1-1/2" battery operated cylindrical device is easily worn by user.

MAGICMAN **$39.95**

Telekinetic Enhancer

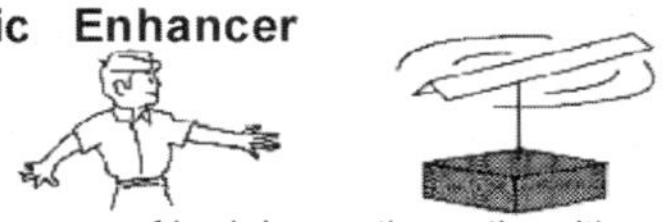

Mystify and amaze your friends by creating motion with no known apparent means or cause. Uses no electrical or mechanical connections, no special gimmicks, yet produces positive motion and effect. Excellent for science fair projects, magic shows, party demonstration or serious research and development of this strange and amazing psychic phenomenon.

TKE1 - Plans..........**$8.00** **TKE1K** - Kit/Plans............**$79.95**
TKE10 - Assembled and Tested..............................**$99.95**

Mind Mangler Insanity Device!!

This crazy gimmick is the best joke of the day. Battery operated circuit is hidden in the targets bedroom. As soon as the lights go out it emits a burst of high pitch sonic energy every 10 or 30 seconds or so. When the target turns on the light the circuit deactivates making it impossible to locate

MANGLER1 - Plans (By Download - $4.00)...................**$5.00**
MANGLER1K - Kit/Plans..**$19.95**

Electric Man

Shock People With The Touch Of Your Hand

Great party gag, prank, magic trick or special science project. Special circuit with batteries is enclosed inside a 1.5"x6" cylindrical housing easily worn by the user.

EMA1 - Plans (By Download - $4.00)...........................**$10.00**
EMA1K - Kit/Plans.......**$69.95** **EMA10** - Assembled...**$99.95**

TV/FM Radio Joker Super Neat Prank!

Great joke allows user to disrupt TV picture or FM radio by slight motion of the hand. This device provided "questionable" entertainment during the authors college days. Bar rooms, restaurants and friends who had TV'S were always prospective "victims". Pulsed

TJ6 Plans (By Download - $1.50)...............................**$6.00**
TJ6K - Kit/Plans...**$39.95**

Paint Grenade

This is great for school cafeterias and auditoriums. Guaranteed long weeks of detention or expulsion. This is a great joke or excellent training device. Just pull the pin and toss! Comes with scented fills.

PGRENADE - Paint Grenade......................................**$6.95**

The implementation and actual use of the following data can be very dangerous to the inexperienced. These products use materials and substances that are hazardous to health and life. - Do not attempt to implement or utilize the information contained herein unless you are experienced. Although all possible measures have been taken to ensure the accuracy of the information presented, neither Information Unlimited, Amazing Concepts (the company) or any member of its staff is liable to damages or injuries, misinterpretation of directions, or misapplication of information. This data is sold for educational and informational purposes only.

Make Your Own Fireworks

Plans show 23 pyrotechnic projects ranging from aerial shells to cherry bombs. This information shows class B and C material and is only available to hobbyist 21 years and older requiring a copy of your drivers license when purchasing. Check with your local law enforcement before implementing this data. **FIREWORKS** - 23 Plans.......................**$25.00**

FireBall Gun

Shoots flaming ball - two shot capacity. Great for special effects and remote fire starting.

FIREBALL - Plans...**$5.00**

Beer Can Mortar

Hours of fun and amusement. Lobs beer can hundreds of meters. Great for games and clout shooting.

BM2 - Plans...**$5.00**

Pocket Flame Thrower

Produces a cone of flame. Great for eradicating insects - NOT intended as a weapon.

PFM1 - Plans..**$5.00**

Flash Cotton

Seeing is believing on this one. Neat trick to pull on those bothersome smokers.

FC1 - Plans....................................**$5.00**

1000 Ft. Potato Cannon

NOT A TOY- Great product for the fun loving adult and young of heart. Uses electronic or piezo ignition. Works with apples and other veggies.

POT1 - Plans..**$5.00**

Magic Exploding Paint

Great gag for the magician or practical joker - Discretion required. Disappears in a puff of purple smoke. Simple to make from easily obtainable materials.

TRI1 - Plans...**$5.00**

Tennis Ball Cannon

Novel device propels a "tennis ball" hundreds of yards.

TBC1 - Plans..................................**$5.00**

M80's / Cherry Bombs

Secrets from the masters. Make your own - May require licensing in your state. Very dangerous for the inexperienced

M80 - Plans...**$10.00**

Information Unlimited, PO Box 716, Amherst, NH 03031 Orders only 1 800 221 1705 **www.amazing1.com**

Scientific Products and Projects

Magnetic Field Distortion, Sunspot, UFO and Tremor Detector

See the earth's magnetic field distort under the influence of solar activity. Detects moving metallic objects such as UFOs?? Predicts earthquakes, power outages, communication black outs and other weird phenomena. Detect the presence of hover craft and other potential magnetic producing disturbances. This is a powerful R&D tool for studies in these fields and can be an award winning science project.
Battery operated two part device consists of remote sense head with built in nanoamp preamplifier, control box contains output jacks for X & Y recorder, signal meter, audible alarm and all programming controls.

MGD1 - Plans (By Download - $4.00)............................**$10.00**
MGD1K - Kit.....**$149.95** **MGD10** - Assembled.........**$299.95**

High Power Electro Magnets

Electro Magnets Amazing Device Lifts 700 Pounds Yet Operates From 2 "D" Size Batteries!! Magnet weighs only 4 pounds. Includes 12 page instruction booklet.

ELMAG20 - Lifts Over 700 lbs - Ready to Use..............**$79.95**

Free Solar Energy Project

Includes high output solar panel with motorized reciprocating arm mechanism and high speed motor to build many solar projects. See who can build the most ingenious device.

SOLPROJ1K - Solar Science Project........ ....**$19.95**

High Output Solar Cells

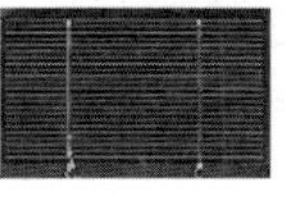

3 - 1/4 x 6" cells produce up to 4 amps short circuit and .8 volts open circuit in full sunlight. Easily connected in series for 12 vdc .
Cells are only sold in packs of 10 as they are fragile and must be handled with care.

SOL36/10 - Ten Cells with Instructions.........................**$39.95**

Ion Motor Generate a Real Force Field

Concept propels a space ship to near the velocity of light!!. Spins a 6 to 7" rotor to high speed using strictly ion propulsion. Generates a force field and freezes motion!!. Operates from 12VDC

ION1 Plans.......**$5.00** **IONMOT1K** - Kit and Plans....**$49.95**

Make Your Own Tornado!!

Secrets of the Tornado will show you how to make models of any size. Even complex multiple vortex tornadoes can be created with just cardboard or plywood, tubes, hair driers, a window fan or a vacuum cleaner, and a few other odds and ends.

VIDTORNP - Video and BTC4 Tesla Coil Plans............**$39.95**

Induction Heater

Build a furnace capable of heating materials to high temperatures without any physical contact. Avoids contamination, work thru sealed glass and other non-conductive materials.

IND1 - Plans (Lower Powered)............................**$10.00**
IND4 - Plans (By Download - $3.00)...............................**$6.00**
IND4K Kit...........**$99.95** **IND40** - Ready to use..........**$179.95**

Kirlian Photography

Explore the amazing and mysterious phenomena where many objects produce a glowing electrical "AURA". Operates from 115VAC or batteries.

KIRL1 - Plans(By Download - $4.00).........................**$10.00**

Ultra Powerful Rare Earth Magnets

Great For Magic Tricks And Scientific Applications - So strong, they must be "slid apart"! Requires caution to prevent dangerous pinching of skin and fragmentation. Sold as pairs.

MAGNETS - (Ceramic) 1.5 x .75 x .25in.....................**$14.95**
MAGNETC - (Nd) .25 X .25in. Cyl Ultra Powerful...........**$5.95**
MAGNETD - (Nd) .5D X .062in. Disk Ultra Powerful.......**$5.95**

12 Technical Plans Package

IR activated alarm, CB direction finder, Master freq list, IR detector probe, Hand held capacitor charger, How to grow bacteria, Ultraviolet sources, Seismographs, Telephone encoders and decoders plus

BOOKLET4 - Above 12 tech plans.............................**$15.00**

Scientific Plans and Data

Vortex Tube Air Conditioner/Heater
Uses compressed air, no moving parts **VT4** - Plans.....**$10.00**

Time Quencher
Freezes "in motion" movement. **PST1** - Plans.............**$10.00**

Vacuum Pump
No moving parts yet produces pressures down to several torrs.
VP4 - Plans... ....**$10.00**

High Vacuum System
Achieves pressures down to .01 micron for lasers, plasma studies, particle accelerators etc. **HVS1** -

How To Construct Parabolic Dishes
For solar, satellite, radio, heat or sound **PAB1** - Plans..**$10.00**

High Altitude Solid State Rocket
and electronic payload. **HR2** -

Portable X-Ray Machine
Simple approach to building a home made x-ray machine. View the inside of sealed assemblies. Useful in many experiments - not a toy or for minors - Radiation Hazard **XPT1** - Plans **$10.00**

Build Your Own Giant Electromagnet
Powerful enough to lift a car! **GEM1** -

Any three plans.....$15.00 All eight plans.....$25.00

Information Unlimited, PO Box 716, Amherst, NH 03031 Orders only 1 800 221 1705 **www.amazing1.com**

Home and Personal Protection Products

20

Phasor Pain And Shock Field

Creates A Protective Shield Of High Pressure Complex Ultrasonic Shock Waves.

Unauthorized intruders are exposed to a feeling of intense paranoia, discomfort, disorientation, nausea and other undesirable effects. Protects up to four 1500 sq ft areas. Operates from 12 Vdc or 115 VAC. Three input jacks sense pressure, trip, and magnetic switches or broken windows, tape and wire strips to signals from other alarms and detectors. Contains frequency sweep and sweep rate controls for maximizing effect. 3"x 4"x 6" central console drives 4 remote satellite stations that are interconnected using safe low voltage wiring.

PPG10 - Plans (By Download - $7.00).....**$15.00**
PPG10K - Kit....**$149.95** **PPG100** - Ready To Use...**$249.95**

The Above System for the Automobile

Similar to the above PPG10, but for automobile protection. Produces intense pain to potential thief. Easily interfaces with your existing anti-theft alarm. No one will want to take your car for a spin with this going off!

PPGA3 - Plans.....**$8.00** **PPGA3K** - Kit/Plans............**$99.95**
PPGA30 - Ready to Install with Existing Alarm.......... **$199.95**

Electrical Shocking Devices

Continuous version 2000 volt 10ma output from a 9-12 volt battery is in a small 7.5 x 1 5/8" weatherproofed enclosure.

SHK1 Plans (By Download - $3.00)...**$6.00**
SHK1K Kit.....**$29.95** **SHOCK10** - Assembled in tube ...**$39.95**

Pulsed version 20,000 volt 1" open-air spark discharge. High or low output . For vehicles and perimeter protection by setting up an electric field. Operates from internal or external batteries or 115-vac wall adapter transformer. Ready to use contained in a weatherproofed 12" x 1-5/8" cylindrical enclosure with internal 8 AA cell battery holder. Produces high pulse current for short duration equating out to high power but low energy.

PSHK1 Plans (By Download - $4.00)..............................**$8.00**
PSHK1K - Kit..**$39.95** **PSHK10** - Ready to Use(shown)..**$59.95**
CD1 Hi-power pulser (By Download - $4.00)..................**$10.00**
CD1K Hi-power pulser kit for vehicles............................**$99.95**

How to Electrify Home, Car and Objects

Highly informative data shows how to use the above shocking devices for control of animals and other target subjects. Includes insulated objects, garbage cans, garden areas, floors, doors, fences, automobiles, vertical fields, etc. ***Caution even though the above units are not considered lethal when used as directed they can be illegal as mantrapping devices.***

Special Combo Plans Pack

HEC1 - How to Use and Plans to Both Above Shockers...**$10.00** (By Download - $4.00)

100,000 VOLT Curved Stun Gun

Small enough to fit into a woman's purse, yet still packs a full 100,000 volts of knock down power. Designed with the woman in mind

STUN100C 100,000 Volt.......................**$29.95**
SIZZ500 500,000 Volt higher powered......**$79.95**

Super Strength Pepper Spray

15% (2 million scoville heat units) pepper spray with identifying dye, key chain holster with belt clip and safety lock

BLITZLAW - 1.5oz Law Enforcement Strength...**$15.95**

Sensor Guard Motion Detector

Detects intrusion by sensing body heat up to 25'. Provides either a "Ding dong" or can be a piercing siren whenever motion is detected. Includes a 10-15 sec exit delay. Operates on 3 AA alkaline batteries.

SENSE **$19.95**

Child Abduction Alarm

Worn by the child, the cartoon animal-shaped transmitter sends a constant signal to the receiver, which is held by the adult. The signal is adjustable - from a distance of 6 to 30 feet, so when the child goes beyond the set distance, the adult's receiver starts to beep, letting them know that the child is starting to wander off.

CHILD10 - Ready To Use...........................**$29.95**

Personal Security Alarm

Smaller Than a Pack of Cigarettes - Yet Produces 130 DB of Sonic Blast Energy. Summons help when you need it.

SHRIEK10 ....**$7.95**

Anti Sleep Alarm

May Save Your Life!!!

Life saving little device fits on your ear and is intended for long distance driving. Sounds alarm if your head starts to nod from drowsiness.

NAPZAP **$12.95**

Crime Protection Catalog

At last - our consolidation of all legal defense products that are still usable in most states. Devices are the next step to deadly force and are an answer to those who cannot obtain guns or other deadly devices to protect themselves or their families. Includes excellent early warning, deterrents and visual surveillance systems. This 14 full color page catalog is a must in today's new age of terrorism.

CATCRIME - Refundable on any Crime Catalog Puchase..**$5.00**

Crossbows for Extreme Home Defense

These devices are available in 80 and 150 pound draw weights and are considered deadly weapons. With adjustable sights, cocking mechanisms and accessories.

MKA4 80#Crossbow...**$49.50** **MK05** 12 Bolts...**$8.50**
MK150AL 150#Crossbow...**$119.50** **MK50AL** 5 Bolts.......**$12.50**

Information Unlimited, PO Box 716, Amherst, NH 03031 Orders only 1 800 221 1705 **www.amazing1.com**

Deutsche Lieferanten für elektronische Bauelemente und Geräte

Matronic,
Hochspannungskondensatoren und Hochspannungs-transformatoren
Scharnhorststr. 8
86165 Augsburg
Tel.: 08 21/79 11 69

Oppermann,
Elektronische Bauelemente,
Postfach 1144
31593 Steyerberg
Tel.: 05 764/21 49

Helmut Singer Elektronik,
Im Feldchen 16
52070 Aachen
Tel.: 02 41/15 53 15

Bürklin,
Schillerstraße 40
80336 München
Tel.: 089/55 87 50

Strixner + Holzinger,
Halbleitervertrieb GmbH,
Schillerstr. 25–29 80336 München
Tel.: 089/55 16 50

RS-Components,
Nordendstraße 72
64546 Mörfelden-Walldorf
Tel.: 06 105/401–234

Conrad Elektronik,
Klaus-Conrad-Straße 1
92240 Hirschau
Tel.: 01 80/53 12 111

Pollin-Electronic
Max-Pollin-Str. 1
85104 Pförring
Tel.: 08 403/920-920

Von allen Firmen können umfangreiche Kataloge angefordert werden.

Tesla-Infos übers Internet:

HC&RS

Home Labor Page:	http://www.hcrs.at
Mirror-Seite:	http://www3.htl-hl.ac.at/homepage/hcrs
Groß-Teslatrafo:	http://www2.htl-hl.ac.at7~smetana/teslatr.htm

www.k-meyl.de
www. webring. org
www.pupman.com
www.privat.schlund.de/s/skluge/toc.htm
http://pages.vossnet.de/wilson/teslal.htm
www.geocities.com/CapeCanaveral/Hangar/3108/calculat.html
www.magnolia.net/~tank/tesla.htm
www.execpc.com/~ccurran/
www.teslasystems.com
www.lod.org.
www.Richmond.infi.net/~rhull

Zu Tesla selbst:
http://members.xoom.com/_XOOM/tastraum/tesla.html

www.bena.com/lucidcafe/library/96jul/tesla.html

Anschrift des Autors:

Günter Wahl
Bahnhofstr. 26
86150 Augsburg
Tel.: 08 21 / 15 35 28
Handy: 01 72 / 82 01 273
E-Mail: WahlG@t-online.de